中国智慧城市优秀应用案例集

（2025）上册

中国智慧城市大会组委会
中国测绘学会智慧城市工作委员会　主编

海洋出版社
2025年 · 北京

图书在版编目（CIP）数据

中国智慧城市优秀应用案例集. 2025. 上册 / 中国智慧城市大会组委会，中国测绘学会智慧城市工作委员会主编. -- 北京 ：海洋出版社，2025. -- ISBN 978-7-5210-1538-6

Ⅰ. TU984. 2

中国国家版本馆 CIP 数据核字第 2025ZJ9064 号

审图号：GS 京（2025）1021 号

策划编辑：江　波
责任编辑：刘　玥
责任印制：安　淼

海洋出版社　**出版发行**

http：//www. oceanpress. com. cn
北京市海淀区大慧寺路 8 号　邮编：100081
涿州市般润文化传播有限公司印刷　新华书店经销
2025 年 6 月第 1 版　2025 年 6 月北京第 1 次印刷
开本：787mm×1092mm　1/16　印张：44
字数：915 千字　总定价：298. 00 元（上、下册）
发行部：010-62100090　总编室：010-62100034

《中国智慧城市优秀应用案例集(2025)》编委会

《中国智慧城市优秀应用案例集（2025）》编写组

主　　编： 陈向东

编写组成员（按姓氏拼音排序）：

安永朋　白　云　蔡鑫鑫　蔡　晔　曹盛源　常　欣　巢　猛　陈超伦
陈国良　陈建军　陈　杰　陈军权　陈莉莉　陈　亮　陈　鹏　陈巧燕
陈庆能　陈　蓉　陈少敏　陈世光　陈文杰　陈　霄　陈绪军　陈　燕
陈洋洋　陈永康　程海峰　程　启　崔占海　单卫军　邓俊浩　邓四海
丁　晟　丁智奇　董　瑜　豆　珊　杜静轩　杜世杨　段彩霞　房秉毅
冯明双　冯善龙　甘锦龙　高春杨　高国飞　高　晖　高继胜　高王磊
高　翔　高长伟　高志远　葛　亮　葛孝煊　巩云静　苟　霞　顾　星
郭琪雯　郭　琴　韩暖渠　韩　佩　何春江　何奇骏　何　山　贺波涛
贺　宇　侯广斌　胡家琦　胡俊勇　胡田力　胡宇晟　黄峰虎　黄浩森
黄　辉　黄慧馨　黄家祺　黄建新　黄克洋　黄山石　黄　铜　黄　鑫
姜　伟　姜彧波　蒋　维　金季岚　居鹏程　康　锋　孔令彦　郎国起
雷　燕　黎锦泉　黎　曦　李宝伟　李北超　李炳尧　李　超　李德铭
李　娥　李　峰　李宏发　李　华（女）　李　华（男）　李华锋　李坚骏
李　瑾　李娟平　李　军　李　磊　李　岭　李美兰　李桑妮　李万璟
李卫卓　李文东　李羽颀　梁炳峰　梁　燕　梁　鹰　梁振雄　廖　冲
林冰仙　林浩斌　林　涛　林宇晨　林　昀　林志敏　凌胜任　刘耕源
刘　宏　刘嘉宁　刘　建　刘　恪　刘晓进　刘　瑄　刘　宇　柳　昊
柳红利　卢成志　陆建华　罗善刚　吕慧萍　吕　俊　吕　鹏　马　超
马　骏　马千里　马　亚　毛　毅　孟贵锋　苗子良　明　浩　缪　蕊
牛珍珍　欧阳寒　潘海军　潘兴子　彭　琦　彭　威　钱云飞　区晴锋

任海英　任　杰　任丽萍　沙默泉　上官翰琦　申柏希　沈　平　石　磊
石抒扬　史登贵　史　航　宋桦茂　宋　婧　宋志勇　宿　廷　孙晨阳
孙　亮　孙鹏辉　孙小平　孙晓玮　孙彦军　孙　越　谭健滨　谭文专
谭　轶　汤可锋　唐家伟　陶　虹　田　军　佟保根　童凌飞　童　敏
童云海　万鹏辉　万效标　汪　玮　王　成　王东东　王富祥　王　更
王海滨　王惠珍　王　颉　王　进　王　凯　王凯宁　王　磊　王立振
王孟萍　王　强　王秋实　王世明　王伟伟　王文兵　王文强　王小东
王小萌　王晓珊　王　洋　王云云　危金潇　韦　维　温乃栋　文　亮
吴晨曦　吴广海　吴　剑　吴　娟　吴鹏飞　吴荣泽　吴志强　武宝凤
夏文华　肖　晗　肖惠丹　肖茂林　肖　鹏　肖　赛　解　欢　解孝砚
解永生　熊　鹏　熊忠招　徐大贵　徐洁琴　徐　良　徐　琳　许恩龙
延　文　闫　娜　闫泽川　严　立　阎　安　燕　波　杨春生　杨丹丹
杨　杭　杨　健　杨凯健　杨　明　杨　青　杨秋昊　杨文博　杨应辉
杨应科　杨云钊　姚铭枢　姚炜文　叶健平　尹行潺　印　珺　于建钢
于利刚　余　偲　余鹏飞　余荣新　余永崇　禹智敏　庾锡贤　袁圣荣
恽智仔　曾庆丰　曾　涛　曾　英　张达彪　张　帆　张国基　张　衡
张　弘　张红涛　张　泓　张　磊　张　谦　张文达　张文俊　张文明
张先稳　张小强　张馨蓓　张延星　张　毅　张　宇　张正军　章　玥
赵浩志　赵婧文　赵文军　赵文君　赵　熙　赵夏艺　赵元元　郑柏生
郑　洲　智　明　钟亮德　周国东　周海兵　周海宏　周　阳　周　易
周　源　周张琪　周志学　朱隽昉　朱伟成　朱　音　朱　智　庄立坚
左小清

《中国智慧城市优秀应用案例集(2025)》编写单位

主编单位： 中国智慧城市大会组委会

中国测绘学会智慧城市工作委员会

参编单位（按单位名称拼音排序）：

北京博图纵横科技有限责任公司

北京辰安科技股份有限公司

北京城建集团有限责任公司

北京大兴国际机场临空经济区（廊坊）管理委员会

北京大学武汉人工智能研究院

北京东方至远科技股份有限公司

北京建设数字科技股份有限公司

北京师范大学

北京市测绘设计研究院

北京市昌平区政务服务和数据管理局

北京市勘察设计研究院有限公司

北京市市政工程设计研究总院有限公司

北京天耀宏图科技有限公司

北京中科汇联科技股份有限公司

博罗县园洲镇人民政府

博罗县政务服务和数据管理局

苍穹数码技术股份有限公司

常州高新区（新北区）数据局

常州国家高新技术产业开发区（新北区）农业农村局

常州市新北区城市运行管理中心

常州市新北自然资源和规划技术保障中心

常州市自然资源和规划局常州国家高新技术产业开发区分局

成都市成华区智慧蓉城运行中心

成都市发展和改革委员会

成都市经济发展研究院（成都市经济信息中心）

成都西南锦云大数据有限公司

池州市贵池区数据资源管理局

崇州市行政审批局

重庆市城市建设发展有限公司

重庆数字城市科技有限公司

达拉特旗大数据中心

达拉特旗政务服务与数据管理局

东莞滨海湾新区管理委员会

东莞市城市管理和综合执法局

东莞市水务集团供水有限公司

鄂尔多斯市政务服务中心（市大数据中心）

鄂尔多斯市住房和城乡建设局

佛山市禅城区政务服务和数据管理局

佛山市禅城区智慧社会治理办公室

佛山市佛盈政务信息科技有限公司

广电运通集团股份有限公司

广东荷晟科技有限公司

广东省国土资源测绘院

广东省建筑材料研究院有限公司

广东省水利厅

广东正图信息科技有限公司

广信区大数据发展服务中心

广州从化运通数据科技有限责任公司

广州南方智能技术有限公司

广州市白云区城市管理和综合执法局

广州市规划和自然资源局

广州粤建三和软件股份有限公司

河北临空集团

河南省地质研究院

鹤壁市行政审批和政务信息管理局

横琴粤澳深度合作区城市规划和建设局

湖北公众信息产业有限责任公司

湖北省国土测绘院

湖北省建设信息中心

湖北天地云地信科技集团有限公司

华为技术有限公司

华为云计算技术有限公司

惠州市惠阳区政务服务和数据管理局

济宁市大数据局

江苏省交通运输厅港航事业发展中心

江苏天汇空间信息研究院有限公司

江苏同方房地产资产评估规划勘测有限公司

江苏舆图信息科技有限公司

江苏禹治流域管理技术研究院有限公司

靖江市数据局

昆明理工大学

兰考县行政审批和政务信息管理局
廊坊新智数智未来智能城市有限公司
联通（河南）产业互联网有限公司
联通数字科技有限公司
联通数字科技有限公司广东省分公司
临空经济区（廊坊）城市运营中心
洛阳市西工区行政审批和政务信息管理局
南京莱斯网信技术研究院有限公司
南京师范大学虚拟地理环境教育部重点实验室
南京市栖霞区城市数字治理中心
宁波市测绘和遥感技术研究院
萍乡市城市管理局
萍乡市数字产业投资集团有限公司
萍乡市政务服务和数据管理局
钦州市大数据发展局
钦州市云谷科技发展有限公司
清华大学建筑学院
山西美美科技有限公司
陕西天润科技股份有限公司
陕西鑫雅图空间信息技术有限公司
上海国际旅游度假区管理委员会
上海昊沧系统控制技术有限责任公司
上海市测绘院
上海市公安局长宁分局
深圳市城市交通规划设计研究中心股份有限公司
深圳市光明区环境水务有限公司

深圳市水务科技有限公司

深圳市图元科技有限公司

沈阳建筑大学

沈阳市勘察测绘研究院有限公司

四川辰海数科信息技术有限公司

苏州城方信息技术有限公司

苏州汾湖水务发展有限公司

苏州高新区测绘事务所有限公司

苏州工业园区规划建设委员会

苏州工业园区综合行政执法局

苏州市测绘院有限责任公司

苏州市姑苏区数据局

苏州市姑苏区住房和建设委员会

苏州新建元数字科技有限公司

太仓高新技术产业开发区管理委员会

太仓高新区娄高新集团有限公司

太极计算机股份有限公司

太原市城乡管理局

太原市市政公共设施建设管理中心

天津市测绘院有限公司

天津市地质环境监测总站

天翼数字生活科技有限公司

无锡市滨湖区数据局

无锡市滨湖区委组织部

无锡市蠡湖未来城建设发展中心

无锡市蠡湖未来城科创投资有限公司

无锡市梁溪区数据局

无锡市自然资源和规划局

无锡市自然资源和规划局新吴分局

武汉车谷供水实业有限公司

武汉虹信技术服务有限责任公司

武汉岩石科技有限公司

西安市房产测量事务所有限公司

厦门海迈科技股份有限公司

仙桃市城发数字产业有限公司

仙桃市政务服务和大数据管理局

襄阳市数据局

新乡市红旗区行政审批和政务信息管理局

星际空间（天津）科技发展有限公司

雄安新区容城县贾光乡人民政府

徐州市铜山区水务局

讯飞智元信息科技有限公司

宜昌市数据局

宜昌市委社会工作部

宜兴市大数据发展有限公司

宜兴市数据局

鹰潭市余江区大数据中心

园测信息科技股份有限公司

云上营商（重庆）科技有限公司

云阳县规划和自然资源局

云阳县行政服务中心

中国电信股份有限公司广东分公司

中国电信股份有限公司仙桃分公司

中国电信集团有限公司河北分公司

中国联合网络通信有限公司智能城市研究院

中国移动通信集团内蒙古有限公司鄂尔多斯分公司

中建三局数字工程有限公司

中建三局信息科技有限公司

中建三局智能技术有限公司

珠海市测绘院

自然资源部中原城市群多要素城市地质大数据工程技术创新中心

前　言

2025 年是中华人民共和国成立 76 周年，在“十四五”规划圆满收官基础上，向着“十五五”规划稳步推进，这一年对于我国全方位发展意义非凡。回首过往，我国在数字时代的浪潮中奋勇前行，中国式现代化建设蹄疾步稳，数字中国宏伟蓝图徐徐展开，智慧城市作为其核心组成与关键载体，已然成为驱动我国城市建设与发展模式变革的强大引擎。

《关于深化智慧城市发展 推进城市全域数字化转型的指导意见》持续引领方向，当下我们欣喜地看到，距离 2027 年全国城市全域数字化转型取得明显成效的目标，脚步愈发坚实有力。一批批横纵贯通、独具魅力的宜居、韧性、智慧城市如雨后春笋般涌现，数字技术深度融入城市的血脉，从智慧园区的高效管理，到智慧水务的精准调控；从智慧交通的畅行无阻，到智慧社区的便捷生活；从智慧城管的精细治理，到智慧党建的凝心聚力，再到云服务平台的广泛赋能，多领域齐头并进，为数字中国建设筑牢根基。而展望 2030 年，全面突破的城市全域数字化转型将彻底重塑城市形态，人民群众的获得感、幸福感、安全感在数字赋能下全方位提升，具有全球竞争力的中国式现代化城市于数字文明时代璀璨生辉。

为充分拓展智慧城市各领域开放合作格局，凸显优秀案例的示范引领效应，促进创新成果共享，智慧城市大会组委会和中国测绘学会智慧城市工作委员会延续以往优良传统，在全国范围内广泛征集智慧城市应用案例。截至 2025 年 3 月，共征集案例 300 余篇。经严格筛选，87 篇技术前沿、模式新颖、成效卓著的智慧城市优秀案例脱颖而出，涵盖智慧政务、智慧园区、智慧水务、智慧交通、智慧城管、低空经济等多元领域。期望本书的面世，能为政府部门、企事业单位及技术从业者在智慧城市相关工作上提供更具时效性、更有价值的参考，携手各方共绘智慧城市新画卷。

本书得以顺利出版，离不开各参编单位和行业专家的鼎力支持，再次致以诚挚的谢意！唯恐受编者水平所限，加之时间紧迫，书中难免存在疏漏，恳请广大读者批评指正，助力城市智慧化探索之路行稳致远。

目　　录

上　册

下　册

城市低空综合管理服务平台建设项目

林涛　黎曦　汪玮

深圳市城市交通规划设计研究中心股份有限公司

一、建设背景

2023 年 12 月，中央经济工作会议提出，要打造低空经济等战略性新兴产业。2024 年 1 月，《无人驾驶航空器飞行管理暂行条例》《民用无人驾驶航空器运行安全管理规则》正式实施，进一步规范民用无人驾驶航空器的运行安全管理工作，促进无人驾驶航空器产业健康有序发展。2024 年两会期间，首次将“低空经济”写入政府工作报告，再次凸显了其在国家经济发展中的重要地位。

深圳市高度重视低空经济产业高质量发展，在民用无人驾驶航空方面先行先试。2022 年 8 月，深圳市获批民用无人驾驶航空试验区，成立低空经济发展工作领导小组，陆续出台相应的政策规划和行动计划，加快建设低空经济中心。2023 年，深圳市新开通无人机航线 77 条，完成载货无人机飞行量 61 万架次（飞行规模全国第一），覆盖物流配送、城市治理、应急救援等多种应用场景。2024 年 1 月，深圳市出台《深圳经济特区低空经济产业促进条例》。2024 年 3 月，深圳市建设国家低空经济产业综合示范区获得贵局支持，全年计划新增市内无人机航线 80 条以上，总数达 200 条，载货无人机飞行规模超 100 万架次。

随着低空经济发展与城市化进程的加快，低空空域的利用与管理成为城市管理中的一个新挑战。各大城市在逐步向“异构、高密度、高频次、高复杂性”的大容量融合飞行发展过程中，面临着 3 大问题。一是运行环境全要素数字化功能缺失：低空运行环境和空域资源尚未全面数字化，如此高密度、高频次的飞行对适飞空域、航路航线、气象、噪声、建筑高度、建筑分布、人口密度、车流量等 10 多类的要素数据的融合应用提出了更高要求。二是飞行管理安全保障难：飞行管理看不见、呼不到、管不住，安全保障难。未来将有多个超大城市每日低空飞行量超过 10 万架次，规模化飞行将引发大量飞行冲突，当前通导监视等低空基础设施建设水平严重落后于行业发展速度，对飞行器缺乏有效的发现、识别、管制手段，飞行相关数据缺乏统一接入及应用，无法针对有人-无人和合作-非合作等飞行活动进行分级预警处置保障，对低空城市安全运行带来巨大挑战。三是服务协同难，业务流程效率低：数据及业务流程分散、多方管理难以协同，业务审批效率低。各流程节点涉及众多管理服务系统与参与主体，缺乏一体化业务流程，数据共享不足影响服务和治理能力，制约规模化、机动化、高效化发展。

为提升城市空域治理效率，确保飞行安全，研发了城市低空综合管理服务平台，旨在通过科技创新实现城市空域的有效管理。

二、建设内容

城市低空综合管理服务平台以“数字孪生+人工智能”为核心技术路径，构建覆盖无人机、eVTOL、通航飞机等低空载具的全域管理服务体系，旨在彻底革新低空管理的现有模式。平台通过建立空域动态感知、飞行智能调度、风险预警防控 3 大核心能力，实现低空空域资源的高效利用与安全管控，为城市空域的精细化治理、低空飞行的智能化服务提供了强有力的技术支撑。

1. 空域管理

空域管理模块作为平台核心组成部分，致力于城市低空空域资源合理分配与高效利用。

1） 低空空域划设

通过先进空域建模技术，融合城市地理信息与飞行需求，将低空空域精准划分为不同功能区域，如图 1 所示。实现管制空域与适飞空域的网格生成、环境分析、智能规划、动态调整及信息通报等功能，支持划设管控空域、隔离空域和临时关闭空域等操作，并实现飞行规则、空域、机场（起降点）、障碍物等低空航空信息资源统一更新。

图 1　空域划设

2）实时空域管理

整合实时地面动态信息与空域状态信息，构建动态空域安全地图，如图 2 所示。依据飞行活动变化，实时调整空域管理策略。如遇飞行活动密集区域接近空域容量饱和，系统自动重新分配空域资源，引导飞行器调整航线或等待；面对航空器故障、恶劣天气等突发情况，迅速制定应急处置方案，提供安全避让空域或引导安全降落。

图 2　动态空域安全地图

3）航路规划

综合考虑空域限制、飞行器性能、气象条件、地面障碍物等因素，通过智能算法生成安全、高效、经济航路，如图 3 所示。商业物流无人机可获最短安全配送航线，低空观光飞行则规划观赏性与安全性兼具的路线。航路规划具备实时更新能力，空域或气象变化时，及时调整航路，确保飞行器沿最佳路径飞行。

2. 飞行态势

飞行态势负责城市低空飞行器的实时监控与态势分析。

1）实时监视

集成无人机主动上报数据与 5G-A、雷达、TDOA、光学传感器等多种监视手段，利用轨迹融合算法，精准获取飞行器位置、速度、高度等关键信息，如图 4 所示。无论飞行器身处城市中心或偏远郊区，皆能实现无死角实时监视，为飞行安全管理提供全面准确的数据。

2）预警告警

融合无人机实时飞行轨迹、气象实时与预测数据等多源数据，攻克高密度多类型飞

图 3　航路规划

图 4　多源轨迹融合

行活动特征挖掘技术，突破多因素叠加下全周期飞行风险识别与预警技术，实现无人机飞行实时多机靠近、实时空域容量、计划偏移、飞行冲突预测、飞行障碍避让、异常气象等 8 种飞行安全异常告警，如图 5 所示，信息秒级计算分发，保障城市低空大规模飞行安全。当发现冲突时，系统触发警报，向管理人员与操作人员发送预警信息。

图 5　冲突检测

3）指挥控制

提供直观、便捷的操作界面，管理人员可实时查看飞行器飞行状态与位置，远程操控指挥调度。紧急情况下，远程指挥飞行器改变航向、降低高度或降落；飞行活动繁忙时，有序排队调度，避免空中拥堵，如图 6 所示。指挥控制功能与通信系统紧密配合，确保通信畅通，实现高效指挥协同管理。

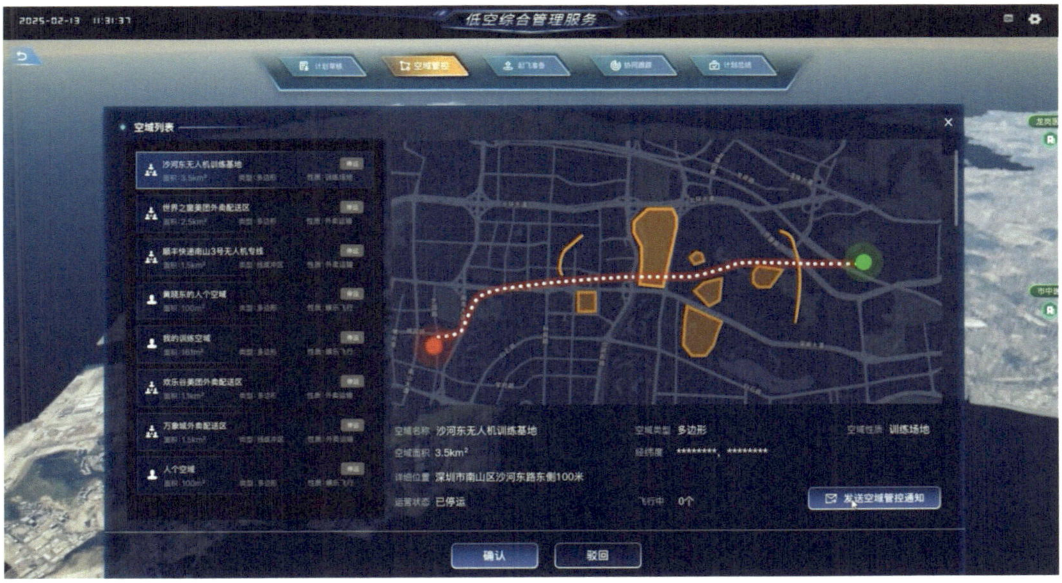

图 6　紧急任务协调

3. 飞行服务

飞行服务模块旨在提供全方位、“一站式”飞行活动服务。

1）业务办理

业务服务子平台涵盖飞行计划申报、审批、监控及数据分析，如图 7 所示。用户在线提交飞行计划，审批部门快速审核，实现审批流程自动化高效化。飞行过程中实时监控飞行活动，确保飞行计划严格执行。深入分析飞行数据，为用户提供优化建议，提升飞行效率和安全性，推动低空飞行活动规范化发展。

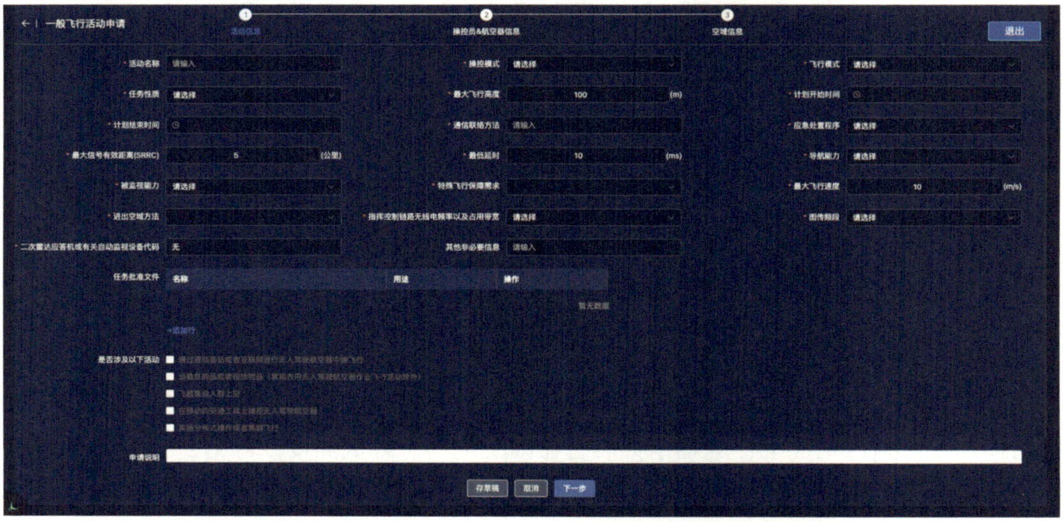

图 7　计划申请

2）信息服务

整合气象、空域限制、机场设施等低空飞行相关信息，如图 8 所示。用户可实时查询最新气象数据、空域限制信息、机场设施详情，合理规划飞行任务。平台提供飞行知识培训与安全教育资料，提升用户飞行技能与安全意识，为飞行活动提供全面的信息支持。

图 8　气象服务

4. “一网统飞”

“一网统飞”模块创新实现城市低空飞行活动统一管理协同运行，如图 9 所示。构建统一飞行管理网络，整合空域管理、飞行态势、飞行服务等模块，打破信息孤岛，实现数据互联互通共享共用。各相关部门单位协同工作，共同监管服务低空飞行活动，提升城市低空飞行管理效率水平，有力支撑城市低空经济发展。

图 9　一网统飞

5. 低空基础设施

基础设施部分聚焦于低空基础设施管理，涵盖起降场、气象设备、测试场等关键要素。起降场包括通用机场、直升机起降点、无人机起降平台等，为低空飞行器提供起降、停放、能源补给等基础服务，如图 10 所示。气象设备方面，建设地面气象站、气象雷达等设施，提供温度、湿度、风速、气压等气象数据，保障飞行安全。测试场的建设包括无人驾驶航空器公共测试场和试飞测试基地，为飞行器的研发和性能验证提供专业场所。此外，还包括通信导航与监视设施，如通信系统、导航系统、监视设备等，确保飞行器与地面控制中心及其他飞行器的实时通信和精准定位。

6. 数据共享与服务

数据共享与服务模块作为平台信息枢纽，整合管理飞行、气象、空域、地理信息等数据资源。通过标准化数据接口，实现数据高效共享交互，为平台内各模块及外部用户提供便捷的数据服务。为政府部门提供低空飞行数据与分析报告，助力政策法规制定；为科研机构提供数据资源，支持低空飞行研究技术创新；为企业用户提供数据服务，协助企业安全飞行。同时，加强数据安全管理，采用严格数据加密与访问控制措施，确保数据共享过程安全保密。

图 10　低空基础设施管理

三、创新应用

1. 打造首个城市级低空全要素、可计算数字孪生底座

结合深圳市全市域时空信息平台的数据和能力支撑，融合建筑、规划、道路等关键要素，集成低空空域图、起降、气象、通导监设施，形成自动生成城市低空运行避障空间，统一低空空域网格标准，打造首个城市级低空动态数字底座，为实现“管控式飞行”到“城市级服务式大规模飞行”提供多维融合数据标准体系。

其中，针对数据时空基准与处理难题，构建了 1 套低空融合空域数字立体网格建模与编码技术体系。针对大型无人机实时告警计算、中小型无人机实时告警计算、城市建筑避障计算等差异化需求，基于北斗网格码体系，按照宏观（1.8 千米）、中观（360 米）、中微观（60 米）、微观（15 米）进行四层划设，覆盖 0~600 米高度。

2. 构建飞行安全体系，实现多模式航空器融合飞行

构建低空全生命周期业务飞行安全体系，创新时空资源分配引擎，借助深圳市研制低空多源数据融合、飞行轨迹实时推演与行为预测算法，支持全市数十万架航空器秒级响应，实现有人与无人、合作与非合作飞行器实时动态监视与重点区域反制联动。

针对冲突风险评估难题，形成 1 套城市低空环境一体化冲突预警技术体系，冲突识别准确率≥98%。

3. 以企业服务为核心，全面助力企业“飞起来”

基于时空碰撞检测、空域容量评估、航线实时规划能力，实现飞行活动从“天级申

请”到“小时预约”再到“秒级响应”的高效管理跨越，完成从百架到10万架迸发的发展需求。

（1）全市域实现“天级审批”：系统开发飞机计划管理功能，融合全市飞行申请数据和高度自动化审核能力，系统已配合深圳市政府对接国家民航局UOM系统，为企业和公众提供便捷、高效的飞行申请平台。

（2）试验区试行“小时预约”和“秒级响应”：针对深圳市南山区低空经济运行试验区，试验实现“小时预约”和“秒级响应”功能，并远期推广全市域覆盖。“小时预约”层面，系统开放了飞行活动预约制度，允许飞行申请者在特定的时间段内预约飞行活动，确保了飞行计划的有序性和可预测性。

针对跨部门协同决策难的问题，形成一套全域无冲突航迹管理的低空管服平台，支持深圳地区低空飞行超过300万架次，实时低空融合空域运行仿真容量≥1000架。

四、推广价值

1. 社会效益

1）智能化赋能，提升公共安全水平

城市低空综合管理服务平台通过数字化技术，实现对低空飞行活动的实时监测和精准管控。平台整合地理信息、气象数据、飞行器状态等多源数据，运用大数据分析和人工智能算法，对低空飞行安全风险进行智能预警和评估。这有助于及时发现和处置潜在的安全隐患，有效预防低空飞行事故的发生，保障人民群众的生命财产安全，提升城市公共安全水平。

2）新质生产力，增强公共服务效能

城市低空综合管理服务平台的应用催生了低空经济领域的新质生产力，为公共服务带来了新的提升。在物流配送领域，平台支持无人机物流配送的规范化、规模化发展，实现快递包裹的快速、精准投递，提高物流效率，降低物流成本。在应急救援方面，平台通过智能调度低空飞行资源，实现灾害救援、医疗急救等的快速响应和高效处置，提升应急救援的效能。此外，平台还为城市规划、交通管理、环境保护等提供了数据支持和决策依据，促进公共服务的优化和升级。

3）数字化引领，促进社会认知度与接受度

城市低空综合管理服务平台的建设和应用，以数字化的方式推动了低空经济的发展，提升了社会对低空飞行的认知度和接受度。通过平台的宣传推广和信息公开，公众可以更加直观地了解低空飞行的规则、用途和意义，消除对低空飞行的误解和担忧。同时，平台为公众提供了参与低空经济的渠道和机会，如无人机培训、低空旅游等，促进低空经济与社会的深度融合，为低空经济的发展营造了良好的社会氛围。

2. 经济效益

1）平台建设运营，创造直接经济收益

本平台的建设和运营，直接带动了相关产业的发展，创造了显著的直接经济收益。平台成功支撑深圳市南山区“后海低空协同感知系统试验点项目”，该项目作为深圳首个区级低空数字化系统建设任务，通过构建包括协同感知设施、起降设施和管理服务系统的“一个运行环境”，力争打造国内首个复杂高密度城区多元场景常态运行低空示范，具有极强的精品示范标杆工程意义。目前，项目已逐步凸显复制拓展效应，在全市其他区域以至全国范围城市进行推广建设。

2）产业带动效应，催生间接经济收益

本平台的建设和应用，对城市经济发展产生了强大的间接带动效应。平台促进了低空经济产业的集聚和发展，吸引了众多低空飞行器制造企业、无人机应用企业、飞行服务企业等相关企业入驻，形成了完整的低空产业链条。这些企业的集聚和发展，不仅创造了大量的就业机会，还带动了上下游产业的协同发展，如材料供应、零部件制造、维修保养等，为城市带来了丰富的间接经济收益。以南山区为例，该区低空经济产业链企业已超过500家，上年度低空经济总产值突破了550亿元。此外，平台的成功经验具备高复制推广价值，可为其他区域提供城市规划、产业发展等方面的重要参考，进一步扩大了平台的市场影响力和经济收益。

3）提升城市竞争力，促进长期经济繁荣

从长期来看，本平台的建设和应用，将显著提升城市的创新能力和竞争力，为城市的经济发展注入持久动力。平台的数字化、智能化特点，使城市在低空经济领域具备了先发优势，能够吸引更多的人才、技术和资金等资源向城市汇聚。这些资源的汇聚将进一步推动城市的产业升级和经济结构调整，促进传统产业的数字化转型和新兴产业的快速发展，实现城市的可持续发展和长期经济繁荣。以南山区为例，作为国内首个复杂高密度城区多元场景常态运行低空示范，项目将为南山区打造安全高效开放的低空运行环境，实现复杂空域精细利用、飞行监管安全保障、感知融合技术验证和企业场景开放测试，是南山区提升低空管理服务和推动低空产业发展的一项重要里程碑，更是推动深圳加快构建世界一流低空经济基础设施体系的重要举措。

武汉光谷之星城市综合能源系统

刘宇　杨秋昊　马亚　李炳尧

中建三局数字工程有限公司

一、建设背景

1. 能源系统顶层规划的建立

随着国家“双碳”战略的提出，为统筹做好碳达峰碳中和工作，2021 年 10 月，中共中央、国务院印发《关于完整准确全面贯彻新发展理念做好碳达峰碳中和工作的意见》（以下简称《意见》）。该《意见》是我国碳达峰碳中和“1+N”政策体系中的“1”，对碳达峰碳中和工作进行了系统谋划和总体部署。《意见》明确“提升城乡建设绿色低碳发展质量”，大力推进城镇既有建筑和市政基础设施节能改造，提升建筑节能低碳水平。推动互联网、大数据、人工智能、第五代移动通信（5G）等新兴技术与绿色低碳产业深度融合。

2. 能源转型向绿色智能发展

2022 年 3 月 22 日，国家发展改革委、国家能源局联合印发《“十四五”现代能源体系规划》（以下简称《规划》）。《规划》主要从 3 个方面推动构建现代能源体系：增强能源安全稳定、推动绿色低碳转型、提升能源产业链现代化水平。提出实施科技创新示范工程，加快能源产业数字化、智能化升级，因地制宜推进园区级、城市级、行业级平台建设，以多能互补的清洁能源基地、源网荷储一体化项目、综合能源服务、智能微网、虚拟电厂等新模式新业态为依托，开展智能调度、能效管理、负荷智能调控等智慧能源系统技术示范。

3. 项目建设城市综合能源系统的必要性

促进可再生能源的开发利用，降低碳排放。综合能源系统可实现污水废能、空气能、太阳能等多种可再生能源互补利用和优化匹配，促进太阳能、工业余热等可再生能源消纳，推动能源结构低碳化，能源利用集约化及能源服务智能互动的转变，进而有效降低碳排放和其他污染物排放。

提高能源系统的安全性和可靠性，降低用户用能成本。该城市片区原有 8 个冷热机房，采用燃气锅炉、蒸汽板换、蒸汽溴化锂、电制冷机组等传统供能系统，装机容量大、设备冗余度高、运行效率低，使用成本较高、供能不稳定。通过污水源热泵等多种能源网络的耦合互动，结合大数据、云计算、物联网等技术，实现多能协同供应和能源综合梯级利用，提高综合用能效率，增强系统的安全可靠性和应对突发情况的能力。

支持“数字光谷”建设，促进东湖高新区产业优化升级。《“数字光谷”建设三年行动方案（2023—2025）》提出，未来3年东湖高新区将形成“133”框架体系，推进“数字光谷”建设：打造一套“数字底座”；推进“科学之城”“追光之城”“向往之城”3大智慧应用建设。项目建设综合能源系统，是“数字光谷”建设的重要支撑，通过智慧能源系统可以充分利用智能技术、互联网技术、物联网技术，形成更加高效的能源利用体系。数字光谷的实景展示和整体架构分别如图1和图2所示。

图1　数字光谷鸟瞰

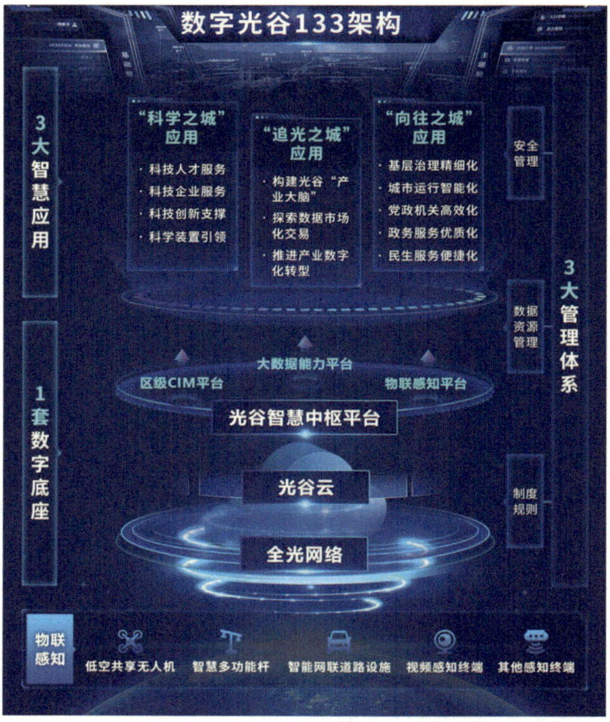

图2　数字光谷架构

二、建设内容

1. 项目概况

武汉光谷之星位于湖北省武汉市光谷中心城，总建筑面积105万平方米，总投资逾150亿元，是中建三局“中建产业园”和“中建之星”双品牌联动的首个产城融合示范区。总建筑面积105万平方米，其中计容建筑面积67万平方米，住宅26万平方米，公建41万平方米，地下不计容建筑面积38万平方米。城市片区实景如图3所示。

图3　项目鸟瞰

本项目在城市片区原有能源系统基础上进行节能改造，新建一座综合能源站，供能面积为37.41万平方米，并联合已有的8个能源站为整个片区供能，供能范围如图4所示。项目建设“6S城市综合能源运管服一体化平台”，平台将城市源网荷储各个环节统一管理、统一协调、统一调度，在保证综合能源系统安全稳定运行的基础上，借助大数据、人工智能算法、云技术等手段，优化系统运行策略，提升各个系统运行效能，节能降碳。

2. 业务架构

本项目新建一座综合能源站，能源站采用多能耦合能源管理系统，以污水能为主要能源，结合辅助能源，利用既有冷热源系统作为补充备用和安全保障。此外，在能源管理方面，搭建“6S城市综合能源运管服一体化平台”，实现能源主站和各子站进行统一调度管理，能源系统高效运行，项目整体业务架构如图5所示。

3. 综合能源系统

项目设计供能总面积为37.41万平方米。夏季设计供冷能力15.1兆瓦，冬季设计

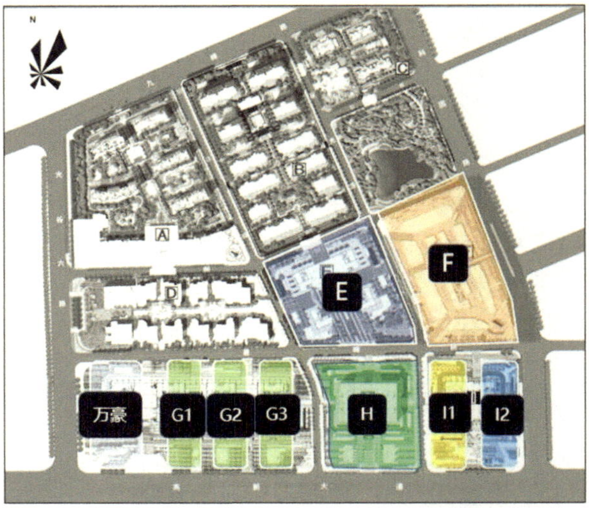

图 4　项目平面布局

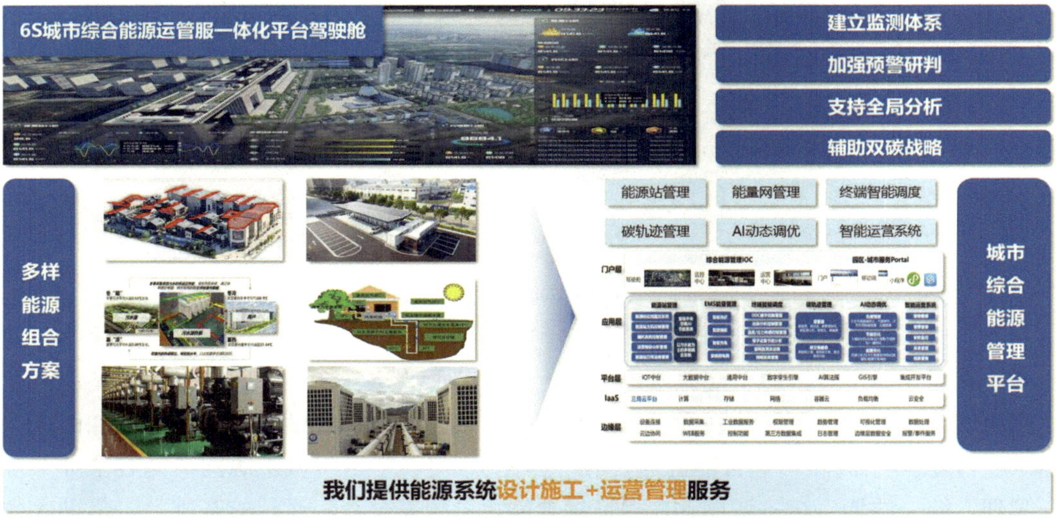

图 5　业务架构

供热能力 15.9 兆瓦，生活热水设计供应能力 740 千瓦。项目周边有 2 根 DN1000 市政污水厂的尾水管道，新建能源系统利用市政尾水作为主要冷热源，以空气能、太阳能、电能为辅助能源，以蓄能系统作为调节能源，实现多种可再生能源互补利用和优化匹配，整个工艺流程如图 6 所示。新建能源站目前已施工完成，作为整个城市片区的主要供能系统，能源站布局如图 7 所示。此外，各建筑原有的冷热源系统作为补充备用和安全保障，项目建成后成为华中区域首个排江尾水回收利用的能源站。

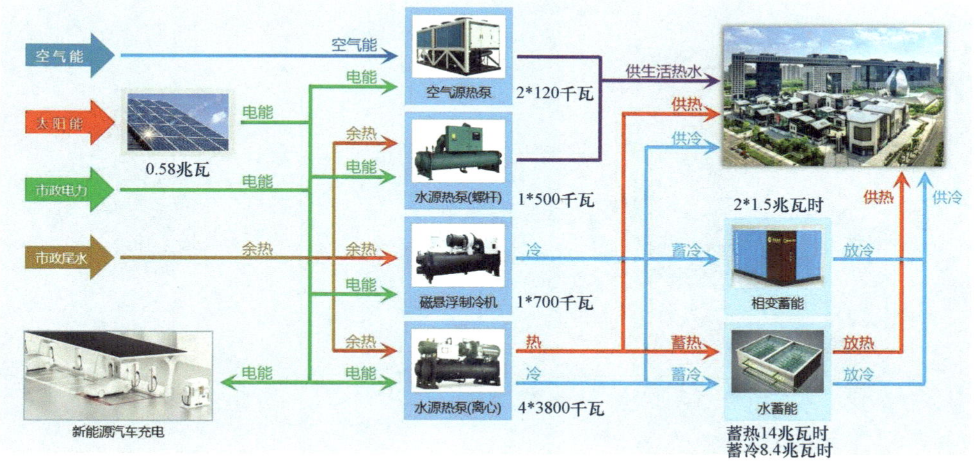

图 6　能源系统原理

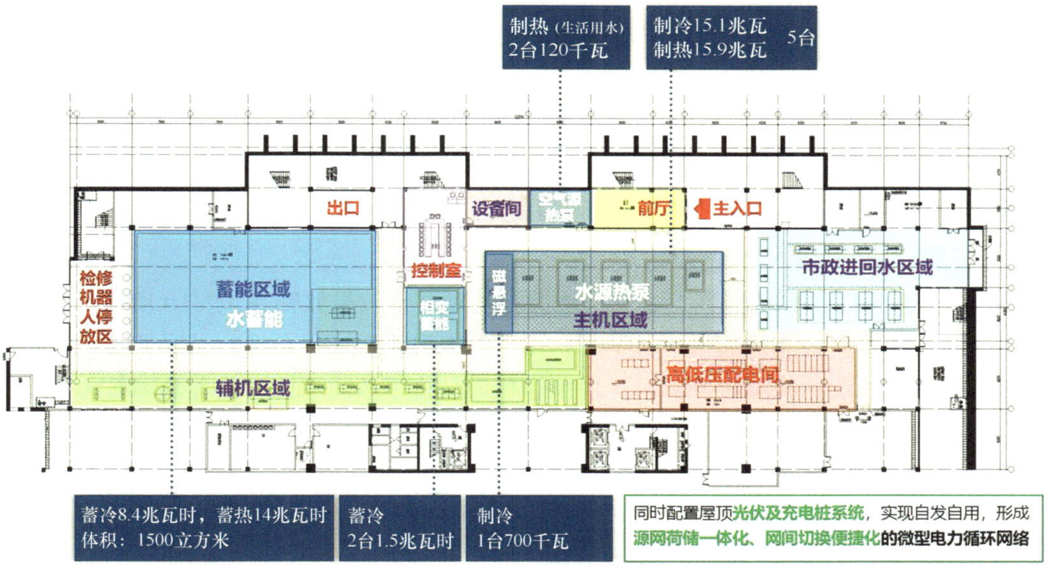

图 7　能源站平面布局

4. 智能管理平台

能源系统管理端定位为城市数字能源业务运营管理中枢，按照分层互联体系架构进行设计，按照“集中协调–分布自治”的形式进行互联，通过搭建“零碳智慧运营平台”，将对项目中电、冷、热、水等上位能源、输配电系统、能源设备进行整体监控、优化控制以达到能源站高效合理运行，全面赋能项目绿色高效发展，推动能源转型，引导行业绿色升级，助力企业降本增效，打造绿色低碳示范标杆。整个管理平台的首页展示如图 8 所示。

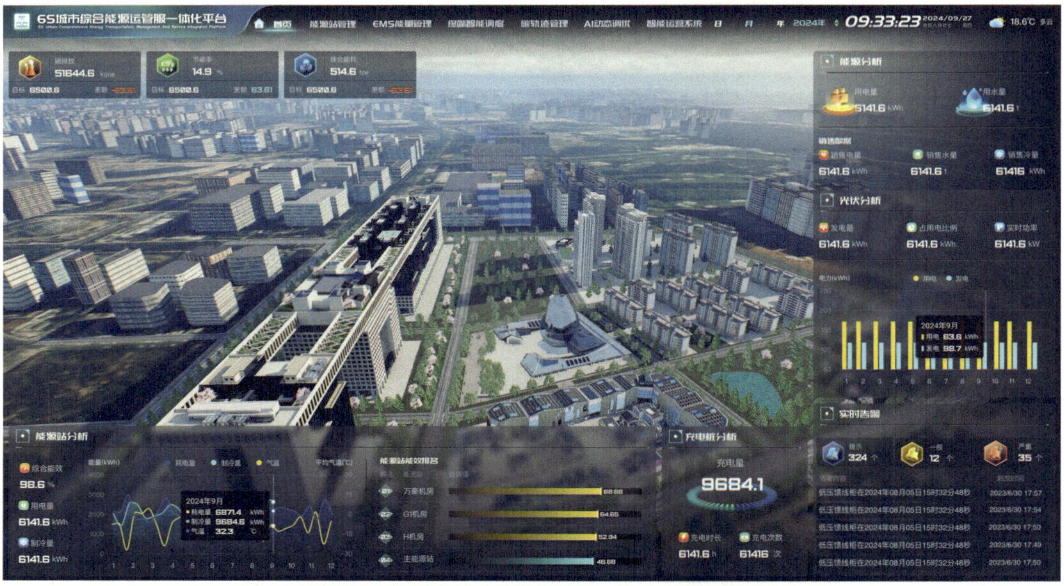

图 8　零碳智慧运营平台——驾驶舱

5. 应用场景

平台应用场景包括能源站管理、碳轨迹管理、AI 动态调优、智能运营系统等，每个场景可根据用户需求单独部署，也可自由组合部署。

1）能源站管理

能源站管理的主要功能特点如下，能源站管理展示效果如图 9、图 10 所示。

（1）能耗监测：能源数据一目了然，便于对能源用量、设备运行及时调整。

（2）故障诊断：故障告警及时，辅助运行人员排查故障原因，避免故障扩大。

（3）策略优化：设备运行情况多维度对比，便于寻找更优运行方向。

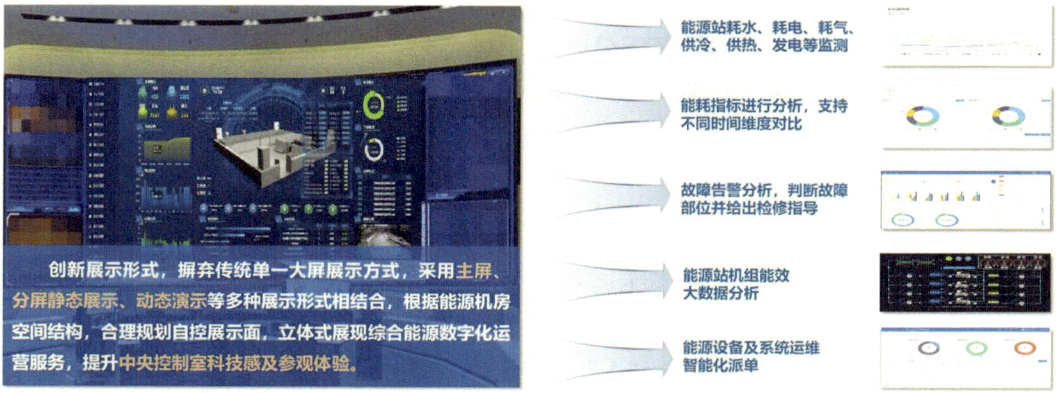

图 9　能源站中控大屏展示效果

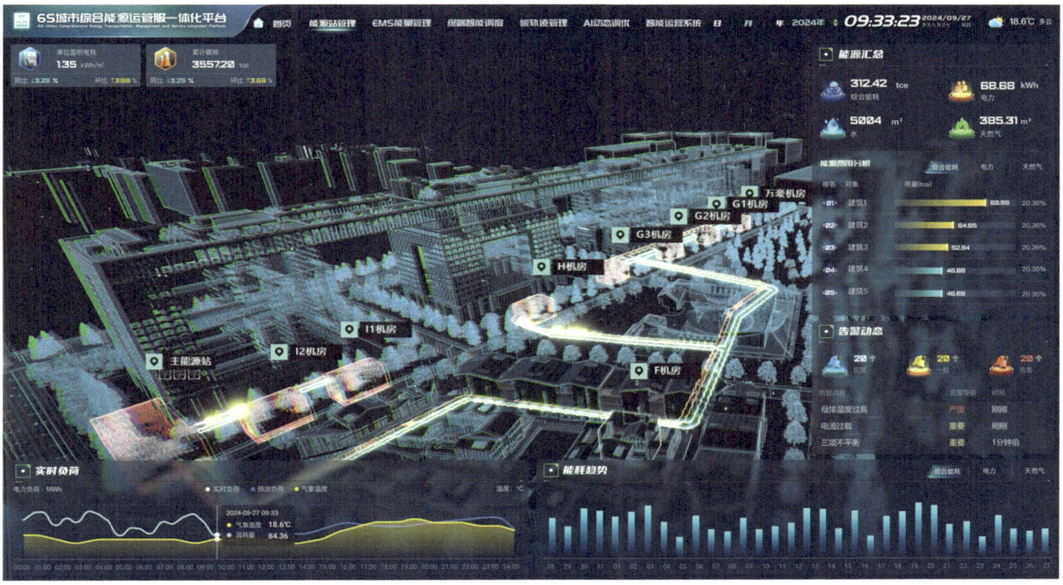

图 10　能源站管理——平台前端效果

2）碳轨迹管理

碳轨迹管理的主要功能特点如下，展示效果如图 11 所示。

（1）碳排放分析：对企业碳排放总强度、多维核算维度进行多维分析，以时间维度、时间尺度从总量占比、趋势分析企业碳排放量。

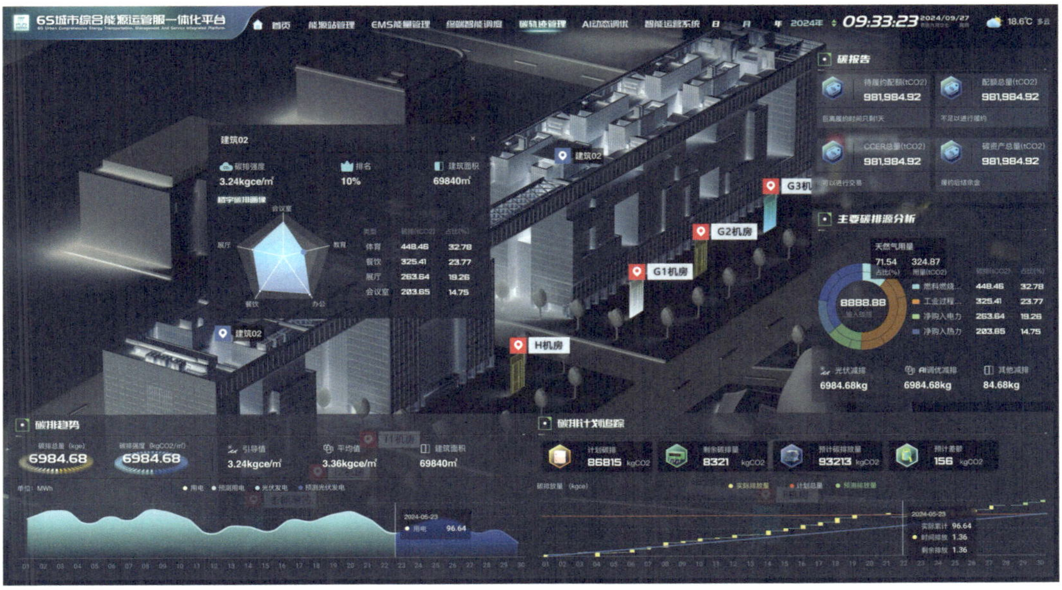

图 11　碳轨迹管理——平台前端效果

（2）碳目标管理：根据系统历史数据，预测未来某个时间段的碳排放数据，提前做好碳排放管理。

（3）碳模型建立：支持碳盘查、碳核查、碳足迹不同标准核查模板的收集及维护。依据核查模板，企业根据实际情况灵活勾选核查维度、核查对象，进行企业核算配置维护。

3）AI 动态调优

AI 动态调优的主要功能特点如下，展示效果如图 12 所示。

（1）负荷预测：冷热负荷预测，根据负荷动态调整运行方案，确保设备高效运行。

（2）策略优化：依托系统仿真及 AI 智能算法，优化系统运行策略，多种能源协同配合。

（3）能效仿真：综合考虑城市片区周边可再生能源，提高城市可再生能源利用率，系统配置更加绿色低碳。

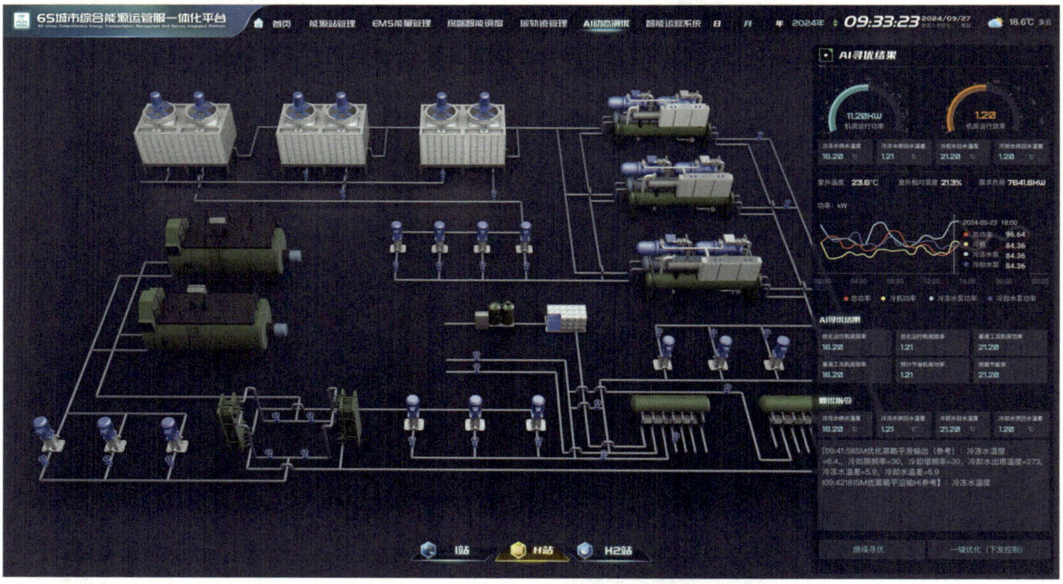

图 12　AI 动态调优——平台前端效果

4）智能运营系统

通过平台智能运营系统，可利用客服系统、缴费系统、安防系统、报表管理和档案管理等智慧化手段，进行城市能源系统运营管理，做好客户服务及后勤管理。智能运营系统的主要功能特点如下，展示效果如图 13 所示。

（1）智能客服：用户用能信息查询、用户投诉、报修，并提供全过程监督及后评价服务，可根据用户用能习惯提供节能指导。

（2）缴费管理：用能客户能源账单自动生成、能源费催缴、支持多种支付方式，资费缴纳便捷。

（3）安防监控：负责能源系统设备设施监测，能源站监控、门禁管理等。

（4）报表及档案管理：负责整个能源系统信息数据整理汇总及档案管理，确保电子资料安全。

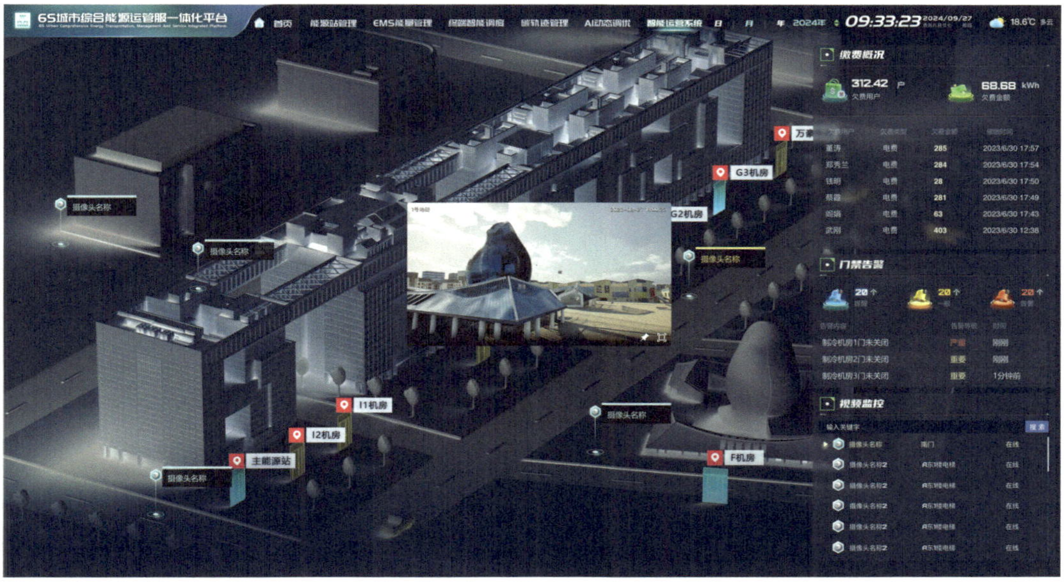

图 13　智能运营系统——平台前端效果

三、创新亮点

1. 城市更新背景下智慧化改造典型案例

随着城市更新过程的深入，原有管理方式难以满足现代化需要，特别是能源系统，新能源技术的引入，极大地增加了能源系统的复杂度，单纯靠人来管理已经严重影响系统整体效能。本项目通过引入零碳智慧管理平台，将能源系统所有现场数据打通，以云平台为依托，建设集综合运行、指挥调度、一网统管、辅助决策等功能于一体的城市大脑。运用云计算、大数据、物联网等数字技术，建立城市能源管理问题及时发现并高效解决闭环机制，极大地提升能源系统整体效能，实现能源数据 100%在线监管、优化策略 100%在线下发、安全预警 100%在线响应。该项目的建成，将成为城市更新背景下能源系统智慧化改造的典型案例。

2. 城市市政污水处理和能源供应深度耦合

城市运营中，污水处理厂处理后的尾水往往具有较大的余热利用价值，如本项目周边的污水资源冬季水温一般在 12～16℃；夏季水温比地面水温略低，夏季水温一般在 26～28℃，直接排放易造成余热浪费。本项目利用污水源热泵将尾水中的余热回收利用，排江尾水与热泵机组通过板换形式进行间接换热，安全且不影响水质，污水利用如

图 14 所示。全年利用尾水约 9.6 万立方米，年供热量 100%由污水源热泵提供，年供冷量的 60%由污水源热泵提供，成为华中区域首个排江尾水回收利用项目，每年可减少二氧化碳 2820 吨。本项目的推广将极大地提升城市余热资源与能源系统耦合利用水平，在城市层面提高整体能源利用率，推动城市绿色低碳转型。

图 14　污水源热泵技术应用

3. 源网荷储在城市能源中协同高效应用

本项目在能源测，打造以污水废能为主要能源，以空气能、太阳能、电能为辅助能源的综合能源系统；在管网测，将既有的 8 个能源站与新建能源站进行互联互通，便于能源系统高效供应；负荷测，增加末端感知设备并结合气象参数，通过大数据和机器学习方法，做到末端负荷实时预测和短期预测，负荷预测方法如图 15 所示；储能测，增加了水蓄能和箱变蓄能，进一步增加能源系统调配能力。通过源网荷储整体联动，实现能源系统的高效协同应用，增加城市用能系统柔性，便于打造韧性城市。

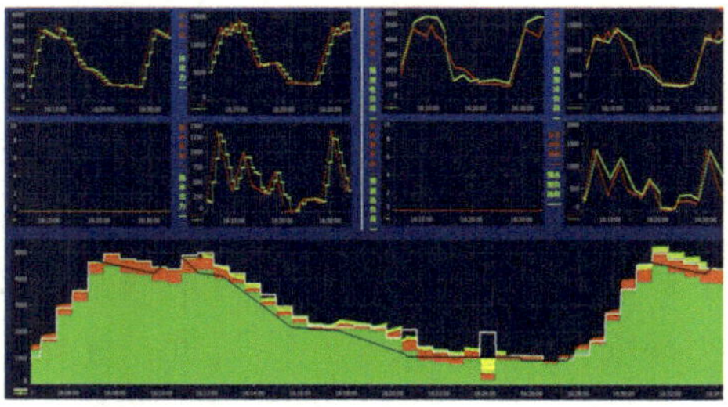

基于冷、热、电负荷的时序特征，采用多种机器学习方法（RNN、SVR等）建立负荷预测模型，模型误差（MAPE）<5%；

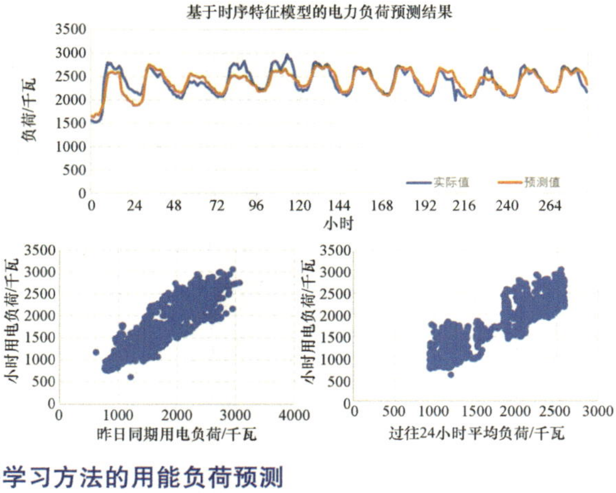

图 15　基于机器学习方法的用能负荷预测

4. 城市综合能源系统 AI 优化算法创新

针对城市能源站数量多、管理复杂的问题，利用 AI 算法、大数据、人工智能技术，研发了“机理+AI”的能源系统控制算法，算法原理如图 16 所示。基于可再生能源与常规能源运行机理搭建各子系统数学模型，包括热泵系统、光伏系统、电制冷系统和储能系统等，并将市面上大量常用设备具体参数融入数学模型，建立能源系统高精度智能仿真平台；利用 AI 智能算法实时动态寻找整个系统运行能耗最低的系统最优控制参数。通过高精度智能仿真平台验证控制参数有效性，做到动态寻优过程可显示、可验证，以最大限度挖掘节能空间，降低通风空调系统运行能耗成本。

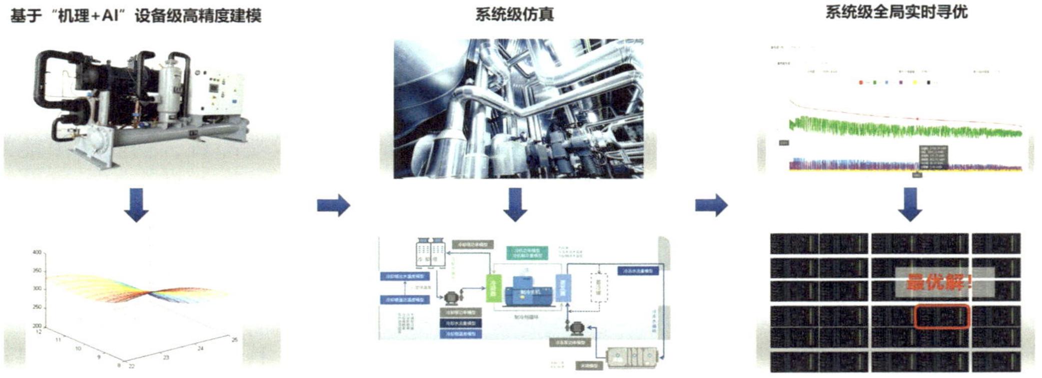

图 16 基于“机理+AI”的能源系统全局优化

四、推广价值

武汉光谷之星能源系统已入选中建集团分布式能源产品示范案例，能源管理平台“6S 城市综合能源运管服一体化平台”分别荣获 2024 年中建三局第七届“我是创客”科技创意征集大赛二等奖、中建三局数字公司第二届“创领杯”创新创意产品大赛优胜奖。该优秀案例的推广可带来如下价值。

1. 社会价值

通过集成的信息技术和智能技术，能够实现对能源供应、传输、消费等全过程的实时监控和管理，可以提高全社会能源使用的效率和安全性，同时推动区域能源产业的创新升级，支撑区域经济高质量发展。此外，该平台通过优化能源配置和提高能源利用效率，最大化利用可再生能源，有助于减少温室气体排放，节能减排，支持城市实现“双碳”目标，即碳达峰碳中和。

2. 经济效益

本项目建成后主要为武汉光谷之星区域集中供热供冷，年节约运行成本约 500 万元。通过将该案例推广到其他城市能源系统应用，可提升城市能源系统智能化、数字化管理水平，降低运维成本和运维人员投入，使能源设备更加高效低碳运行。“十四五”时期，全国计划实施合同能源管理项目3000个以上，其中每个项目按节能500万元考虑，由此带来的经济效益可达150亿元。

3. 环境效益

本项目通过大量引入污水源作为主要冷热源，大大提升了武汉光谷之星的可再生能源利用率，供冷系统60%以上供冷量来源于污水源，供热系统100%供热量来源于污水源，大大减少化石能源使用，项目年二氧化碳减排3600吨。通过推广该综合能源系统模式和管理平台，可提升城市能源系统中光伏、地热能、污水能等可再生能源应用比例，并增加设备负荷率，提高能效，从而减少二氧化碳、氮氧化物等污染物排放，改善城市大气环境，构建和谐宜居生活环境。

4. 资产价值

通过智慧能源系统的搭建，将所有能源系统应用场景进行云端部署，构建城市能源数据资产、碳资产、虚拟电厂平台。通过数据资产入表，城市能够将分散、无序的数据转化为有序、集中的资产，同时通过数据挖掘，释放能源系统节能潜力；通过参与国家碳排放权市场交易，促进碳减排和生态保护补偿机制建立，带动企业、个人进一步实施节能降碳措施，推动社会经济的绿色低碳高质量发展；以虚拟电厂为媒介，建立以各类分布式资源为主体的电力充储放一张网，推动资源与BIM/CIM平台的精准化定位和建模，提高电网的灵活性和可调度性，打造能源安全韧性城市范本。通过类似案例的不断推广复制，释放城市能源资产价值，让我们的城市更智慧、建筑更绿色、人民生活更美好。

无锡市滨湖区“滨”纷多才管理平台

朱隽昉　肖鹏　印珺

无锡市滨湖区委组织部　无锡市滨湖区数据局

一、建设背景

无锡市滨湖区作为无锡市重要的科创策源地，集聚了 12 家省部属科研院所、4 所高等院校，拥有 7 个省级以上重点实验室和 28 个省市级公共技术服务平台，现已全面布局“543”产业体系，科学谋划“五湾五城”产业空间，利用产业独有优势，紧抓产业链和人才链相互促进，以产业创新带动人才引进，以技术发展推动人才培育，推动人才工作创新发展实现弯道超车。无锡市滨湖区委在交汇点新闻客户端刊发无锡滨湖“543”产业系列报道《“滨”纷多才》专栏文章，探究如何做实做细人才“引、育、留、用”全链条工作，加速提升产业能级和经济支撑力，助推太湖湾科创带引领区建设。

为进一步深化落实“滨湖人才”4.0 政策，为滨湖区人才工作增添新动力、树立新目标，提高滨湖区人才工作的开展质量，降本增效，无锡市滨湖区需要建设一套完善的人才系统服务于人才工作，实现人才工作的数字化、可视化、智能化。围绕滨湖区人才工作领导小组办公室的各类工作业务，打造合适的业务系统，提高滨湖区人才工作的信息化水平，推进信息化建设，建设、建成滨湖区人才系统，更好地服务于人才及业务人员。

全面推进新时代人才强区，持续推动互联网与人才服务的融合，以互联网技术、互联网思维、互联网手段实现了滨湖人才服务的升级进步。但人才服务还存在一些不足与挑战，主要是信息化建设滞后，运用互联网、大数据、云计算提升治理能力迫在眉睫，亟须在“十四五”时期加大力度真解决，建设以公众需求为导向、以信息技术为支撑的网络化、智能化、服务化、协同化的网上高层次人才服务体系。

在人才强国的大形势及“滨湖之光”4.0 政策的推动下，滨湖区人才信息化建设迫在眉睫，势在必行。建议按照方案总体顶层设计，有计划地分步实施。

二、建设内容

1. 建设目标

“滨”纷多才平台项目整体以全面提升人才管理数字化、人才服务智慧化、人才政策智能化为目标，围绕“滨纷多才、智汇滨湖”总体建设思路，贯彻落实“引、育、留、用”人才管理方针；以数字滨湖数字底座为支撑，充分应用“互联网、大数据、云计算”等先进技术，根据省、市人才政策和“滨湖之光”4.0人才政策，整合人才活动、人才招聘、人才服务等信息资源，打通市社保、人才补贴、人才分类认定等各类系统和数据，以及数字滨湖中的区法人库和人口库大数据，实现人才“一网统管”“一网通办”“政策找人”，打造“一张图、一中心、两门户、四应用和N服务”的滨湖数字人才创新管理模式。

2. 建设内容

“滨”纷多才管理平台建设项目的定位，是满足无锡市滨湖区超过60万常住人口和相关企业的信息化需求，在滨湖区人才大数据中心建设的基础上，实现线上人才业务的初步覆盖。本次建设主要内容包括项目申报平台、人才活动（招聘）管理平台、人才综合服务管理平台、PC端人才门户、灵锡端人才门户、移动端掌上引擎、后台管理平台、人才大数据中心。

1）人才项目申报管理平台

实现“滨湖之光”4.0人才项目线上申报和申报结果查看。

2）人才活动（招聘）管理平台

实现人才政策、活动、通知公告、招聘需求等信息集中发布、维护。同时，为企业和高端人才引进机构提供高层次人才需求招聘平台。区人才办可以定期、选择性通知各类型、产业的企业，在线提交高端人才需求，企业也可以线上发布高层次人才需求。由区人才办汇集整理后发给高端猎头，猎头也可以在平台随时查看企业高端人才需求信息，进而在全国或海外进行猎聘。最后由猎头反馈给企业相关人才，区人才办提供相应的人才政策支持。

3）人才服务综合管理平台

构建统一的用户账号体系，与人才库进行绑定关联。实现“N服务”的后端业务管理，实现“一网统管”。“N服务”包括但不限于各类人才补贴、人才项目申报等。逐步进行线上化，现有系统先集成，没有的业务根据有限空间逐步进行线上化，配合人才门户和人才之家实现人才服务“一网通办”。

4）PC端滨湖人才门户

PC端门户将集中公开发布人才政策、通知公告、人才活动、人才招聘等信息，便于企业和人才了解政策、参加活动，同时集中项目申报、人才服务等办事入口，易于企

图 1　人才项目申报

业和人才申请办理各类人才服务事项。

5）灵锡端滨湖人才门户

通过灵锡 App 展示人才政策、人才活动、人才招聘、通知公告等板块信息，提供各项人才服务的服务指南。

6）移动端掌上引擎

定制化登录页及登录后的展示页面。通过对管理端与移动端用户体系的打通，实现管理端账号的多端登录。同时，通过对不同维度的人才信息进行列表页面、明细页面及统计页面的定制化设计与开发，提供对人才档案信息的多维度筛选查询，实现工作人员查档渠道的再拓宽、查档效率的再提速。

7）后台管理平台

方便管理人员对项目申报、人才服务申报信息进行审核、查询及统计。同时后台管理平台为整个系统提供了统一集成服务、统一用户管理、统一角色管理、统一授权管理

图 2　人才招聘活动

等功能。

8）滨湖人才大数据中心

滨湖人才大数据中心包括滨湖人才库和高层次人才专题库，搭建标签体系，实现人才分类查询。逐步从各类业务系统中把人才服务申请记录和人才补贴发放记录进行抽取，形成人才服务专题库、补贴发放专题库。从市级相关部门获取社保数据、分类认定等数据并完善人才库数据。第一阶段优先将高层次人才进行录入、维护，第二阶段依托数字滨湖中人口库、法人库，逐步把大学生、高技能人才信息进行完善。

三、创新亮点

1. 人才服务数字化

项目依托江苏省政务服务网用户体系，畅通全省统一用户渠道，强化人才服务公共能力，助力人才服务从线下“纸质化”向线上“数字化”的转变提升服务效能，减少人员投入，实现人才服务“一网通办”。同时强化人才数据的供需对接和数据赋能，有效优化人才服务环境和人才引进机制，将大数据分析技术运用到人才发现、评价以及使用体系之中，助力精准摸排人才、精准引进人才、精准服务人才。

2. 政策与服务的智能化匹配

“政策找人”：平台能够根据人才的属性和需求，智能匹配相关政策和服务，实现

图 3　滨湖人才门户

了从“人找政策”到“政策找人”的转变。个性化服务：通过构建人才数据库和标签体系，平台能够为不同层次、不同类型的人才提供个性化的服务方案。

3. 线上线下融合的服务模式

多端联动：平台支持 PC 端、移动端等多种访问方式，实现了线上线下服务的无缝衔接。高效协同：通过打通政府部门间的“信息孤岛”，实现了数据的互联互通和高效协同，提升了服务效能。

4. 创新型的项目建设模式

“滨”纷多才平台的前瞻性技术架构应充分结合城市运行管理中心的职责和建设模式。创新型的项目建设模式，是结合新技术、新理念和新方法，以提高项目效率、降低成本、增强可持续性和满足社会需求为目标的一种新型建设模式。

滨湖区委组织部发挥主体责任夯实业务需求，依托专业的城市运行管理中心，实现了组织部与城运中心之间的高效协同工作，提高了项目建设的效率和质量。城运中心作为专业的城市运行管理机构，能够充分利用自身的专业技术优势，为项目建设提供有力的技术支持和保障。通过代建制模式，实现了对项目风险的有效识别、评估和管理，降低了项目建设的风险和不确定性。城运中心作为数据管理和分析的专业机构，能够与其他政府部门和系统进行数据共享和协同工作，深化数据的应用和价值挖掘。

四、推广价值

1. 社会经济效益

优化了人才服务环境，加快了打造一流营商环境的步伐。拓展了高层次人才服务领域，为企业和人才提供了更加精准、高效的服务。建立了集中受理、统一对接、跟踪办理的服务模式，提升了服务质量和效率。

促进了人才和产业的深度融合，为各级政府及企业提供了更加便捷、高效的服务。整合了多方人才数据资源，激发了各类人才的创新创业活力。释放了更多的人才红利，促进了经济社会的高质量发展。

2. 推广价值

“滨”纷多才管理平台的成功实践，为其他地区开展同类工作提供了可借鉴的经验和模式。平台的数字化、智能化、线上线下融合等特点，符合当前和未来人才管理的发展趋势。

通过“滨”纷多才管理平台的成功实践，无锡市滨湖区在人才管理方面取得了显著的成效，为其他地区提供了宝贵的经验和启示。未来，随着技术的不断进步和需求的不断变化，平台将继续优化和升级，为人才管理事业作出更大的贡献。

苏州工业园区城市运行管理服务平台

沈平　朱音　上官翰琦

苏州工业园区综合行政执法局

苏州新建元数字科技有限公司　苏州高新区测绘事务所有限公司

一、建设背景

全国住房和城乡建设工作会议中明确指出，要搭建城市运行管理服务平台，坚持共谋、共建、共管、共评、共享，推动城市管理走向城市治理。同时，住建部出台了《城市综合管理服务平台建设指南》《城市综合管理服务平台技术标准》《城市运行管理服务平台数据标准》以及《城市运行管理服务平台技术标准》等文件，并印发《关于开展城市综合管理服务平台建设和联网工作的通知》（建办督函〔2020〕102 号），明确要求 2020 年年底前主要地级以上城市的数字化管理平台要与国家城市运行管理服务平台联网，实现国家、省级、市级平台互联互通、数据同步、业务协同要求。

苏州工业园区综合行政执法局牢固树立以人民为中心的发展理念，立足于苏州未来城市新中心的总体定位，以实现园区城市治理体系和治理能力现代化为方向，按照国家、江苏省及苏州市数字政府建设要求，不断探索数字技术与城市管理工作深度融合，加快推进城市管理数字化转型升级，全力推进园区城市运行管理服务平台建设，实现园区城市管理“科学化、精细化、智能化”建设新局面。

二、建设内容

“数据资源库”板块通过对园区城市管理各业务系统数据进行综合汇聚、数据治理，形成了涵盖城市管理综合执法、户外广告、垃圾分类、环卫、园林、停车、市容、城维等多业务领域的多元数据资源库，全面摸清执法局各类业务数据底数，实现对跨系统多源数据的向上、向下及横向集中汇聚管理，提供统一、标准、准确的基础数据，保障数据一致性，为下一步园区城市管理工作创新和应用场景建设提供基础，如图 1 所示。

“统一门户”板块是执法局的 PC 端工作门户，深入推动业务应用整合集成，打造业务应用总入口、“一站式”工作台。在 PC 端工作门户实现展示城市管理新闻资讯、

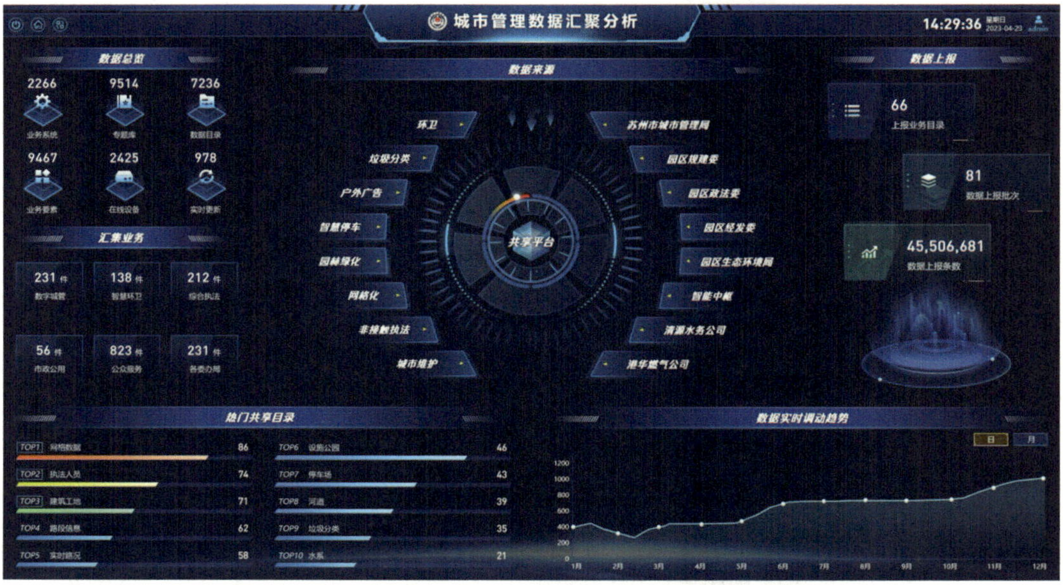

图 1　数据资源库

行业动态、政策法规、考核通报及其他信息，支持进行编辑制作和信息发布管理。提供任务处办、日常办公、流程审批等常用办公功能。综合行政执法局各相关业务处室及下属单位能够分权限、分板块采集维护和发布信息。基于执法局用户体系的基础之上，接入各已建、新建的业务应用系统，实现一次登录，即可访问执法局全部的业务应用系统，如图 2 所示。

图 2　统一工作门户

“统一 App”板块将执法局原来 10 个业务系统、5 个移动端 App 进行有效整合，汇聚管理，数据融合，实现平台一个账号，按权限查看、管理全局业务，系统访问、业务处理更加便捷高效，有效把烟囱管起来，如图 3 所示。

图 3　统一 App

“业务指导”板块主要通过对相关政策法规、行业动态等数据的汇聚共享和管理维护，实现对政策法规类、行业动态类信息的分类分级管理，方便用户全方位地了解和掌握城市管理工作的新要求、新目标和重难点，如图 4 所示。

“指挥协调”板块根据平战结合理念，在充分调研园区综合行政执法系统及相关业务部门意见需求基础上，以全区高精度矢量地图、基础三维地图、影像地图为底图，对指挥调度的人员、监控、物资、事件信息等指挥关键要素进行无缝集成与直观展示，提供精准、高效、协同指挥调度需求，如图 5 所示。

“行业应用”板块主要是充分利用综合行政执法局信息化建设成果，通过对已建成和建设中的信息化系统进行整合，实现快速单点登录到对应系统的大屏分析角色端，具体查看业务信息，如图 6 所示。

“公共服务”板块整合各类面向市民的应用，形成为民服务统一“窗口”，公众可通过统一的服务“窗口”，实现城市管理类问题的上报、建议、满意度情况的反馈，违停车辆提醒等业务功能的办理，以及找车位、找公园、找公厕、找摊点、公共自行车等便民服务的查询，如图 7 所示。

图 4　业务指导

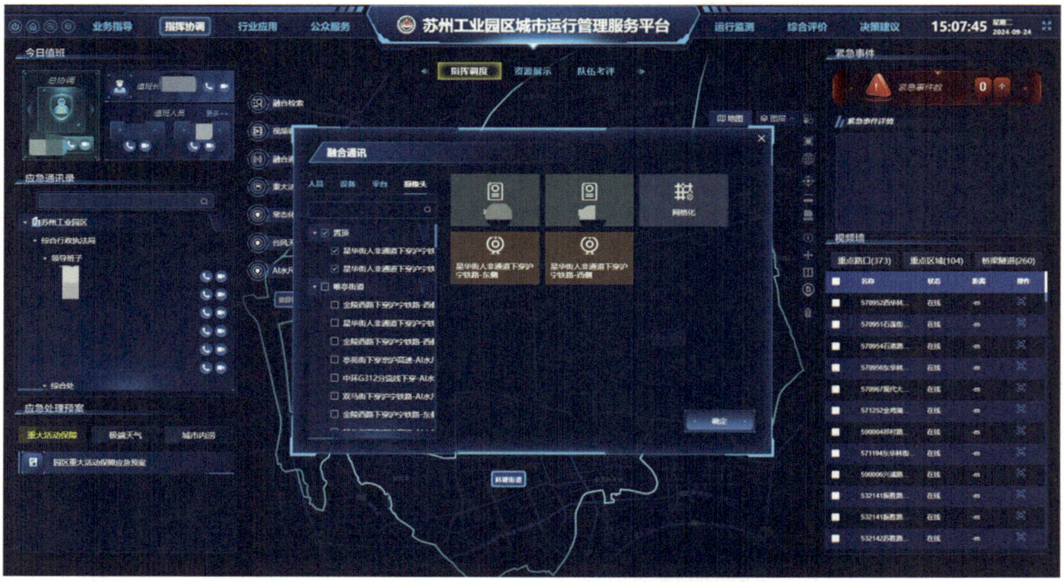

图 5　指挥协调

“运行监测”板块通过汇集道路、桥梁基础信息和相关 IoT 设备监测信息，能够有效监管相关道路和桥梁上安装部署的 IoT 设备的预警信息，并适时进行处理，实现园区范围内城市道路、桥梁的全周期监测管理。进行城市安全一屏总览，将城市运行中道路、桥梁的风险隐患和监测报警等信息进行可视化展示，便于领导直观了解城市运行态

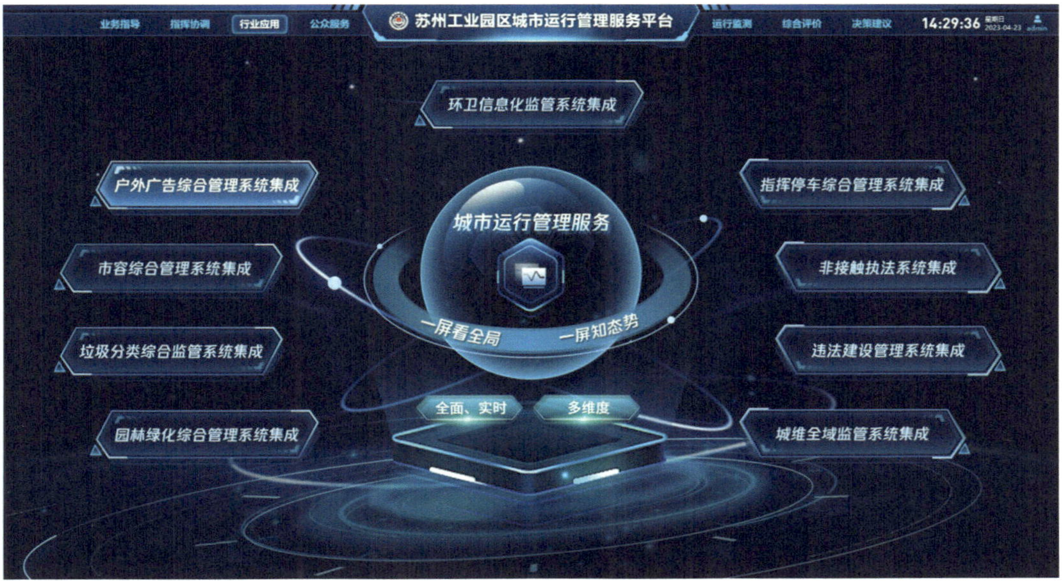

图 6　指挥协调

图 7　公众服务

势，如图 8 所示。

图 8　运行监测

“综合评价”板块根据城市运行管理服务综合评价要求，整合住建部、苏州市和园区城市管理相关指标体系要求，初步梳理形成具有园区特点的评价指标体系。通过逐步打通各业务系统，建设实地考察、社会评价等功能，探索构建指标自动化计算、手动评价、群众反馈等多来源渠道的综合评价体系，如图 9 所示。

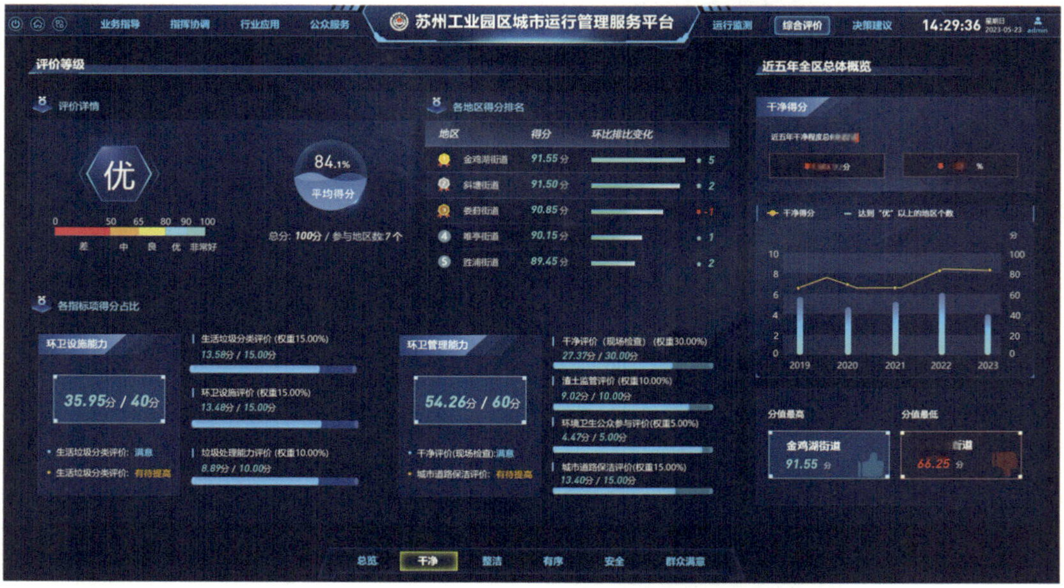

图 9　综合评价

“决策建议”板块通过汇聚、整合局内各业务系统数据，形成关键指标要素运行一张图，全面掌握整体运行趋势，包括环卫保洁、园林绿化、智慧停车、市容环境、市政公用、综合执法、事件处置、网格巡查等各业务关键指标。实现一图统揽主要资源力量，如图 10 所示。

图 10　决策建议

三、创新亮点

理念超前：平台以城市运行管理“一网统管”为目标，强调共谋、共建、共管、共评、共享的理念，推动了城市管理向城市治理的转变。

应用创新：平台通过整合物联网、大数据、人工智能等前沿技术，创新性地实现了对城市运行管理服务状态的实时监测、动态分析等功能，为城市管理提供了全新的技术手段和解决方案。

场景赋能：平台围绕城市运行安全高效健康、城市管理干净整洁有序、为民服务精准、精细、精致等目标，建设了多个应用场景，助力提升园区城市管理的便捷性和高效性。

城市管理效率提升：平台通过统一的城市运行管理服务数据资源库和四大基础应用，实现了跨部门、跨系统的数据共享和业务协同，大幅度提升了城市管理的工作效率。例如，通过“指挥协调”板块，能够快速响应各类城市管理事件，实现精准高效的指挥调度。

为民服务质量增强：平台通过“公共服务”板块，集中整合了城市管理领域面向公众的各类基础便民服务设施，如公园、绿地、公厕、停车场等，极大地方便了市民生活。同时，通过投诉工单处理系统，市民能够便捷地反馈城市管理问题，并得到及时有效的处理。

决策支撑能力提高：平台通过“综合评价”和“决策建议”板块，汇聚整合了园区综合行政执法局内各业务系统数据，形成了关键指标要素运行一张图，为领导决策提供了科学依据。通过数据分析，能够全面掌握城市运行的整体趋势，为城市管理的持续改进和优化提供了有力支持。

四、推广价值

苏州工业园区城市运行管理服务平台的建设成效显著，具有广泛的推广价值。一方面，该平台可以为其他城市提供可借鉴的经验和模式，推动全国范围内城市运行管理服务平台的建设和发展；另一方面，该平台所采用的技术手段和应用场景也具有一定的普适性，可以在其他领域和行业中进行推广和应用。此外，该平台的成功建设还有助于提升苏州工业园区的城市形象和品牌价值，为园区的经济社会发展提供有力支撑。

太仓高新区“产城人”智慧城市平台

太仓高新技术产业开发区管理委员会
太仓高新区娄高新集团有限公司
苏州城方信息技术有限公司

一、建设背景

太仓高新区全面推进“数字经济、数字社会、数字政府”建设，持续健全完善数字化基础设施，壮大数字经济规模，提升数字化创新引领发展能力，高水平建设汽车核心零部件、航空航天、工业母机等特色产业集群。太仓高新区锚定创建国家级高新区、打造国家级对德合作平台、高水平建设娄江新城三大目标，结合高新区高质量发展要求，以“产、城、人”融合发展为导向，聚焦产业创新集群建设、城市功能转型、人才引进与培养等领域，辅以物联网、大数据、人工智能、数字孪生等技术手段，打造高新区智慧城市平台，并通过智慧城市平台建设推动数字化转型，构建数字孪生城市，以数字孪生城市推动城市规划、建设、管理和运行一体化闭环运转，实现全主体映射、全要素感知、全场景赋能，助力数字经济、数字社会、数字政府的融合发展，提升城市宜业、宜居、宜商、宜游的精细化管理水平。

二、建设内容

1. 系统架构

太仓高新区智慧城市平台以“产、城、人”融合发展为导向，通过 1 个数据中心、1 个智能中枢、打造 6 大应用场景，实现数字政府、数字社会、数字经济的融合发展。系统总体架构设计如图 1 所示。

2. 1 个数据中心

数据中心以应用需求为出发点，根据政策要求，建设太仓高新区数据资源资产体系，实现对全区基础数据的汇聚、融合、目录化管理和共享发布，支撑全区内跨部门、跨层级、跨地域、跨业务的数据交换共享和融合分析。建立了地理库、法人库、6 大业务主题库（项目库、政策库、经济运行库、物联感知库、事件舆情库、人员库）及 18

图 1　总体架构设计

个应用专题库（党建引领、规划布局、经济运行、招商引资、精准管服、安全生产、创新生态、中德合作、动迁安置、乐居房产、人才公寓、数字城建、城市配套、生态环境、资产管理、数据智库、审批服务、人员管理）。系统数据架构如图 2 所示。

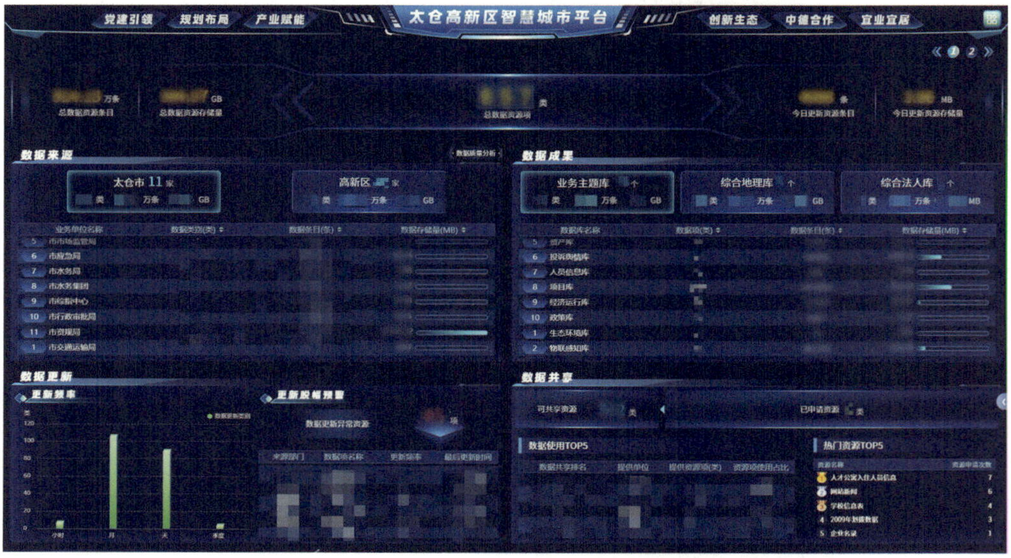

图 2　系统数据架构

1）统筹高新区城市数据资源

实现与高新区级、太仓市级等系统的对接，实现综合地理库、综合法人库和业务主题库相关数据资源的对接、获取、治理，支撑相关文件、服务接口和物联设备数据的集成，实现数据资源的统一汇聚和处理，已对接 20 多家单位业务管理平台，涉及约 900 多万条数据条目，并不断更新积累，通过数据治理体系建立数据资产一本账。

2）建立高新区城市数据底板

建立了地上、地表、地下的城市二三维一体化数字底板，时间上串接历史、现状、规划的城市时空变迁，并且构建多层次、细粒度的城市时空要素数据体系，用来承载和关联各类业务信息，形成高新区 400 多个业务专题资源。

3）实现多源异构数据融合管理

针对来自不同来源、不同格式、不同结构的数据进行整合、清洗、转换、统一、存储和管理，确保数据的一致性、可靠性和可用性；按需建设相应的业务数据表和相关信息表，并对同一类业务下的数据资源进行关联融合，建设专题空间数据库，实现与业务主题库的时空关联融合，最终实现多源数据的规整融合。

太仓高新区智慧城市平台通过对企业工商登记、产值、税收、利润、研发经费、用水、用电、行政监管、环保安监、专利、国土资源、企业项目、科创人才、关联产业等 15 个维度信息关联融合建立综合法人库，形成“一企一档”企业画像；通过对经济宏观分析、产业中观分析、企业微观分析建立经济运行库，构建产业发展全维度指标体系；通过对建设项目前期、立项用地规划许可、工程建设许可、施工许可、竣工验收、审计等全流程业务数据分析建立项目库，实现建设项目全周期管理；通过对河湖管理、水质监测、河长制、环保事件、涉水企业等数据深度融合建立物联感知库、投诉舆情库等，实现生态环境全过程监管。

3. 1 个智能中枢

智能中枢针对高新区智慧城市顶层架构设计，通过 5 大系统、4 大引擎提供数据管理能力、应用支撑能力和智能分析能力，5 大系统包括数据上报系统、数据资产管理系统、数据资产共享系统、资源门户系统、运维配置管理系统；4 大引擎包括位置大数据解析引擎、时空大数据解析引擎、大数据计算分析引擎、二三维可视化渲染引擎。

智能中枢以应用需求为核心，打通了太仓市级与高新区本级各系统间的数据通道，实现了数据从汇聚、治理、管理、应用到共享交换的全流程、全方位管理，构建太仓高新区完整的数据全生命周期管理体系；以空间数据为载体，进一步整合多维数据，通过对产业经济、城市建设、人才服务等多维数据的深入挖掘，有效支持决策制定、趋势预测等多种应用场景；同时，建立“云-网-端”数据安全管理机制，通过统一用户体系、统一权限管控、统一安全访问、统一配置管理、统一日志管理实现从云端数据存储、网络数据传输到应用端数据访问的全方位安全管理，形成一个闭环的数据保护体系。数据图谱如图 3 所示。

4. 6 大智慧场景建设

智慧场景应用包括智慧规建、产业经济、智慧招商、人才领航、智慧民生、智慧生态 6 大领域应用。实现多端呈现、协同联动。通过产业经济、智慧城建、人才领航等促

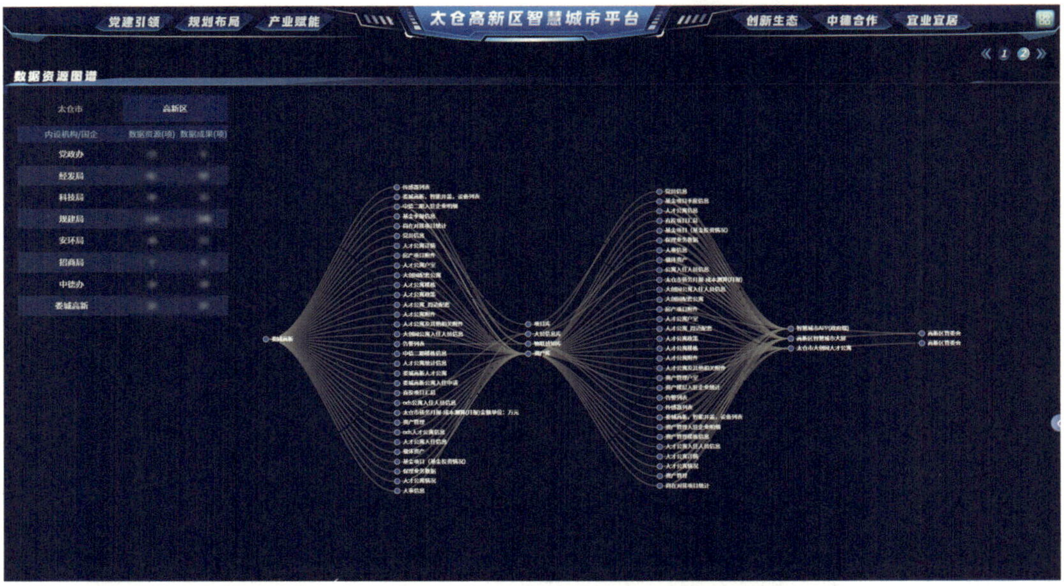

图 3　数据图谱

进“产、城、人”融合发展。

1）智慧规建

智慧规建在规划布局、动迁安置、数字城建和房产 3 个关键维度，围绕同一空间实体形成环环相扣的联动机制。规划布局作为顶层设计，实时捕捉城市动态，为整个智慧生态确立发展方向；动迁安置灵活运用土地与规划数据，精巧对接民众期待与实际安置，确保平稳过渡；数字城建阶段将规划与安置数据实体化为智慧基础设施，确保城市运转的高效率与安全性，并进一步实现规划微调与安置优化。三者之间通过统一的数据枢纽和业务流程引擎紧密耦合，形成了规划先行、动迁有序、高效建设的城市建设管理闭环，全面提升城市治理现代化水平，促进社会的可持续发展。智慧规建如图 4 所示。

2）产业经济

产业经济的高质量发展注重经济运行状态、企业服务与管理和企业安全生产状况。梳理高新区经济运行体征，通过高新区高质量运行和经济大镇的宏观分析、主要产业产值中观分析和企业经营微观分析 3 个层次，提供高新区经济运行的动态信息，为高新区提升经济发展质量和效率提供数据支撑，辅助管理决策。通过经济运行分析，定位高新区重点发展企业，构建全要素企业画像，提供定向的企业服务，为政府全面、精细管理和服务企业提供深度支撑。通过网格员巡查、日常检查、视频监控等动态监控企业状况，建立重点领域企业监管机制，保障企业安全稳定运行。产业经济如图 5 所示。

3）智慧招商

智慧招商以城市资源为基础，以政府招商业务为核心，通过招商引资服务、资产管理等实现招商智慧化。通过实时分析项目总量、项目来源地、产业类型、签约落地等数

图 4　智慧规建

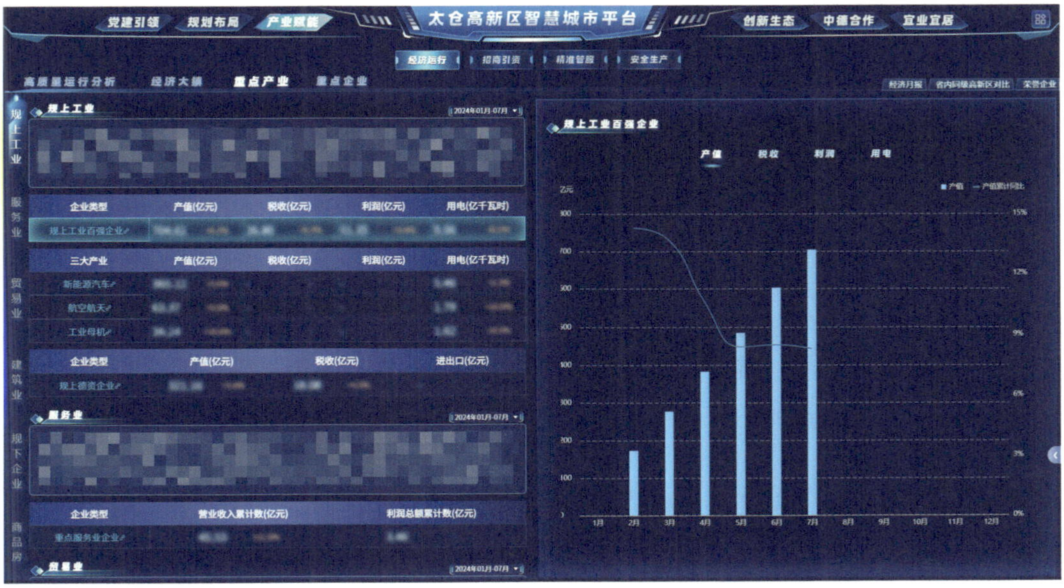

图 5　产业经济

据，厘清高新区整体产业与招商项目方向，实现招商项目的商机跟踪，提升双向沟通效率；通过提供便利的基础服务，吸引更多企业入驻，同时，通过企业小程序提供便捷的企业招引服务，打造高新区的核心竞争力，提高企业参与招商的黏度；通过智慧城市平台汇聚高新区资产情况，从资产规模、运营收益、基金及项目投资收益、融资负债情况、保理业务使用情况进行综合分析，为高新区科学合理的资产运营管理、资金投资管理提供数据支持，为高新区招商提供符合招商条件的相关资源，辅助决策，便于持续推动资产和资金的优化配置和高效利用。智慧招商如图 6 所示。

图 6　智慧招商

4）人才领航

人才领航构筑了一个包含创新人才精准孵化、人才公寓精细运营与人才乐居住房服务“三位一体”的综合生态链。通过双元制教育基地等定向培养专业人才，并以创新人才精准孵化为引领，深入剖析人才特质，配以多元化政策及服务活动支持；人才公寓以数据为核心，通过智能分析人才租住信息与住房需求，实现精准资源配置与服务升级，全面提升入住体验，确保人才安居无忧；人才乐居联动政策优势与市场资源，提供从政策解读、优选房源到人才认定的全流程服务，确保人才轻松享受各项福利，全方位赋能人才生活与职业发展；小程序便捷服务，实现线上一键申请公寓入住与安家补贴，确保人才生活无忧，安心乐居。人才服务如图 7 所示。

5）智慧民生

智慧民生是智慧城市理念下对居民生活品质提升的深度实践。以城市配套与乐居房产为核心，实现了市政设施、教育、医疗、文旅、交通和房产等领域的全面智慧化。在城市配套方面，市政设施的智能化管理确保了公共服务的高效率与可靠性，教育资源的数字化和个性化满足了不同学习需求，医疗资源优化通过远程服务和数据分析提升了健康管理水平，文旅休闲设施的智慧升级增强了游客体验，智能交通系统则大幅度提升了出行效率。在乐居房产领域，通过大数据分析，精准把握市场供需，优化土地资源配置，为居民提供更智能、更个性化的居住解决方案。智慧民生建设提升了城市管理的智

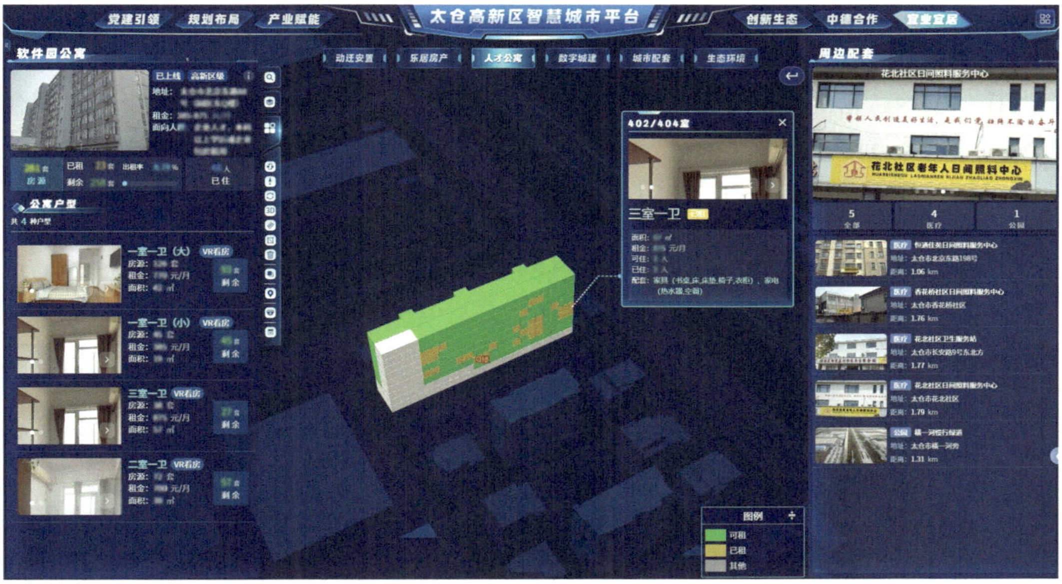

图 7　人才服务

能化水平并促进了社会资源的优化配置，构建了高效、便捷、舒适的城市生活空间。智慧民生如图 8 所示。

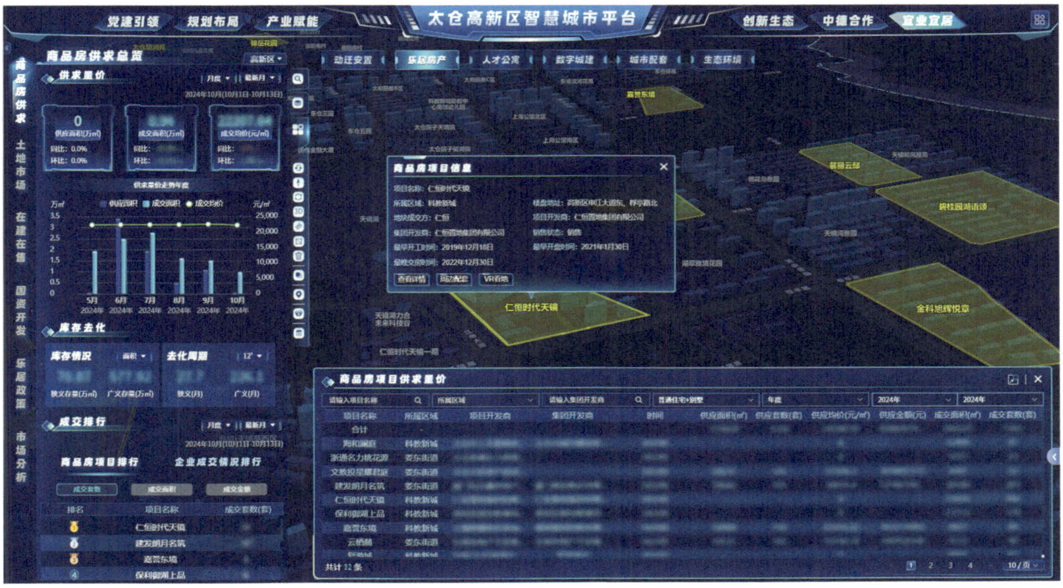

图 8　智慧民生

6）智慧生态

智慧生态系统在太仓高新区构建了一幅全景式的生态画卷，生动展现了区域生态实况。系统集成空气质量监测、水环境质量监测与幸福河湖布局，形成全方位的生态监控网络。依托大数据分析，对大气、水环境及各类环保案件进行深度剖析，实现动态监控与预警，精准定位潜在污染源，有效防控环境风险。水质数据实时更新，配合直观的可视化展示，让数据分析一目了然，确保水质安全。聚焦于水环境，系统能够迅速定位潜在污染源企业，精准捕捉水环境变化趋势，深入分析水环境的变化趋势，预测可能出现的问题，提前制定应对策略，确保水生态的持续改善。这一系列举措提升了生态环境监管效能，并为太仓高新区的绿色发展注入了科技与生态并重的活力。智慧生态如图 9 所示。

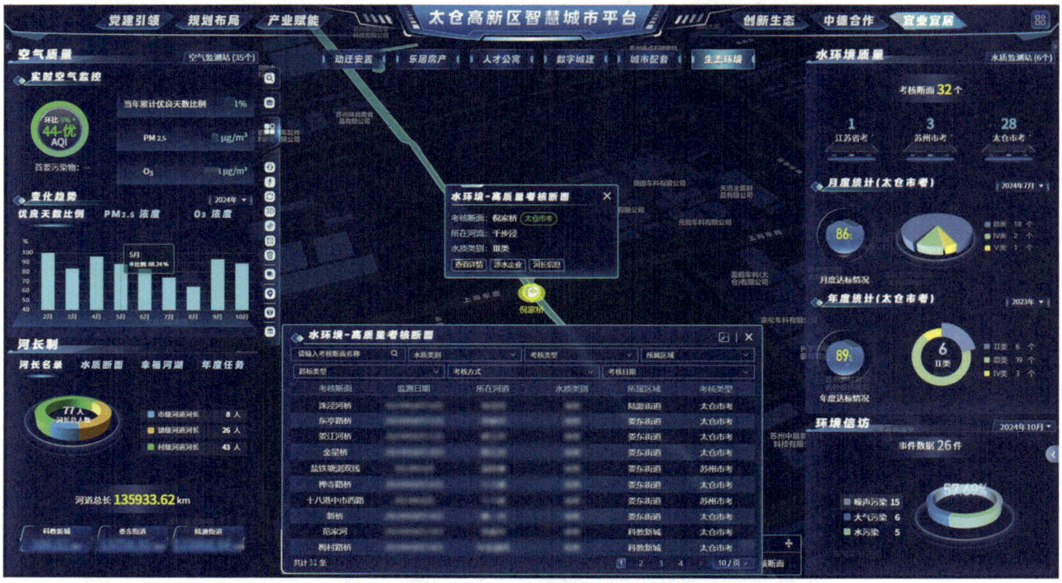

图 9　智慧生态

三、创新亮点

1. 数字赋能城市规划建设监管

依托强大的数字底座，实现城市建设项目从规划蓝图、设计、施工到验收、运维等全链条、全方位监管，确保每一项城市建设项目都能精准落地、高效推进，提高城市建设的效率和质量，有力支撑智慧城市的高质量发展。

2. 精准洞察产业经济动态

通过数字底座的集成分析能力，平台能够实时监测和分析城市的经济运行状况，对经济从宏观产业到微观企业进行全面的运行分析，为政府决策提供科学、及时的数据支持，助力产业经济结构的优化升级和持续健康发展。同时，平台还能够通过智能化的招商引资服务，吸引更多的优质企业入驻城市，推动产业的升级和发展。

3. 智能感知预警生态环境变化

利用大数据、物联感知等技术，平台能够实时监测城市大气、水环境等的环境质量，实现对生态环境的动态监测和智能预警，能够及时发现并应对环境风险，有效保障了生态环境的可持续性和公众健康。同时，平台还能够对监测数据进行深入分析和挖掘，为政府提供了科学的环保决策依据。

4. 优化人才引进与企业服务生态

平台通过整合城市的人才资源、优化服务流程、提升服务质量，提供了便捷、高效的人才服务，包括人才公寓的分配、人才政策的宣传、创新人才管理、双元制人才培养等，提升了企业服务的效率和质量，为构建具有竞争力的人才生态和企业发展环境提供了坚实支撑。

四、推广价值

1. 提升智慧城市管理效率与决策科学性

统一构建智慧城市数字底座，通过全盘梳理各业务方向和部门管理运行的大数据库，形成了全面覆盖、维度丰富且高度关联的数据模型。通过智能中枢打破了跨部门的信息壁垒，实现全链条数据的无缝流转与高效应用。同时，通过数据模型、知识库和枢纽平台的通用性设计，使得系统能够适应全国绝大多数开发区、高新区的业务需求，显著降低了建设方与需求侧之间的沟通成本，实现了“开箱即用”的便捷应用，有助于提升园区管理水平和决策科学性。

2. 增强物联感知信息的智能化应用能力

智慧城市平台支持多源物联感知信息的接入、处理、分析和业务关联，能够将传感器产生的海量实时数据转化为有效信息。通过报警、预警等智能化手段，系统能够更精准地支撑业务应用，帮助城市管理者及时发现并解决问题，提升城市运行的安全性和稳定性。平台的建设不仅提高了物联感知信息的利用效率，还为园区的智能化管理提供了有力支撑。

3. 赋能开发区“产、城、人”融合发展

系统面向“产、城、人”的应用场景，通过大数据支撑产业发展、城市建设、民生服务的业务场景，形成了可推广的典型案例，有助于推动产业、城市和人的深度融合发展，实现园区经济、社会和环境的协调共进。通过平台的应用，可以更加精准地把握产业发展趋势，优化城市资源配置，提升民生服务水平，从而提高城市规划、建设、治理水平，推动区域经济社会发展、提升城市竞争力。

建设工程和材料检测数智化综合管理平台

于利刚　宋婧　张先稳　甘锦龙

广东省建筑材料研究院有限公司　广州粤建三和软件股份有限公司

一、建设背景

1. 实施背景

建设工程质量检测是控制工程质量的重要环节，是评价工程质量的重要依据，对确保建设工程质量起到重要作用。《建设工程质量检测管理办法》（中华人民共和国住房和城乡建设部令第 57 号，以下简称《管理办法》）、《建设工程质量检测机构资质标准》等从调整建设工程质量检测范围、强化资质动态管理、规范建设工程质量检测活动、完善建设工程质量检测责任体系、加强政府监督管理、加大违法违规行为处罚力度等多个方面进一步强化建设工程质量检测管理，维护建设工程质量检测市场秩序，规范建设工程质量检测行为，促进建设工程质量检测行业健康发展，保障建设工程质量。《管理办法》第二十七条明确要求：检测机构应当建立信息化管理系统，对检测业务受理、检测数据采集、检测信息上传、检测报告出具、检测档案管理等活动进行信息化管理，保证建设工程质量检测活动全过程可追溯。

2. 建设必要性

1）是机构加快数字化转型，抢占市场先机的需要

《中华人民共和国国民经济和社会发展第十四个五年规划和 2035 年远景目标纲要》中，“加快数字化发展建设数字中国”章节指出“迎接数字时代，激活数据要素潜能，推进网络强国建设，加快建设数字经济、数字社会、数字政府，以数字化转型整体驱动生产方式、生活方式和治理方式变革”。数字化时代已然到来，检测机构唯有紧扣国家战略发展目标，积极推动新一代数字技术创新应用，不断加快公司生产经营数字化转型，推动生产现场全要素、全过程的自动感知、实时分析和自适应优化，以快速响应市场需求变化，赋能公司检测业务提质增效，才能在瞬息变化的市场环境中抢占先机，做优做强。

2）是提升机构决策效率，应对未来挑战的需要

平台将建立一体联动运行的标准规范体系和安全保障体系，充分发挥数据作为企业重要资产的业务价值，助力检测机构智能决策，以应对未来高度复杂性、不确定性和风险性，有利于做好公司企业数字化转型蓝图与推进路线图的顶层设计与过程把控，确保战略、业务、技术等的一致性和协调联动，促进整体协同效应的发挥，转变公司生产经营方式、业务流程、组织方式等，实现公司内部资源的重整，提高公司的经济效益，从而增强机构竞争力，应对企业未来风险，最终实现企业管理现代化。

二、建设内容

1. 总体架构

建设工程和材料检测数智化综合管理平台将以工程行业检测业务和企业价值链为出发点，运用大数据、微服务架构、分布式等核心技术，构建建设工程和材料检测数智化综合管理平台总体框架，以实现不同层次间的相互独立性，保障系统的高度稳定性、实用性和可扩展性。总体架构如图 1 所示。

图 1　总体架构

2. 系统和平台

1）数字门户平台

“建设工程和材料检测数智化综合管理平台”智能工作门户将集成现有在用的各类应用系统，实现工作人员工作任务“一体联动检测”“一体办”；完成现存系统单点登

录改造，实现实名制身份认证、一个账号通用整个系统，如图 2 所示。

图 2　数字门户

2）数智化服务平台

以客户为中心，借鉴电商购物流程实现客户自助委托下单，为客户提供实时、在线、按需、自助的优质服务，提升客户体验感，提升企业品牌形象，包括在线委托、送检指南、委托进度、报告查询等功能。

3）数智化生产管理平台

通过检测业务流程优化，综合应用人工智能、物联网、移动互联等新一代信息技术减少纸质单据使用，满足检测业务全过程无纸化应用，逐步实现从纸单据驱动检测业务向数据驱动检测业务的转变，实现检测人员、检测过程、仪器设备、检测物料、检测报告的全方位数字化管理，规范工程质量检测行为，提高工程质量检测能力和管理水平，如图 3 所示。

图 3　委托管理

4）数智化经营管理平台

与企业 ERP 系统深度对接，打通合同、订单（委托单）、收入确认单、应收应付、成本核算（人工工时、设备折旧）等流程，实现从商机发现、项目跟进、合同签订到结算回款等经营环节全过程的数字化记录管理，为企业 ERP 出具各类财务报表提供数据支撑，实现业财融合，如图 4 所示。

图 4　经营基础信息

5）数智化资源管理平台

建立覆盖所有实验室资源的统一数据库，对人（人员）、机（设备）、料（样品、标物）、法（方法与质量）、环（环境设施）等要素进行全方位管理，实现实验资源与实验过程的集成，跟踪实验资源的使用情况和运转状态，提高检测管理效率，降低管理成本，如图 5 所示。

图 5　机构管理

6）数智化质量体系管理平台

将内部审核、管理评审、文件控制、质控活动、客户投诉处理，不符合控制等质量技术管理实现在线管理和审批，并与生产要素实时联动，满足 ISO/IEC17025 等管理体系要求，确保检验检测机构的“公正性、独立性和诚实性”，如图 6 所示。

图 6　资质管理

7）数据融合平台

建立统一的数据标准规范，横向打通机构内部 OA、ERP、固定资产、档案等管理系统，实现多元数据集汇聚和应用集成，纵向对接省级、市级各级工程质量监管平台，简化数据访问流程，开放数据共享。

8）智慧决策平台

利用数据挖掘技术和数据分析工具，挖掘各业务子系统形成的结构化、非结构化数据，实现工程质量检测数据深度利用，支持工程质量检测预测预警，并通过可视化报表展示工具找出隐藏在工程质量数据中的潜在问题和规律，为领导科学决策提供可靠的数字化支撑。

3. 典型应用场景

工程质量检测业务一般分为合同管理、业务受理、检测试验、出具报告等环节，同时涉及经营、资源、质量等相关管理。通过建设工程和材料检测数智化综合管理平台建设，内部人员通过服务平台接受客户委托，审核后委托信息流转经营管理平台完成招投标与合同签订工作，合同签订后机构检测人员出具检测方案，并完成检测工作最终出具检测报告，客户在服务平台实时查询报告进度并下载，根据客户开票情况经营管理平台通过对接金蝶等开票系统进行开票。资源管理平台与质量管理平台记录和管理检测过程各类资源和质量数据，并通过智慧决策平台对生产过程各类隐患信息进行及时预警和可视化分析展示。数据融合平台集成检测各类数据信息，并进行分析、处理、存储与共享，提供灵活数据集成与转换能力，支持数据可视化和预测预警。数字门户通过集成各子平台待办、预警信息，并提供个性化服务，实现内部人员工作“一网通办”。

三、创新亮点

1. 提出和构建基于湖仓一体的工程质量检测数据底座

通过构建数据仓库模型框架，采集汇总所有检测相关数据，形成检测大数据资源体系，通过湖仓融合研发，实现元数据的统一、高效管理，降低了数据校验和一致性维护成本，解决多源多模态数据的可靠存储、血缘关系，提高了数据的“汇聚”“融合”“存储”“分析”“使用”“管控”效率，确保数据的安全性和可用性，最终帮助广东省建筑材料研究院有限公司实现数据赋能业务创新，支撑业务决策和产品智能。

2. 重构检测业务体系，实现检测“一体联动、一体办”

提出和构建基于检测数字化作业平台的“一体联动、一体办”的工程质量检测业务管理新模式。通过统一门户、数据赋能、数据共享、移动端支撑检测业务、管理、财务、服务一体联动，满足机构内部人员工作“一网通办”实现检测机构业务联动、财务联动、预警联动；实现检测项目网上委托、检测样品扫码流转、数据采集自动上传、电子报告下载打印的作业全过程、数字化、闭环管理，最终帮助广东省建筑材料研究院有限公司实现以“数据驱动”和“流程驱动”的数智化转型和管理变革。

四、推广价值

1. 经济效益分析

1）“一体联动、一体办”共享协同，节约信息交流成本

通过建设工程和材料检测数智化综合管理平台信息化建设，实现数据信息的集中处理与资源优化配置，消除信息孤岛，充分让数据多跑路，促进信息基础设施、数据资源和应用系统效能最大化，不断增强检测机构管理部门工作任务之间的横向联系，把本来检测业务之间存在的自然联系通过平台串联起来，摆脱时间与地点限制，随时能够实现信息的共享与协同，降低了信息传输的时间成本和人力成本，提升信息服务的效率，节约信息服务成本。

2. 社会效益分析

1）解决检测全过程溯源问题，提高检测报告真实性

建设工程和材料检测数智化综合管理平台对工程质量检测全过程进行管理，实现全

过程数字化记录和检测数据实时保存，提高检测数据获取的准确性、系统性、完整性、时效性等，实现了工程质量检测工作的数字化、智能化、实时化和可追溯化，提高检测报告的真实性，具有极高的社会效益。

2）信息化辅助决策，促进工程质量行业创新和发展

充分应用云计算、物联网、大数据等新一代信息技术，是解决工程质量检测信息资源整合和共享问题、信息深度开发和利用问题及决策支持方面的各项问题的基础。构建建设工程和材料检测数智化综合管理平台，全方位、多层次、多角度地对检测数据及报告进行多元化分析，为工程质量检测机构制定检测相关战略提供数据支撑与决策依据，增强决策的科学性和针对性。

横琴粤澳深度合作区高精度城市实景三维平台

张国基　王　颉　毛　毅　何春江

横琴粤澳深度合作区城市规划和建设局
广东省国土资源测绘院
珠海市测绘院

一、建设背景

建设横琴粤澳深度合作区（以下简称“合作区”）是习近平总书记亲自谋划、亲自部署、亲自推动的重大决策，是丰富“一国两制”实践的重大部署，有利于推动澳门长期繁荣稳定和融入国家发展大局。2021 年 9 月，中共中央、国务院印发《横琴粤澳深度合作区建设总体方案》，提出“不断健全粤澳共商共建共管共享的新体制”，粤澳两地政府共同组建管理机构以开发横琴这片热土，以特色体制为合作区建设擘画美好蓝图，合作区建设进入全面实施、加快推进新阶段。2023 年 2 月《横琴粤澳深度合作区发展促进条例》提出“加强琴澳智慧城市合作”。2023 年 12 月《横琴粤澳深度合作区总体发展规划》，围绕“构建智慧泛在的物联感知体系、构建合作区三维数字底座、提升运行管理精细化水平、建立琴澳融合的智慧应用体系”等方面建设未来新型智慧城市。在合作区琴澳融合新体制下，建设具备合作区特色的智慧城市是落实合作区建设总体方案要求的重要举措。

2022—2023 年，合作区编制《横琴粤澳深度合作区智慧城市顶层设计》，基于数字中国、智慧城市建设要求，依据实景三维等系列政策文件，立足合作区建设发展的实际需求，在琴澳融合新体制下，构建“泛在感知、泛在智慧、泛在融合、泛在参与”的智慧城市建设蓝图，明确实景三维是合作区智慧城市建设的重要组成部分。2024 年 9 月，合作区建成“城市高精度实景三维平台”（以下简称“实景三维横琴”），基于实景三维充分融合国土空间基础信息、城市地理、城市物联感知数据、交通、生态环保、市政管理、产业经济等数据，以实景三维作为时空底座，初步打造了具有合作区特色的“数字孪生基座”，推动数字孪生的应用赋能和落地实施，助力琴澳智慧城市合作、深度融合发展。

二、建设内容

1. 总体设计

实景三维横琴在合作区琴澳融合新体制下，立足智慧城市建设需求，通过构建特色鲜明的合作区“数字孪生基座”，如图 1 所示，提供数字孪生共性支撑能力，实现数字孪生应用赋能。建设内容包括：标准机制、数据资源、服务平台和典型应用。

图 1　合作区“数字孪生基座”架构

2. 标准机制建设

实景三维横琴面向用户数据对接和服务调用的需求，制定实景三维数据生产及建库、成果汇集、平台服务、时序维护等制度规范 9 项，形成合作区统一的城市空间底座技术标准和运行机制，为数据共享和平台服务提供强有力的支撑。

3. 数据资源建设

1）地形级实景三维建设

完成合作区范围约 106 平方千米 0.5 米格网数字高程模型、数字表面模型数据更新和 0.05 米分辨率数字正射影像制作，构建陆海一体的地形级地理场景，如图 2 所示。

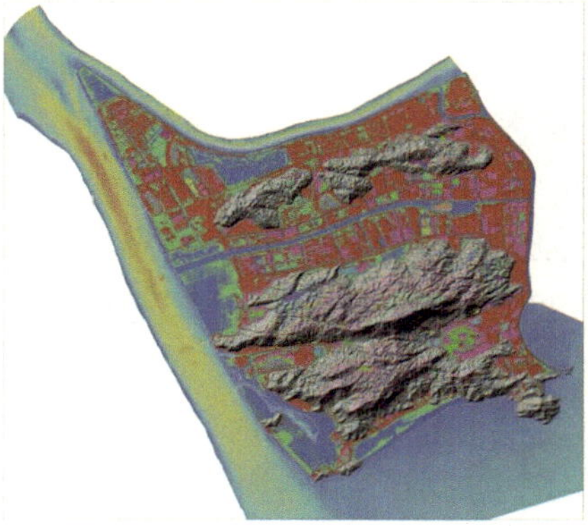

图 2　融合数字水深模型的陆海一体数字地形

2）城市级实景三维建设

完成合作区范围约106平方千米倾斜三维模型制作；完成城镇开发边界范围约45.6平方千米城市基础地理实体生产和LOD1.3城市三维模型建设，如图3所示。

图3 倾斜三维模型和基础地理实体

3）部件级实景三维建设

结合城市管理、自然资源调查监测等实际需要，完成合作区市民中心、横琴口岸和横琴地下综合管廊3处部件级实景三维试点建设，如图4所示。

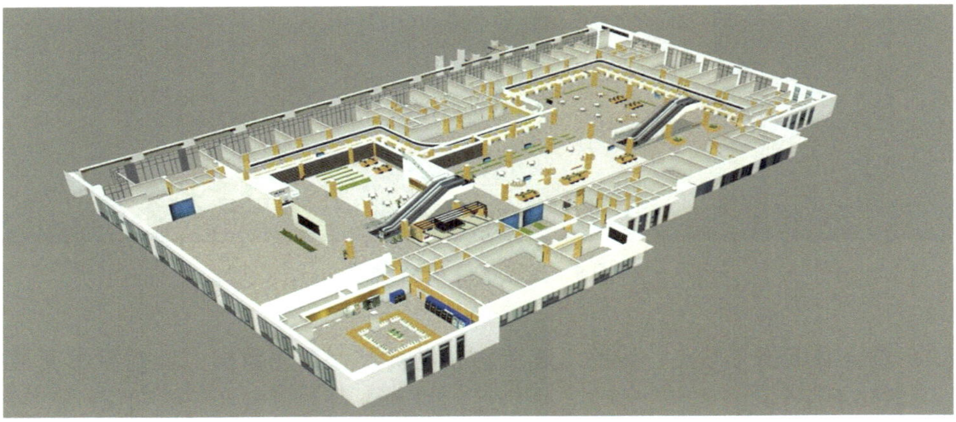

图4 市民中心的部件级三维模型

4）专题地理实体

采用面向对象的方式，按业务管理的要素分类、业务阶段、管理单元、时间序列，完成289个图层数据实体组合、编码、聚合，构建建设和规划实体，以满足建设和规划等部门业务管理和综合应用需求。

5）物联感知数据接入与融合

对接合作区本地相关物联感知系统或平台，对949路物联监控视频（工地视频531路、市政署368路、湿地公园50路）进行数据解析、数据清洗、时空关联、数据融合等，完成多源传感器数据接入与处理工作。

4. 服务平台建设

借助移动互联、物联网、大数据等现代信息技术，按照“管理、应用”两级思路，建设实景三维横琴服务平台，主要包括基础平台、时空数据管理系统、服务发布管理中心、展示管理中心、数字孪生超市建设等。

5. 典型应用建设

将合作区实景三维作为城市时空底座，建设具有合作区特色的“数字孪生基座”，构建城市“知过去、见现在、智管理、预未来”的“数字孪生”服务能力，实现在三维场景中的实时动态监控、生态推广、企业分析、项目跟踪、交通优化及精准定位等多元化功能。

1）支撑城市管理

（1）整合城市重点项目、BIM 模型、项目档案及工地视频监控数据，支撑重点工程项目管理，如图 5 所示。

图 5　重点项目 BIM 展示

（2）整合城市公交站点、线路、客流、充电桩及停车场数据，支撑智慧交通综合管控，如图 6 所示。

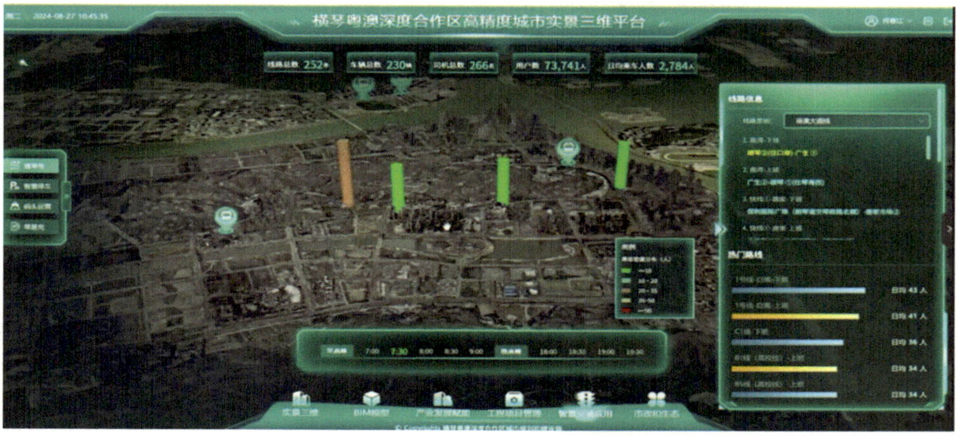

图 6　公共交通线路及站点分析

（3）整合道路、桥梁、隧道、管廊、照明、燃气及户外广告七大板块的统计数据和健康状况，支撑智慧市政综合管理，如图 7 所示。

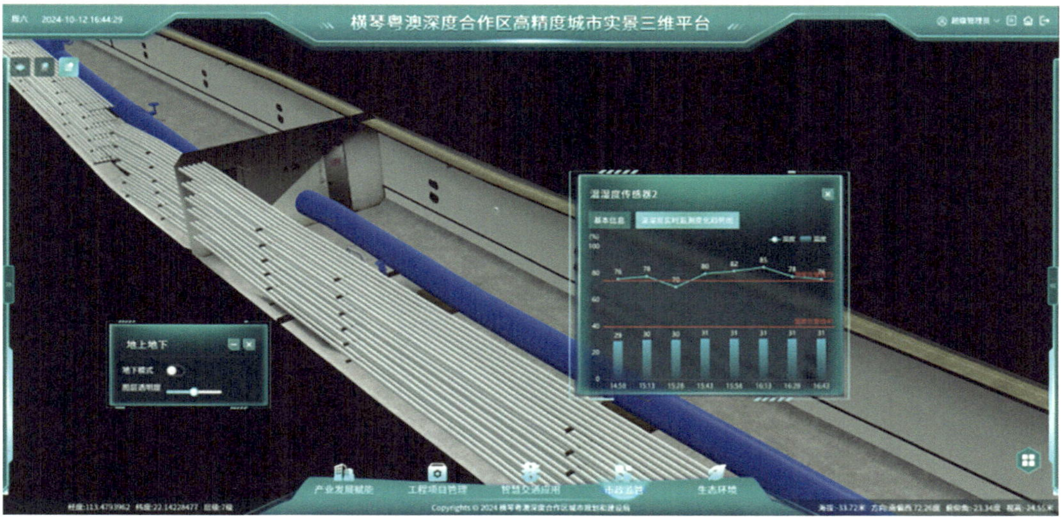

图 7　综合管廊及监测信息折线图展示

（4）整合现有建筑物基底数据、建筑层数、高度等信息，融合房屋标准门牌地址与不动产自然幢等级数据，构建建筑物白模，支撑智慧公安管理，如图 8 所示。

图 8　人口户籍管理与分析

（5）基于室内外一体的部件级实景三维模型，全面展现通关闸口、地下停车场及内部指示牌等设施，为横琴口岸精细化管理提供数据支撑。

2）赋能行业应用

（1）融合汇聚城市规划和管理、商事登记、经济发展等领域 5 万多家企业数据以及城市公共配套信息，构建数字经济的产业发展专题，促进产业经济发展，如图 9 所示。

图 9　合作区重点产业时空演变分析

（2）整合湿地公园、公共服务设施、视频监控及生物多样性数据，赋能数字生态建设，如图 10 所示。

图 10　湿地公园导览及管理

（3）提供核心的三维底图，用于绘制无人机、无人船的航线图，以及无人体系通感网络布设、选点规划等，助力全空间无人体系探索。

（4）汇聚琴澳包括人口、车辆、企业、产业、旅游及项目等专题信息，支撑琴澳融合发展分析，如图 11 所示。

图 11　琴澳跨境通勤客流量分析

三、创新亮点

1. 琴澳融合新体制下的政府引领，高起点构建“1+N+4”体系

粤澳两地政府共同组建管理机构，统筹推进合作区智慧城市建设。实景三维横琴始终立足智慧城市时空底座这一定位，构建了“1 套时空标准+N 项城市数据融合汇聚+4 类数字孪生创新赋能”的完整体系。

2. 业务高度聚合模式下的需求导向，提供广泛适用的技术支撑服务

积极破除业务壁垒，围绕合作区定位、智慧城市泛在服务等特点，在提供实景三维通用服务的同时，打造“三版本”（涉密版、政务版和移动端），“两门户”（专业门户、通用门户）系统，面向特定部门或业务需求提供定制化服务，进一步提升三维成果的广泛适用性。

3. 探索数据回流和价值赋能，共筑开放包容共享新生态

以制度规范为保障，引导和鼓励各部门在使用实景三维成果时，积极将各种城市数据进行汇聚并共享，实现各类数据的高效管理、持续共享和深度融合，形成了开放、包容、共享的数据回流和价值赋能的生态模式，推动城市管理智能化水平进一步提升。

4. 深度融合，建设琴澳融合的新样本

以实景三维城市空间底座为基础，汇聚琴澳重要专题数据，面向涉澳重要产业发展、重点企业经营、车辆人员出行等形成了特色数据服务和典型应用，为后续两地融合发展奠定良好基础。

5. 人工智能与实景三维融合创新

以实景三维作为城市空间的数字化载体，推动城市数据高效汇集；嵌入 AI 智能服

务，构建了城市级的 AI 助手系统，快速定位城市要素，同时结合城市状态感知功能，为城市管理提供实时、准确的数据支持。

6. 科学完善的监测评估体系

为了评估平台的应用效果，建立了科学的评估体系，包括问题处置效率、城市管理成本降低、市民满意度提升等多个指标。通过整合视频监控、物联网传感器等多种数据源，并定期汇集数据分析和用户反馈结果，对平台的应用效果进行全面评估。根据监测和评估结果，平台不断优化功能和性能，如针对高频发生的问题类型优化问题识别和派发流程；针对市民反馈的意见和建议及时调整平台界面和交互方式；针对技术瓶颈和难题加大研发投入和技术创新力度，不断提升平台的智能化水平和用户体验等。

四、推广价值

1. 经济效益

实景三维横琴通过构建统一的实景三维平台，实现了城市二三维空间数据的共享与复用，避免了各部门在数据采集、建模等方面的重复投入，每年至少可节省 1000 万元的城市测绘与建模费用；建成的数字孪生基座提供了丰富的城市级地图服务与数据支持，提升了城市服务的效率与质量，每年至少可减少相关投入 1500 万元。同时，实景三维横琴通过与数字孪生的融合应用，有效提升了城市的服务能力与吸引力，为吸引高端人才、促进产业升级提供了有力支撑，推动了智慧城市相关产业的发展与壮大，为城市经济的持续增长注入了新的动力。

2. 社会效益

合作区依托独特的地理位置和管理模式，为进一步推动实景三维数据汇集和应用拓展提供了有价值的案例，形成了实景三维的“横琴样本”，对其他地市开展智慧城市、数字孪生建设具有一定的借鉴意义。实景三维横琴的建成，也进一步促进了涉澳元素在实景三维中的信息共享和互联互通，为琴澳两地在城市规划、交通管理、环境保护、旅游开发等多个关键领域的合作与协调奠定了坚实基础，为进一步推动琴澳深度融合，丰富“一国两制”实践的新示范提供有力支撑，具有重大社会意义。

歙县数字乡村治理一张网管理平台

王东东　高志远　李华锋

苍穹数码技术股份有限公司

一、建设背景

民族要复兴，乡村必振兴。数字乡村是伴随网络化、信息化和数字化在农业农村经济社会发展中的应用，以及农民现代信息技能的提高而内生的农业农村现代化发展和转型进程；既是乡村振兴的战略方向，也是建设数字中国的重要内容。加快推进数字乡村建设，既是巩固拓展网络帮扶成果、补齐农业农村现代化发展短板的重要举措，也是深入贯彻新发展理念、加快构建新发展格局、实现乡村全面振兴的关键一环。

2020 年，歙县成功入选国家数字乡村试点县名单，根据安徽省相关政策制度要求，结合当地数字化发展现状，以歙县数字乡村建设为奠基工程、引航工程，聚焦歙县各部门间的数据融合应用与决策分析，研究寻找起步点、结合点，着力挖掘打造亮点、爆点，全面激发乡村振兴内生动力，贯彻落实《数字乡村发展战略纲要》《关于开展国家数字乡村试点工作的通知》等文件精神，全力开展歙县数字乡村试点建设工作，释放数字红利，催生歙县乡村发展新活力。

二、建设内容

1. 总体架构

歙县数字乡村治理一张网管理平台总体架构包括基础设施层、数据资源层、支撑层、应用层、用户层等层级，以及标准规范、运营规范等保障体系（图 1）。

2. 系统和平台

数字乡村治理一张网管理平台主要建设内容包括数字乡村治理总览网、乡村党建一张网、乡村治理一张网、绿色生活一张网、信息服务一张网、乡村党建智慧云平台、村务管理系统、乡村信息服务移动端和数字乡村综合数据中心。

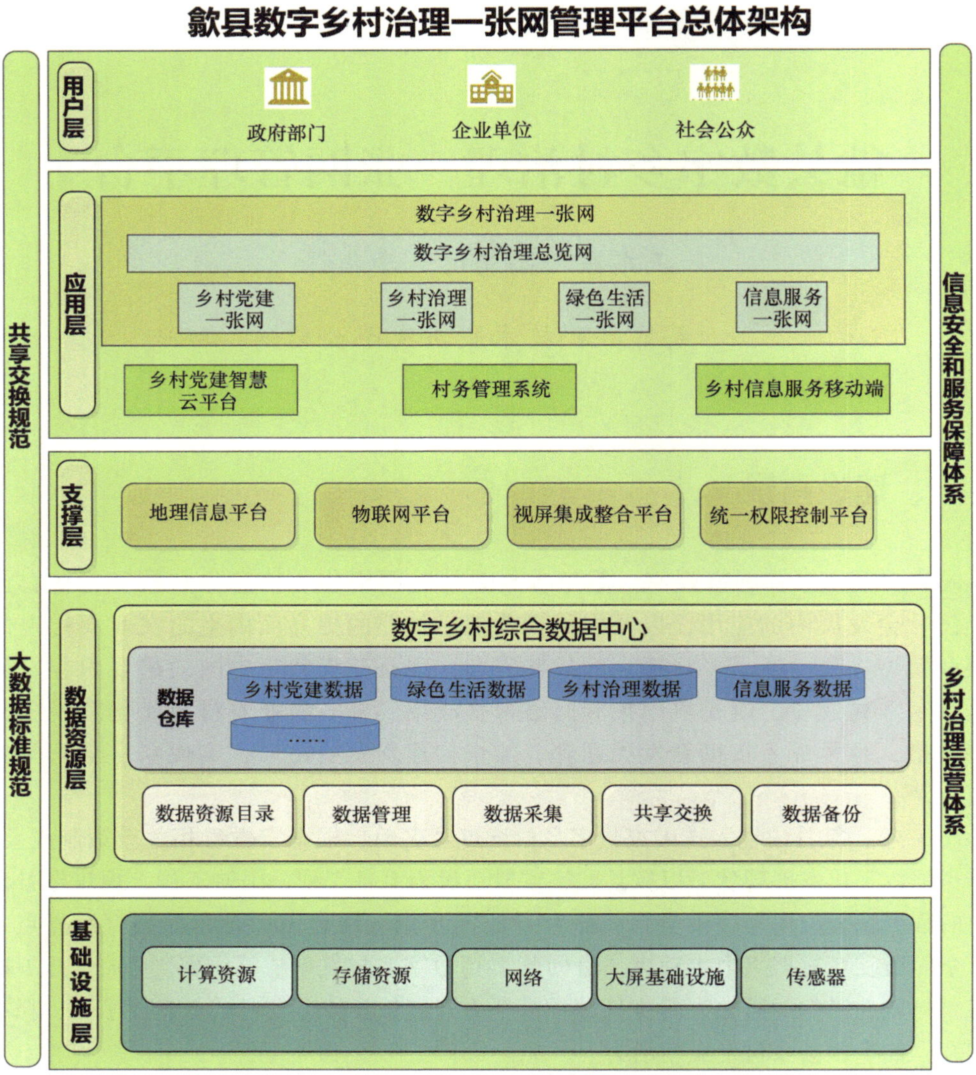

图 1　歙县数字乡村治理一张网管理平台总体架构

1）乡村治理总览网

基于一个页面对党建、治理等业务板块的重要指标进行综合展示，并提供业务子网入口（图 2）。

2）乡村党建一张网

全县党建专题数据展示，涵盖县、乡、村三级党组织结构、党组织数量、党员数量、党建引领工作成果等多项指标（图 3）。

图 2　乡村治理总览网

图 3　乡村党建一张网

3）乡村治理一张网

对乡村财务收支、地质灾害点位分布、应急信息发布以及基层网格化治理等业务进行查询、展示及监管（图 4）。

图 4　乡村治理一张网

4）绿色生活一张网

对乡村人居环境、资源、人力投入力度、整治成效进行统计分析及监管（图 5）。

图 5　绿色生活一张网

5）信息服务一张网

对县、乡、村三级业务部门在乡村涉农政策宣传、技能培训、乡村招聘、文化下乡、便民服务等方面的工作成果进行统计分析及监管（图 6）。

图 6　信息服务一张网

6）乡村党建智慧云平台

乡村党建智慧云平台包括智慧党建电脑端和移动端。

智慧党建电脑端：便于县、乡、村三级党组织将线下党建工作转移至线上，提高党组织信息上传下达的效率以及提高党建工作效率（图 7）。

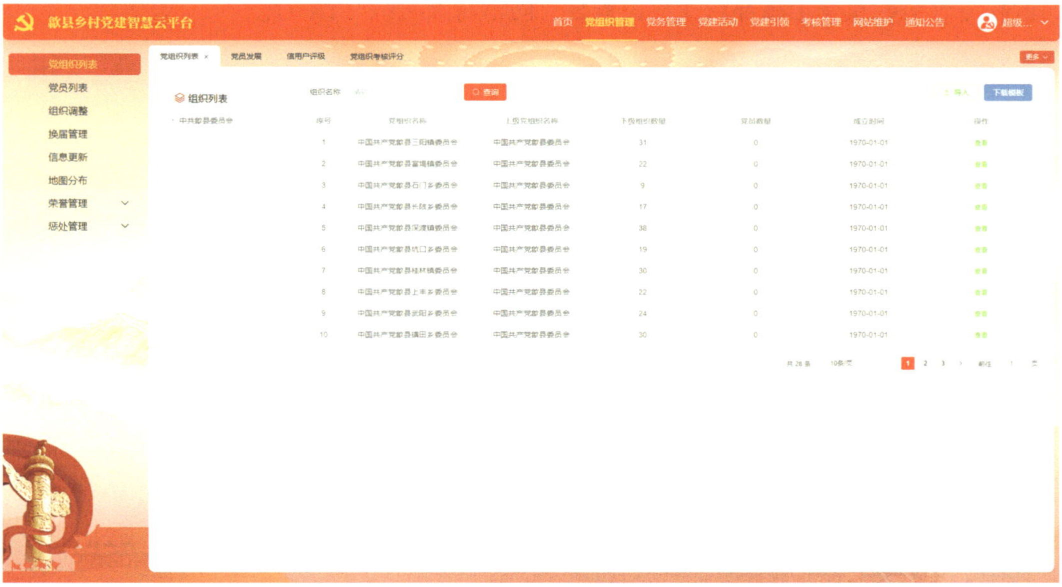

图 7　智慧党建电脑端

智慧党建移动端：便于全县党员通过移动端随时随地获取党组织发布的通知、任务安排、党建资讯，以及党费缴纳等活动（图 8）。

图 8　智慧党建移动端

7）村务管理系统

为村级工作人员提供财务公开、重要事项通知等村内事项处理平台，营造公开、透明的村务环境，接受上级部门及村民监督，防治村级腐败（图 9）。

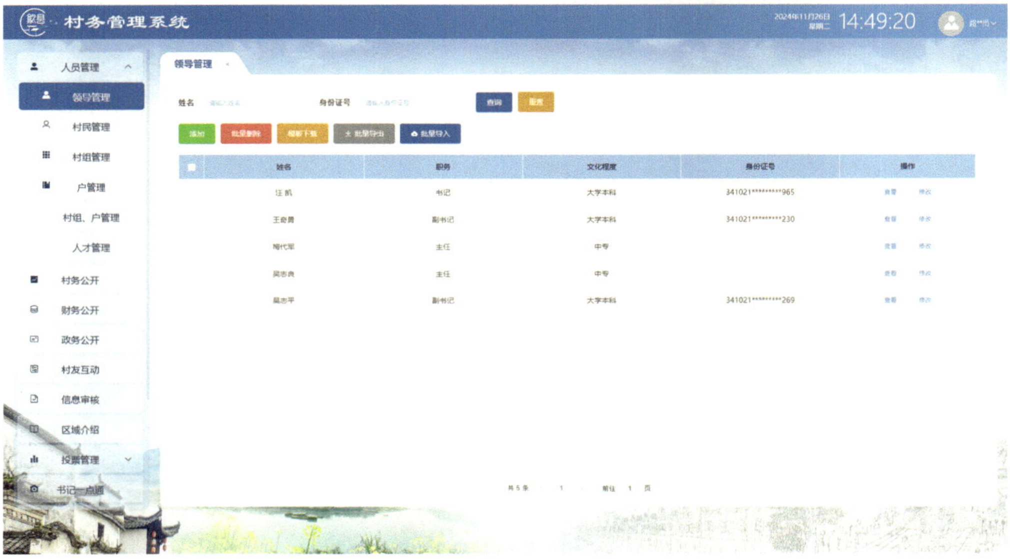

图 9　村务管理系统

8）乡村信息服务移动端

以皖事通为入口，为民政局、文旅体育局、农业农村局等业务部门发布涉农政策、文化活动通知、技能培训等惠民信息提供便捷工具；为社会公众了解各类惠民政策、享受便民服务、获取就业、培训等资讯提供公开渠道（图 10）。

图 10　乡村信息服务移动端

9）数字乡村综合数据中心

通过部门协调收集/采集获取的各类相关涉农数据，经过清洗、加工、转换、分析、挖掘等环节，从而实现数据的共享与应用，为歙县数字乡村一张网提供数据服务支撑。依据《安徽省政务信息资源共享管理暂行办法》《安徽省“十三五”软件和大数据产业发展规划》等政策规范构建数字乡村综合数据中心，落实顶层设计、支撑项目应用系统。数据中心整体架构分为基础设施层、数据处理层、数据仓库统一模型层、数据共享层、数据应用层、统一门户层（图 11）。

三、创新亮点

歙县作为全国数字乡村建设试点县，歙县巧借数字“引擎”，全力搭建数字乡村治理一张网管理平台，现已在试点乡镇郑村镇上线试运行。

1. 构建乡村治理“新平台”

以地理信息 GIS 技术、物联网、卫星遥感为基础，以平安乡村、雪亮工程数据为支撑，通过对居民信息、村务信息、基础地理等各类数据的收集整理和智能分析，构建县、乡、村三级管理数字化应用运行“一张全网”，让乡村党建、乡村治理、乡村环境和信息服务 4 个板块数字化运营可见、可管、可控，动态无间断监测的“一网通管”社会治理初具雏形。

图 11　数字乡村综合数据中心架构

2. 拓展基层管理“新渠道”

持续跟进、督促落实，围绕发展所需、群众所盼、民心所向，按照“1+5”格局推动“一张网”各应用场景模块齐头并进。“1”即数字乡村综合数据中心，“5”即数字乡村总览网和乡村党建、乡村治理、绿色生活、信息服务 4 张子网。针对疫情防控、环境整治、文明创建等工作，整合平安乡村、公共监控等视频监控千余路，通过该平台可随时查看试点村村道入口、河道、垃圾投放点等与村民生产生活息息相关的重要场所，实现“一网感知”村中事。

3. 催生应用服务“新场景”

依托“书记一点通”应用程序打通信息服务模块和群众反映诉求渠道，“书记”接收诉求后，对于能够立即办理的事项派送至各村组网格员处理，对于无法办理的事项实时向上级有关部门汇报，及时掌握事项办理进度并将办理结果推送给群众，做到实施全程监督、进度实时推送、结果快速反馈，形成“群众诉求-书记派单-干部接单-办理反馈”的快速响应机制，高效便民“零距离”。

4. 激发融合共建“新动能”

利用大数据、云视频、物联网等新技术，以皖事通为入口，搭建移动端，党建、村务等工作通过线上办理，效率提升明显。试运行以来，归集郑村镇 5 个村村民、党员信息 15 000 余条，民政、文旅体育、农业农村、教育、卫健等业务部门发布的涉农政策、文化活动通知、技能培训等 6 大类信息 50 余条，百姓通过登录皖事通移动端获取信息，享受便民服务，切实打通服务群众“最后一公里”，形成全域覆盖、上下贯通、互通共享的良好格局。

四、推广价值

1. 社会经济效益显著

提升乡村治理效能：整合政务服务、治安监控、环境监测等多板块于“一张网”，打破部门信息壁垒，村“两委”处理事务时间缩短明显，以往需多日协调的民生诉求（如设施报修、纠纷调解），如今借助平台快速分流、限时办结，增强村民对基层治理满意度与信任度，促进乡村和谐稳定。网格化环境监管使垃圾乱堆、污水排放问题及时曝光处置，乡村人居环境整治成效斐然，宜居指数提升，吸引外出人员返乡创业、定居增多。

2. 标准化实施路径提炼

顶层规划先行：成立跨部门领导小组，涵盖农业农村、政务信息、综治等部门，结合乡村发展战略与痛点，制定涵盖数据标准、功能模块、运维机制的数字乡村整体框架规划，确保平台契合本土需求且具前瞻性，避免重复建设、系统冲突。

基础数据整合与更新：集中采集土地、人口、产业等核心数据，构建动态数据库，借助网格员日常巡查、传感器实时监测等多渠道，按周或月定期更新，保证数据鲜活准确，为精准决策筑牢根基。

多元协同共建：政府主导资金投入、政策扶持，引导通信运营商铺设网络、更新设备提升乡村信息化“硬件”；软件企业依需求定制开发，科研院校提供算法、模型优化智能应用；村民、合作社等主体参与试用反馈，形成共建共享生态。

培训推广持续发力：定期组织乡村干部、村民代表培训，线上、线下结合传授平台操作、数据填报技巧；在村服务中心设咨询点，制作操作手册、宣传视频，多媒介普及平台功能，激发使用积极性，实现从“要我用”到“我要用”转变。

3. 对同类工作的启示

因地制宜复制：依据不同乡村地域特色（山区侧重生态监测、农区聚焦农业生产）、发展阶段（脱贫村强化产业帮扶、富裕村提升服务品质），裁剪调整平台模块，在基础框架上灵活适配，如在渔业村拓展水质监测与智能养殖管控，激活本土资源优势。

强化联动合作：乡村内部强化干群互动，凝聚发展共识；外部与周边乡村、城市社区、企业等建立数据共享、产业协同机制，跨村整合旅游资源联合推广，村企合作订单式生产，以平台为纽带融入区域发展大格局，拓宽乡村发展空间。

迭代创新思维植入：设立平台运营反馈专线、线上论坛，收集使用意见，依托新技术发展（5G 赋能高清监控、AI 深化图像识别）、新政策导向（绿色农业补贴、乡村文旅新政），按季度或半年升级功能、拓展应用场景，保持平台持久生命力，驱动数字乡村持续高质量发展。

常州高新区（新北区）智慧林业系统

徐良　钱云飞　童凌飞

常州市新北自然资源和规划技术保障中心
常州市自然资源和规划局常州国家高新技术产业开发区分局
常州高新区（新北区）数据局

一、建设背景

为夯实森林资源保护的组织基础与制度保障，2021年1月，中共中央办公厅、国务院办公厅正式印发了《关于全面推行林长制的意见》，要求在全国范围内建立省、市、县、乡、村五级林长责任体系，进一步压实地方党委和政府保护发展森林生态资源的主体责任。同时，该意见首次明确提出要推动大数据、智能设备等现代化科技手段在林业规划、监控和灾害应急中的创新运用，以确保实现源头治理、责任明确、全域覆盖的长效机制。2021年7月江苏省委办公厅、省政府办公厅印发的《关于全面推行林长制实施意见的通知》明确要求着力健全省、市、县、乡、村五级林长制体系。随后，常州市将“强化科技支撑”“强化能力建设”作为全面推行林长制的两项主要任务，旨在全面提升森林保护监测管理与精准调控的科学性。常州市新北区结合区域特色资源条件，提出以信息化赋能林业管理的应用方针，搭建更高效的生态安全保障体系，开展了“常州高新区（新北区）智慧林业系统”建设工作，通过数字化手段，破解传统生态保护面临的监管粗放、巡护效率不高、应急响应延迟等瓶颈问题，为服务区域生态可持续发展注入现代技术动能。

二、建设内容

1. 总体构架

常州高新区（新北区）智慧林业系统以数据驱动为核心，构建了“一个底座、三大平台、五大功能、多个场景”的总体架构，如图1所示，实现了林业资源的科学化、精细化和智能化管理。

一个底座，整合了林业资源专题数据、高精三维模型、数据中心、巡林护林数据、森林防火数据和物联感知数据等数据，构建智慧林业数据底座，形成稳定可靠的数据支撑体系，确保各层级功能应用的数据统一。

三大平台，研发了“新北区智慧林业管理平台”“新北林长治”微信小程序和“小黄山实景三维森林防火典型应用”三个专项应用平台，分别服务林业资源管理、林长移动巡查以及防火应急处置等核心业务。

五大功能：打造了林业资源全生命周期管理、林业审批全息分析辅助决策、林长制全流程闭环管理、森林火灾在线监测预警、防火设施科学布点分析五大功能，全面提升林业管理的精细化、智能化与科学化水平。

多个场景：覆盖了林业资源管理、林业数据共享、林保规划、涉林审批、林政查询、森林防火、应急演练、巡林护林等，全面覆盖林业管理与生态保护的核心需求，为区域林业治理现代化和生态文明建设提供了强有力的技术支撑。

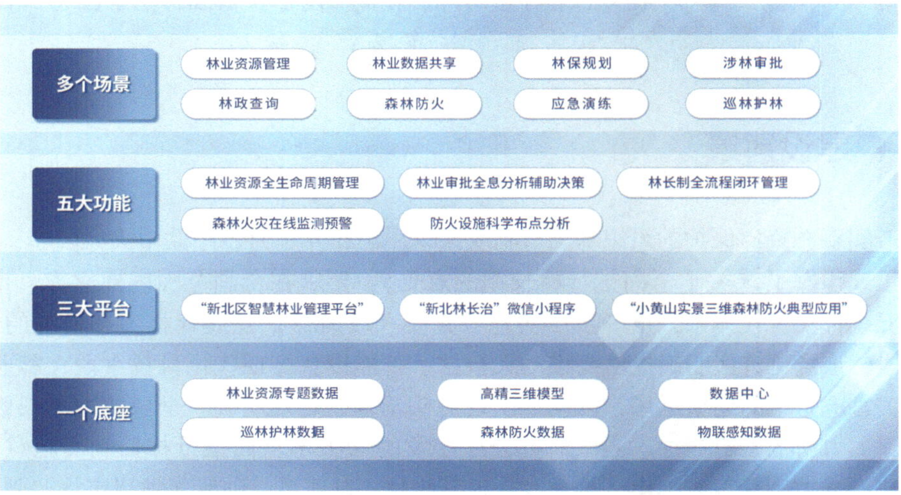

图 1　总体架构

2. 系统建设

1）多源融合统一数据底座

构建了统一智慧林业数据底座，整合了林业资源专题数据、高精三维模型、数据中心、巡查数据、森林防火数据及物联感知数据。通过数据采集与动态更新，实现资源全要素汇聚与统一管理，构建林业资源多维度数据体系。高精三维模型结合物联感知数据，精准还原林业空间结构，动态监测林地变化与生态资源分布。巡查数据与森林防火数据的深度融合，支持火情在线监测、趋势预警及防火设施优化布局。通过对多源数据进行智能分析与可视化展示，为资源管理提供精准支撑。

2）新北区智慧林业管理平台

打造了集数据采集、动态监测、政策支撑和决策服务于一体的新北区智慧林业管理平台，实现建设项目占用林地的动态监测与实时查询，强化林地保护的全程监管；绿化提升计划与绿美村庄模块动态跟踪林木覆盖率变化，助力生态规划与建设；营造林管理通过小班模式规范物种选择与管护，提升林木种植标准化；湿地保护模块精准划定功能区，优化修复方案；涉林地块全息分析通过划定红线范围建立了地块从报批到使用分层分类管理，整合地块基础数据与生态监测信息，形成统一档案库，实现涉林地块监管“有据可依、有迹可循”；专项资金管控和临时用地提醒功能确保资源高效利用与管理规范性。

3）多维一体的智慧防火指挥平台

搭建了小黄山森林防火驾驶舱，采用内外网分离架构，通过实时摆渡技术保障数据安全流通，接入防火摄像头实现全天候监控，并整合巡查记录、地质灾害监测和消防设施状态等信息，呈现全面的资源与设施布局视图。借助高精度三维地形建模和视域分析技术，精准识别监控盲区，动态规划监控点布局及区域化监控计划，强化高风险区域的覆盖能力。结合实时气象与地形数据进行火灾模拟，动态生成防火隔离带优化方案，并通过算法分析实现火灾风险智能评估与预警。

4）移动端林长治便携应用

研发“新北林长治”微信小程序，为林长制的责任落实提供了任务下达、任务执行、任务考核、任务统计、问题反馈处置等实用功能。微信小程序将空间信息技术应用于林长制责任落实，任务下达中有明确的巡林路线可与任务执行中的实时巡林轨迹比对，智能评判任务执行情况；问题反馈处置中加入了现场位置和照片信息，辅助管理人员快速导航至现场进行跟踪处置。政策查询模块整合最新林业管理政策、法律法规及权威解读，提供一站式查询服务。资源展示模块精细化呈现全区林业资源，包括公益林、商品林、湿地、绿美村庄、古树名木等信息。结合数字化分类与可视化展示，提供全区域林业资源的完整视图，为现场巡林护林工作提供了全面的资料。

3. 典型应用场景

1）林业资源管理

新北区智慧林业管理平台依托空间信息技术和智能化手段，构建林业资源全生命周期数字化监管体系。平台精准标注建设项目占用地块，如图 2 所示，实现审批高效规范；“绿美村庄”模块动态跟踪林木覆盖率变化，为生态优化提供数据支撑；通过督查卫片和小班数据分析，强化造林成果监管；临时用地到期自动提醒功能有效规范管理，专项资金流向追踪实现全过程透明管控。平台创新推出红线范围数据查询功能，如图 3 所示，整合地块属性、变更记录和生态监测数据，实现涉林地块的可视化、精细化管理。

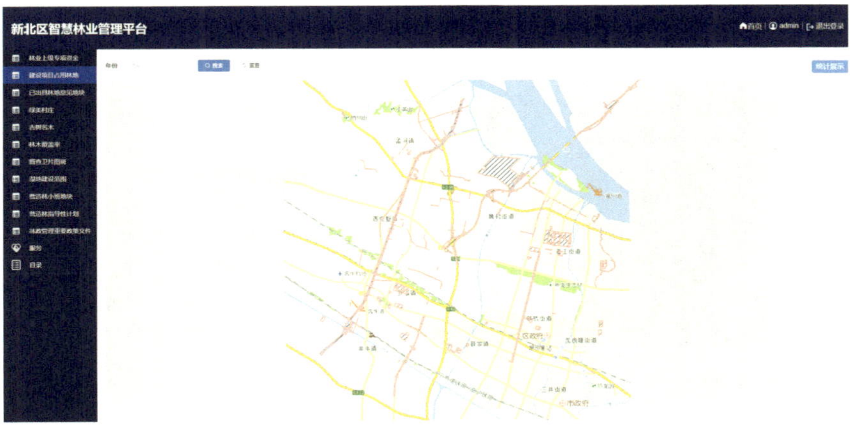

图 2　建设项目占用林地管理

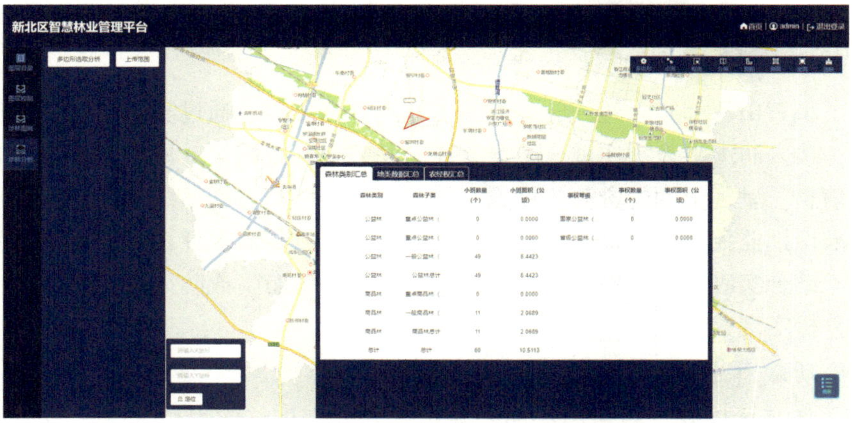

图 3　涉林地块全息管理

2）林业资源巡护

巡护人员可通过“新北林长治”微信小程序实时记录巡查路线、问题点（如植被破坏、乱砍滥伐、病虫害等）及整改措施，如图 4 所示，并上传地理位置和多媒体资料至管理后台，形成精准翔实的证据链。林业管理者可实时查看巡护动态和问题分布，掌握任务进展，如图 5 所示。该小程序显著提升了信息传递和问题反馈效率，优化了日常监管和整改响应速度，为林业资源动态管控和“林长制”工作提供了创新技术支撑，推动生态保护更加精准高效。

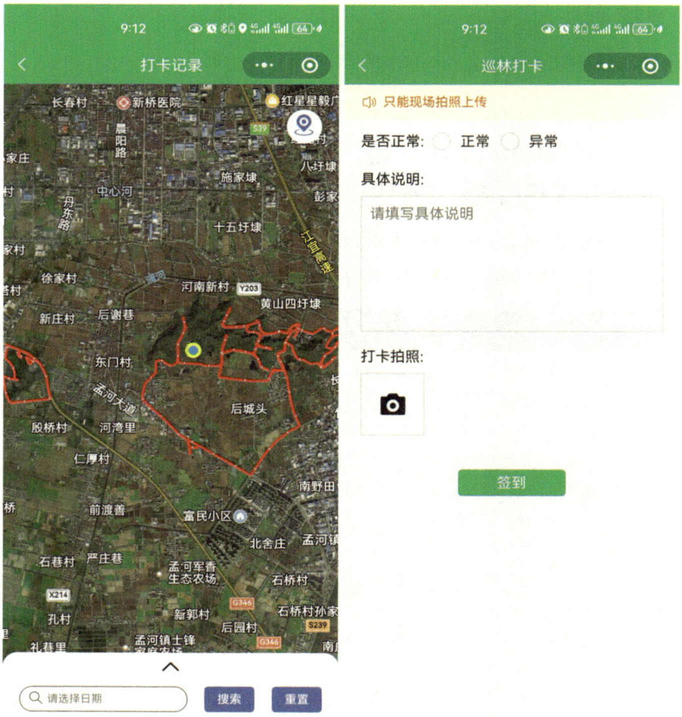

图 4　林业资源巡护

图 5　后台问题反馈

3）实景三维赋能森林防火

小黄山森林防火驾驶舱通过高空鸟瞰视角呈现防火隔离带、消防资源分布和地质灾害易发区等关键信息，并结合实时监控和热成像设备快速锁定火点，精准标注位置，为应急人员提供地理参考和火情支持，如图 6 所示。视域分析功能强化高风险区域监控覆盖，如图 7 所示，动态生成监控范围，实现隐患提前识别；火情模拟模块结合实时气象条件，动态优化防火隔离带及扑救路线预案，有效提高指挥调度效率。驾驶舱显著提升了火点发现、风险识别及防火管理的科学性与精准性，为森林资源保护和火灾应对提供了强有力的技术支撑。

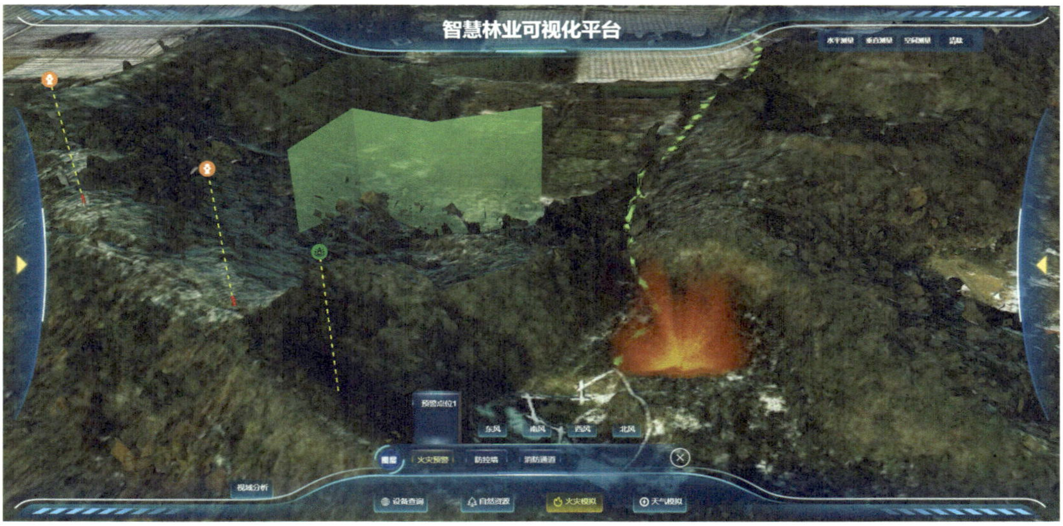

图 6　火灾应急预案

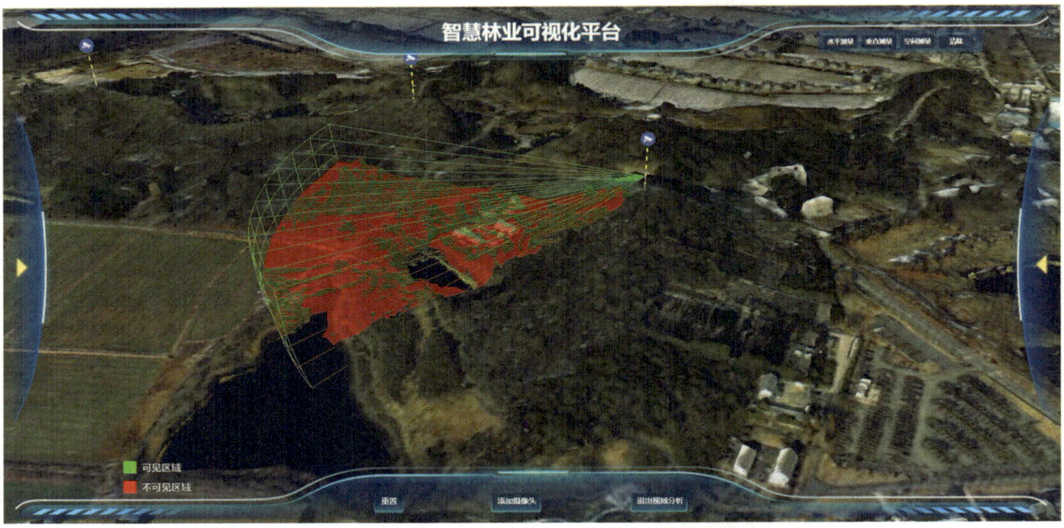

图 7　视域分析

三、创新亮点

1. 涉林业务的一体化整合及动态化管理模式

新北区智慧林业管理平台实现涉林业务一体化集成与全过程跟踪，构建了从数据收集、日常管护到资源监测与分析的完整链条，为林业管理提供数字化支撑。

平台集成建设项目占用林地、绿美村庄、林木覆盖率等自然资源数据，支持涉林数据的录入、查询与分析，实现动态呈现与全过程管控，具备多维度查询、实时统计及空间分布分析功能，为科学决策提供全面依据。通过划定红线范围精准调取涉林地块信息（如性质、变更、报批状态等），突破信息分散瓶颈，实现地块涉林监管及“点、线、面”层次化管理。打造数据可视化工具与分析模型，支持林木覆盖率动态变化预测、绿色发展监测及明确治理优先级，为生态保护决策提供前瞻指导。创新的一体化实践为智能管理、政策执行及生态保护效率提升提供了核心信息化支撑。

2. 移动化管理驱动的林长制全域健全落实

“新北林长治”微信小程序重塑了巡护工作流程与协作模式，打造高效的数字化巡护管理平台，推动巡护工作向动态化、实时化和精确化迈进，全面助力林长制的健全落实。

小程序支持巡护任务的线上派发、追踪与反馈，巡护人员可通过移动端记录巡护轨迹、实时上报异常地块并上传图片及问题描述，后台智能建立台账，形成从任务派发到问题反馈的闭环管理，显著提升了巡护执行力与动态管控能力。基于微信小程序的普适性设计，小程序轻量化、易上手，无须额外硬件，即可广泛应用于资源巡护、病虫害检查、防火排查等场景。多源巡护数据实时汇总至智慧林业后台，构建上下联动、高效协作的综合管理模式，为各级林长提供精准决策支持。“新北林长治”通过推动林长制责任网格化与资源数据化，有效提升了林长制落实的精细化水平，为从区县到乡村的生态保护提供了坚实的数字化支撑。

3. 实景三维森林防火立体化防控范式

小黄山森林防火驾驶舱以实景三维技术为核心，深度整合多元化数据，构建全新防火管理体系，实现空间全景感知、动态响应与智能调度。

驾驶舱通过实景三维技术还原小黄山地形及林火环境，立体呈现防火隔离带、消防资源和地质灾害点布局，支持火点定位、火线蔓延趋势演练，为扑火策略、隔离带设置和人员调度提供实时依据。集成实时摄像、热成像和气象数据，系统动态评估火情扩展趋势，优化应急隔离策略、扑救路线与物资调度，实现从感知到执行的一体化智能化防火管理。“视域分析”技术科学优化监控设备布局，动态调整监控盲区和设备覆盖范围，提升复杂地形区域的监控效率与预警能力。该模式解决了传统防控盲区问题，实现森林火情监测、资源调度与应急处置的智能转型，为森林防火提供了高效、可推广的创新管理模型。

四、推广价值

1. 应用成效

新北区智慧林业管理平台、“新北林长治”微信小程序以及小黄山森林防火驾驶舱的创新部署，已在区域内实现了显著的应用成效。通过构建面向全生命周期林业管护、积极落实林长制要求、增强森林防火应急响应的智能化体系，显著提高了对林业资源的监督管理能力、协同治理效率及科学决策水平。在应用实践中，平台统筹整合涉林业务全链条信息，从精准记录、动态更新和多维分析入手，贯通不同部门和层级的林政工作环境，有效落实了政策支撑、数据治理、日常巡护、防火监控等多场景需求。同时，平台借助三维模型和智能算法进行防灾模拟和火灾传播预警，为火情防控从“事后处理”转向“提前应对和资源优化配置”提供了关键支持，建立了数字化全闭环管控体系。

2. 推广价值

新北区以智慧林业为抓手，构建了林业资源管理、林长制落实与实景三维森林防火一体化平台，为数字林业发展提供了高效、可推广的创新模式。

在林业资源管理方面，平台整合红线划定、地块全生命周期监管及动态数据分析，实现资源的精细化、全要素管理，为科学决策与生态治理提供有力支撑，具备在多区域、多场景推广的适配性。

在林长制落实方面，“新北林长治”微信小程序实现巡查任务派发、数据实时同步及资源联络，无须额外硬件即可高效应用于基层林业管理，降低推广成本，同时适应不同区域巡护需求，显著提升林长制执行力和协同效率。

在森林防火领域，基于实景三维技术的平台实现火情监测、蔓延趋势演练及智能化应急调度，针对复杂地形和高危区域提供精准防控方案，为各地森林防火体系建设提供了模块化、可复制的经验。

新北区智慧林业管理平台及其配套小程序和驾驶舱系统，通过全面整合区域数据、优化管理方式和深挖防火监管难点，成功实现了林业监管与保护的数字化、智能化和差异化融合，充分满足系统内多场景应用与科学生态规划需求。面对国家林长制升级、国家级生态保护红线的逐步加强，该系统还展现了可复制、可推广的广泛价值，其实践经验为其他区域智慧林业建设和现代化生态维护提供了坚实基础。这套体系的推广，将助力其他区域实现多维协同、前沿技术赋能的智慧化林业监管，为生态保护与可持续发展贡献先进模式与标准模板。当前系统已成为科学监管、主动防控、耦合协建的标志性成果，具有向更高效率、多场景、多区域化推广复制的潜力。

新北区宜居宜业和美乡村综合管理平台

黄克洋　宋志勇　高翔

常州市新北自然资源和规划技术保障中心
常州国家高新技术产业开发区（新北区）农业农村局
常州高新区（新北区）数据局

一、建设背景

党的十九大报告中指出“产业兴旺、生态宜居、乡风文明、治理有效、生活富裕”乡村振兴发展总体要求。在党的二十大报告中，习近平总书记进一步提出“全面推进乡村振兴”的任务，强调“建设宜居宜业和美乡村”，为新时代、新征程全面推进乡村振兴、加快农业农村现代化指明了前进方向。

随着乡村振兴战略的深入实施，如何巩固乡村振兴成果，保证资源合理利用，提升乡村人居环境成为一个重要课题。这需要在管理制度方面入手，加强和改进治理方法，创新乡村治理方式，提高乡村善治水平。因此，常州市新北区根据《关于学习运用“千万工程”经验高质量提升农村人居环境水平的行动方案》和《学习运用“千万工程”经验有力有效推进乡村全面振兴重点工作分解实施方案》，不断丰富创新乡村善治内涵，着力提升乡村治理水平，在宜居宜业和美乡村积分制试点示范基础上，通过数字化、信息化助力，结合实景三维打造宜居宜业和美乡村建设数字引擎，提高村民自治水平，从而建立更高质量的乡村治理新路径。

二、建设内容

1. 以“积分”为抓手的乡村治理全流程闭环创新管理模式

充分调研和梳理乡村人居环境治理中的难点、痛点和堵点问题，以积分管理作为平台核心内容，在平台内录入积分指标、积分事项、积分标准等信息，确保每一项治理活动都有章可循、有据可查，建立可以通过移动端实现实时采集、考核、查询的积分管理平台，为每一位居民建立“积分行为存折”账户，以“行政村+银行”的模式设立积分超市，制定积分兑换规则，支持居民在平台上以积分兑换实物，在此基础上，积极倡导村民自治，鼓励村民参与到乡村治理的决策、执行和监督全过程中来，对积分管理平台的运行、积分超市的管理以及乡村环境治理的成效进行全程监督，确保各项工作能够公开、公正、透明地进行，最终实现宜居宜业和美乡村管理工作的数据采集、网格化管理、问题响应以及积分产生与应用等全流程工作的闭环，如图 1 所示。

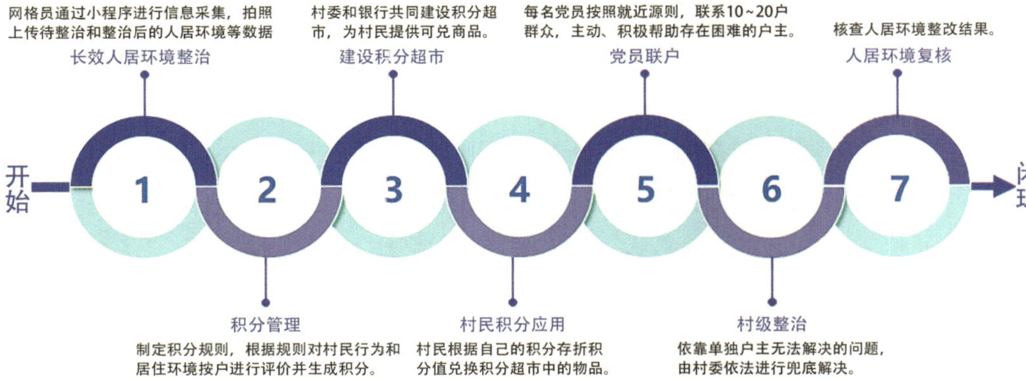

图 1　积分制管理模式

2. 融合业务数据和地理信息数据的乡村时空地理信息数据集

以倾斜摄影模型、地名地址、房屋楼栋信息等地理信息数据为基底，整合村组集体资金收入和应用信息、固定资产及基础设施等资产信息、自然资源信息和农村人居环境整治成效、党建引领活动记录及乡村文旅发展数据，形成具有时空拓扑关系的数据资源体系和数据集。为农村“三资”（资金、资产、资源）的高效管理提供了坚实基础，还促进了乡村治理的智能化、精细化，如图 2 所示。

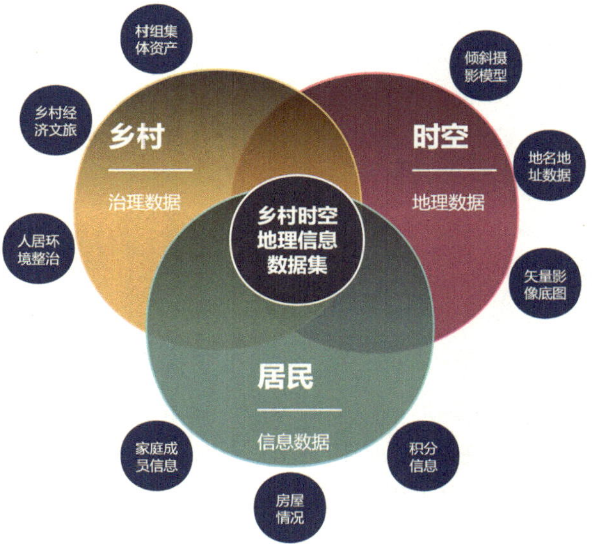

图 2　乡村时空地理信息数据集

3. 多终端一体化的综合管理平台

集成数据大屏、移动端以及后台管理终端，实现跨平台、无缝衔接的高效管理。数据大屏实时展示乡村治理数据，提供直观的可视化分析；移动端则为用户提供便捷的操作体验，满足随时随地的管理需求；后台管理终端则提供强大的数据处理和配置功能，确保平台的稳定运行和持续优化。整体架构如图 3 所示。

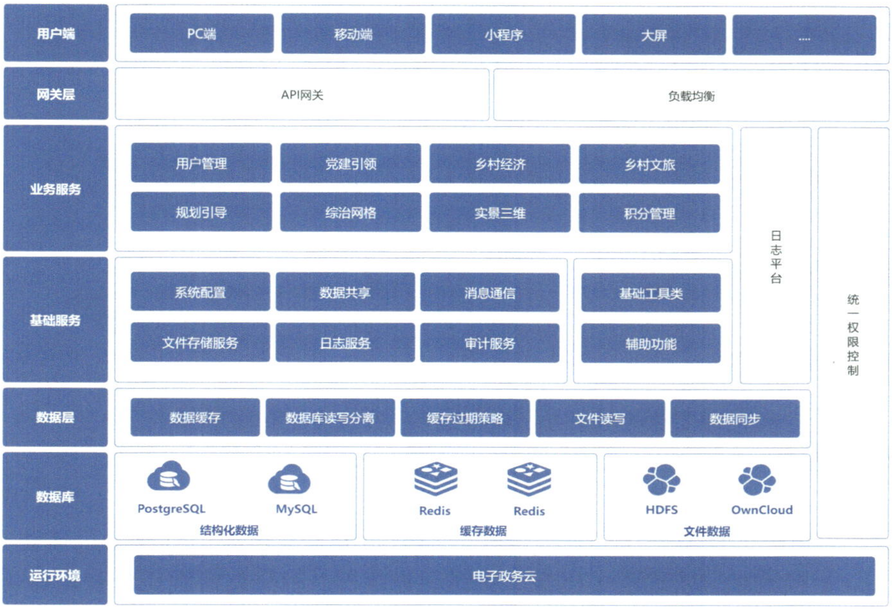

图 3　整体架构

1）数据大屏展示端

以乡村时空地理信息数据集为基础，结合实景三维时空数字底座，建立“宜居宜业和美乡村综合管理平台”，将乡村的地理风貌、管理对象、管理事物的空间分布，以及管理成效以直观、形象的方式呈现出来，如图 4 所示。

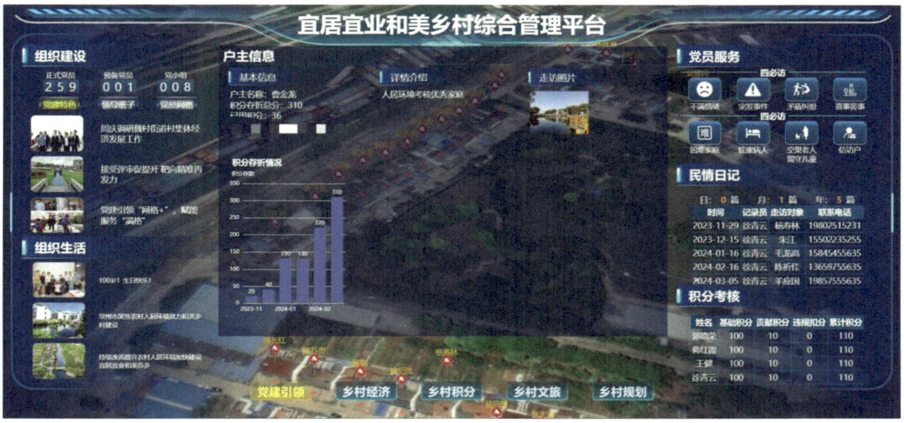

图 4　数据展示端

2）后台管理终端

每月根据积分规则及网格员上报的人居环境整治情况，自动计算居民相应积分，并累积到居民个人积分存折中，支持村民在系统上以积分兑换实物，并对银行与村委合作建设的积分超市商品入库与兑换明细进行管理，如图 5 所示。

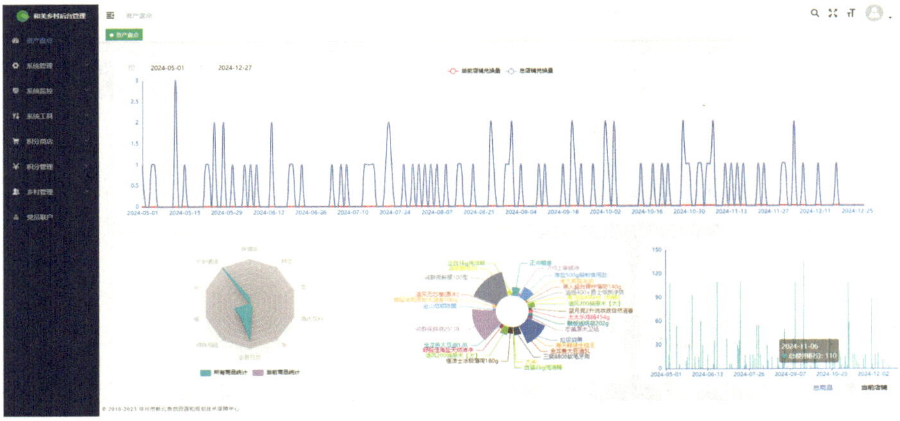

图 5　后台管理终端

3）移动端

研发了宜居宜业和美乡村综合管理小程序，支持行政村网格员上传人居环境待整改内容，及其整改后的环境照片，并根据积分规则归类上报事项。打通银行移动端应用，在银行 App 上接入积分管理相关接口，实现积分存折、积分超市和积分有礼等功能所需信息的互联互通，如图 6 所示。

图 6　移动端

4. 典型应用场景

1）乡村治理

数据赋能村庄治理变“智”理。围绕村庄环境、乡村管理工作，建立三个“一”管理考核模式：一套环境问题发现、整改、评审、公示、考核的完整流程；一套包含评分细则、处罚与奖励细则在内的考核制度；一套覆盖区、镇（街道）、行政村三级的管理平台。抓实抓细，释放人居环境整治“驱动力”，围绕宜居宜业和美乡村建设，实现从“脏乱差”向“亮净美”的转变，开启和美乡村建设之旅。

2）乡村产业与经济发展

通过对乡村经济活动（如农业、村组集体资产、特色产业、乡村文旅等）的分析，帮助政府和企业识别潜力产业，优化资源配置，促进产业发展，助力乡村振兴和社会进步，如图 7、图 8 所示。

图 7　乡村经济

图 8　乡村文旅

3）多终端跨平台多源数据融合管理展示

融合乡村时空地理信息数据、乡村“三资”数据、乡村治理数据、乡村居民数据等多源异构数据，打通各平台、终端，实现 PC 端、移动端便捷可视化展示，辅助乡村治理管理决策，如图 9、图 10 所示。

图 9　多源数据管理

图 10　多源数据应用展示

三、创新亮点

1. 创新“积分制”乡村治理模式引导村民自治

“积分制”乡村治理模式，旨在通过积分的方式，量化村民在乡村治理中的贡献，从而形成一种正向激励机制。村民通过参与乡村清洁、垃圾分类、志愿服务等活动获得积分，积分可以在特定的积分超市或平台上兑换生活用品、农产品等实物奖励。利用数据挖掘和分析技术，对村民的积分情况进行深入研究和分析。通过对村民行为的记录和追踪，可以清晰地了解他们在乡村治理中的活跃度和贡献度，以及存在的短板和需要改进的地方。例如，针对村民在垃圾堆放方面存在的普遍问题，可以加大宣传力度，提供更多的培训和支持；对于在志愿服务方面表现突出的村民，可以给予更多的表彰和奖励，以树立榜样，带动更多的人参与到乡村治理中来。这些数据分析结果为村委提供参考依据，使他们能够及时发现和解决潜在的问题，更精准地把握乡村治理的脉搏，确保乡村治理工作的顺利推进，提升村民的参与度和满意度。

2. 实景三维技术助力乡村治理降本增效

利用无人机航拍手段获取乡村的实景三维数据，以该数据为基底构建乡村治理的信息化数治底座，平台通过矢量覆盖单体化的方式连接地名地址、乡村居民信息与实景三维信息，实现乡村基础设施、土地利用、环境保护等方面的监测和管理，同时，提高乡村治理的效率和精准度，降低管理成本。

3. 多终端跨平台积分数据赋能金融应用

为解决乡村治理中资金不足的问题，支持村委与银行结对共建。打通银行应用App，实现积分数据、积分超市和商品数据互联互通，银行为乡村免费提供积分超市兑换的商品、支持乡村项目的建设和运营，乡村则在推广“积分制”应用时，为银行App应用带去大量潜在客户和流量，实现合作共赢。

四、推广价值

1. 社会效益

1）提升邻里关系

通过积分制的实施，一些积极参与活动的村民会成为榜样，他们的行为会激励其他村民效仿。这种榜样效应有助于形成积极向上的乡村氛围，促进邻里关系的和谐与发展，同时，积分制鼓励村民之间形成互助合作的关系。在参与活动的过程中，村民们会相互支持、相互帮助，共同完成任务。这种合作不仅提高了工作效率，还增强了村民之间的信任和依赖，为构建和谐邻里关系奠定了坚实基础。

2）乡村人居环境提升和可持续发展

“积分制”乡村治理模式通过激励村民参与清洁、垃圾分类等活动，有效改善了乡村的卫生环境。垃圾得到及时清理，乡村面貌焕然一新，为村民提供了更加宜居的生活环境。通过改善人居环境和提升环保意识，为乡村的可持续发展奠定了坚实基础。清洁的环境和整洁的村容村貌有助于吸引游客和投资，促进乡村经济的发展。同时，环保意识的提升也有助于减少污染和资源浪费，推动乡村走向绿色发展的道路。

2. 经济效益

1）节约行政村开支

“积分制”管理鼓励村民自我管理、自我服务。通过参与乡村清洁、垃圾分类等志愿服务活动，村民不仅为行政村分担了部分工作，还减少了行政村在聘请外部人员或团队进行环境治理等方面的支出。在积分制的激励下，村民会更加珍惜和合理利用乡村资源，如水资源、土地资源等。这种资源利用效率的提升，间接减少了行政村在资源管理和维护方面的支出。此外，随着信息化平台的建设和联通，通过信息化平台，行政村可以高效地记录、跟踪和管理村民的积分情况，以及他们参与的志愿服务活动。这不仅简化了传统的手工记录流程，还大大提高了数据处理的准确性和效率。这种灵活性和响应速度，有助于推动乡村治理的持续改进和优化。

2）增加乡村积分超市建设和商品获取渠道

通过村委和银行结对共建，银行为乡村免费提供积分超市兑换的商品，支持乡村项目的建设和运营。

3）银行获取流量，降低推广成本

打通银行应用 App，实现积分数据、积分超市和商品数据互联互通，乡村在推广“积分制”应用时，为银行 App 应用带去大量潜在客户和流量，实现合作共赢。

3. 推广价值

宜居宜业和美乡村综合管理平台形成如下一套可推广、可复制的成果：

一种标准化闭环的乡村治理模式，以制度化、程序化、标准化的方式配合必要的信息化管理工具形成有效的乡村治理模式。

一套乡村治理全流程数据支撑体系和乡村时空地理信息数据集，制定可复制的数据融合、管理机制，以时空地理信息数据资源融合乡村治理业务数据，形成乡村时空地理信息数据集，支撑乡村治理。

一个多端综合应用平台：以实景三维技术辅助乡村治理信息化管理，建立乡村治理过程中“数据采集—数据处理—数据应用”全流程功能闭环的综合信息化平台。

该综合管理平台建设所取得的成果，可以广泛应用于乡村治理领域，它成功构建了完整的乡村治理过程全息数字化档案资料库，通过先进的信息共享机制，实现了数据信息的互联互通和高效应用，对于宜居宜业和美乡村建设具有一定的推广价值。

智能建造供应链平台应用案例

柳昊　陈永康　任丽萍

湖北省建设信息中心　中建三局信息科技有限公司

一、建设背景

近年来，智能建造与建筑工业化已上升到国家战略层面，并逐渐成为社会各界关注的焦点。在建筑业转型升级的大背景下，智能建造技术的应用与发展已成为推动行业高质量发展的核心驱动力。

根据中研普华产业研究院发布的数据，2024 年，中国智能建筑科技市场规模预计将达到 6731 亿元，显示出强劲的增长势头。这一数字较之前年份有显著增长，反映出智能建造行业快速发展的趋势。为进一步推动建筑行业转型发展，政府积极搭建智能建造产业互联网平台，推动建筑行业数字化转型，优化资源配置，提升产业链协同效率，为建筑行业的高质量发展提供有力支撑。

为深入贯彻落实党的二十届三中全会关于“打造自主可控的产业链供应链”部署要求，湖北省住房和城乡建设厅联合建筑行业龙头企业，立足于带动建筑业生产组织方式变革，以发展建筑产业新质生产力为目标，以促进智能建造高水平供需平衡为重点，搭建智能建造供应链平台，抢占智能建造产业发展新高地。

二、建设内容

以标准化支撑、数字化驱动、工业化生产、智能化施工“四化同步、一体推进”发展战略为指导，强化供应链思维，搭建以数字化“天网”、物流“地网”、供应链“金网”、交易“商网”四网协同、开放共享的智能建造供应链平台，促进高水平供需平衡，以大规模市场催生新的生产模式与商业模式，重塑产业链、提升价值链。

1. “四网”协同，促进产业聚集发展

1）供应链商网：高效供需撮合，提供服务支撑

搭建智能建造供应链商城，链接智能建造产业上下游各方主体，整合智能装备、部

品部件、绿色建材、专业服务等产业资源，汇聚各方面供需信息，提供找企业、找商品、找服务、找商机等服务，打通“精准展示-智能推荐-促成合作”的供需撮合各环节，实现供需双方深度连接，提升资源匹配效率（图1）。

一是品类丰富，突出特色。智能建造供应链商城突出“智能建造”特色，对智能建造产品和服务进行优先推荐。依托强大的供应链体系，共建品类丰富的供应链平台。

二是资质保障，安全可靠。对接鄂汇办、企业信息管理系统，保障上链企业资质真实、信用可靠，为供需合作提供基础保障。

三是数据支撑，快速撮合。平台提供丰富翔实的产业分析数据，为采购决策提供数据支持，帮助买家快速完成采购。

四是资源汇聚，质优价优。对接多个第三方平台，“一站式”寻源、比价、采购，解决价格不透明、采购渠道单一、采购成本高的问题。

图1　供应链商城

2）金网：服务企业发展，提供金融支持

聚焦智能建造各环节融资需求，基于平台真实交易和物流信息，链接银行、保险公司等金融机构，打造服务精准、流程标准、风险可控的供应链金融场景，为链上企业提供订单融资、电子保函、建筑工程履约险等一系列特色金融服务，满足链上企业资金需求（图2）。

3）地网：立足高效便捷，提供物流通路

平台物流服务通过全程追踪、精准协同，为智能建造从工厂到工地提供智慧物流解决方案。链接物流企业、快递服务商，提供快速找车、网点查询、运力调度、轨迹追踪、物流监控服务，实现陆运、水运及多式联运的“一站式”供应链物流服务，满足

图 2　供应链金融

企业高效找库、多地域仓储，协同调配的现实需求（图 3）。

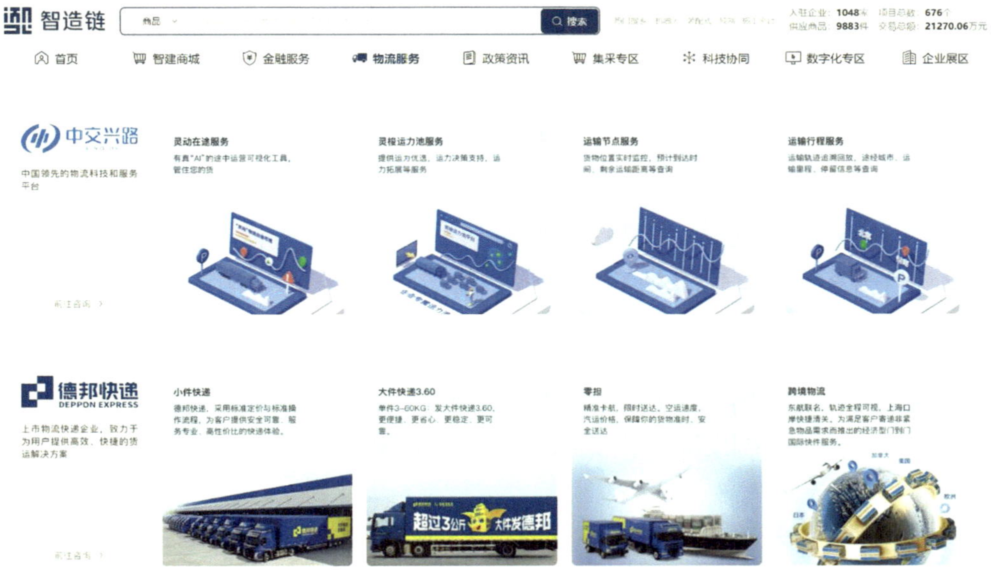

图 3　供应链物流

4）天网：汇聚产业数据，提供信息支撑

集成产业信息，即时发布政策标准、行业资讯，构建开放共享的信息服务体系（图 4）。

一是服务企业经营决策。提供政策大数据，引导企业投资决策；提供行业大数据，汇聚行业市场动态、行业趋势，促进供需精准对接；提供信用大数据，对采购双方的产品、服务、履约进行评价，支撑企业采购决策。

二是优化政府服务。基于供应链大数据，开展全省企业经营、供求匹配度、各产业发展等数据分析，帮助政府准确把握行业动态，发现供应链堵点断链，精准施策，补链强链。

图 4　政策资讯

2. "四化"一体，催生创新要素汇集

1）标准化支撑，推动市场化、规模化

一是发布标准体系。汇集智能建造相关技术标准、数据标准，推动智能建造标准体系建设，推动智能建造产业向市场化、标准化、规模化发展。

二是建立标准模型库。依据模数化导则、装配式建筑"一库一指南"，发布 PC/PS 构件、机电、装修、智能家居等各类模型，为基于 BIM 的设计、生产、施工提供模型支撑（图 5）。

2）数字化驱动，融通设计、建造、运维

平台上线国产化开源 BIM 设计软件，基于供应链提供的模型库，推动正向设计，实现从设计到生产各环节数据标准统一。基于国产化 BIM 轻量协同工作台，提供多种格式在线查看、二三维设计协作等功能，实现"设计—材料清单—报价—生产"全流程服务（图 6）。

3）工业化生产，打通平台与工业生产基地

一是产销对接。汇聚装配式构件生产企业，建立湖北省建筑工业化生产基地图谱，

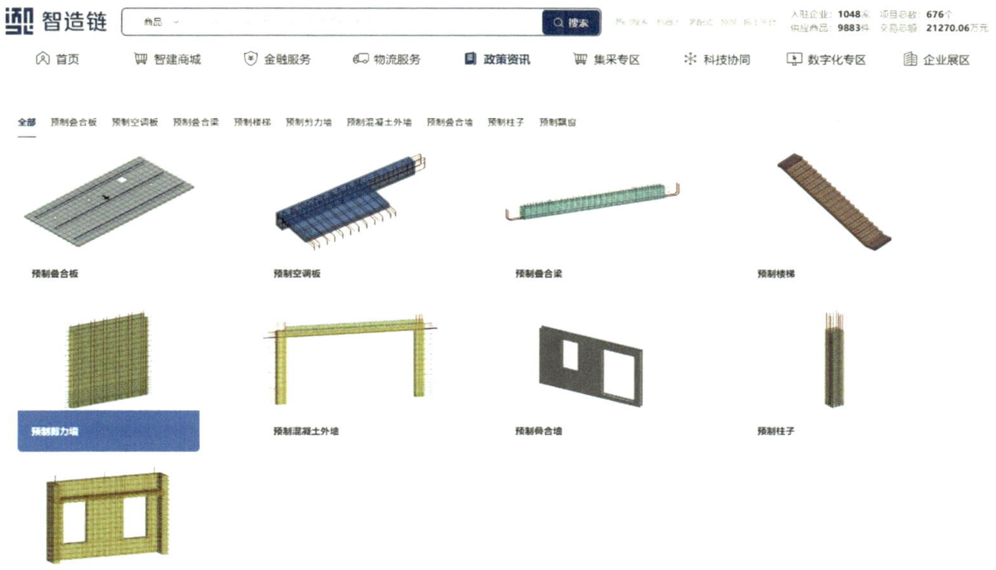

图 5　标准模型库

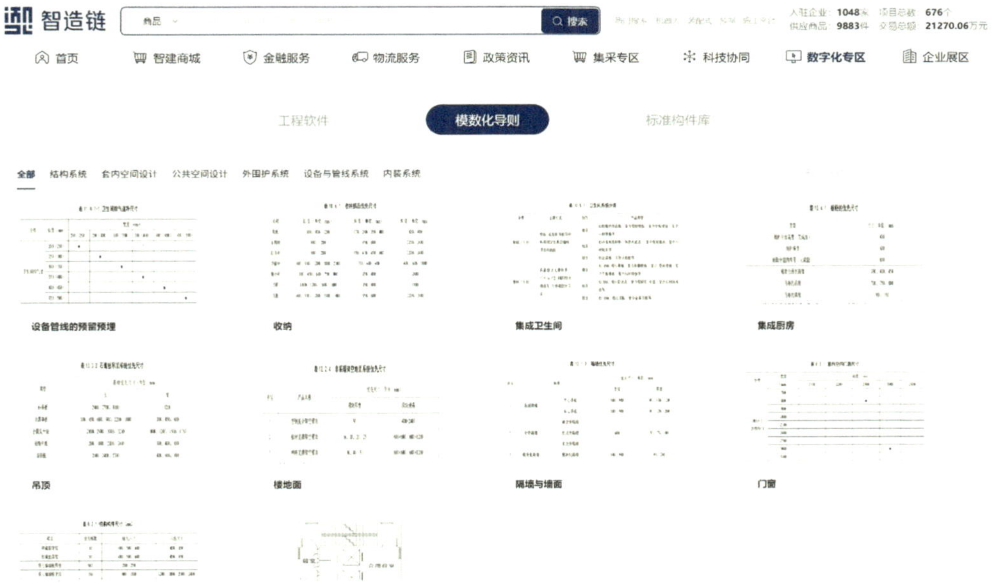

图 6　数字化专区

基于地图，展示生产基地位置、生产能力、主要产品、履约评价等信息，方便项目找到厂商，实现产销对接（图 7）。

二是协调生产。打通供应链平台与工厂 MES 系统，跟踪订单生产进度、交付时间等信息，协调生产、物流、施工等环节，实现从工厂到工地无缝对接。

三是以需定产。提供供应链需求数据监测、趋势分析，精准匹配和推送到生产企业，增强对市场的响应能力，解决产能过剩的问题。

图 7　工业化生产基地图谱

4）智能化施工，专业引导行业（图 8）

一是项目示范，引领智能化施工技术应用。以智能建造示范工程为重点，展示智能化施工新技术、新工艺应用方案与成果。

二是专业服务配套，支撑智能化施工。平台上线智慧工地、产教融合、产业工人等多类型的商品与服务，提供施工技术和人才配套。

3. 服务赋能，助推智能建造产业发展

1）政策赋能

整合政府资源，服务企业经营，赋能平台发展

一是优选项目资源，以项目建设为核心，结合城建计划、省交易中心相关信息，以及国债、地方债支持情况，梳理出优质项目信息向链上企业推荐，推动资金与项目的有效配置（图 9）。

二是政府服务引流，通过链接智能建造相关的线上办理的许可通道、智能建造项目的政策补贴申请兑付、评奖评优等通道，推动建筑产业链上下游企业上链用链。

图 8　智能化施工项目

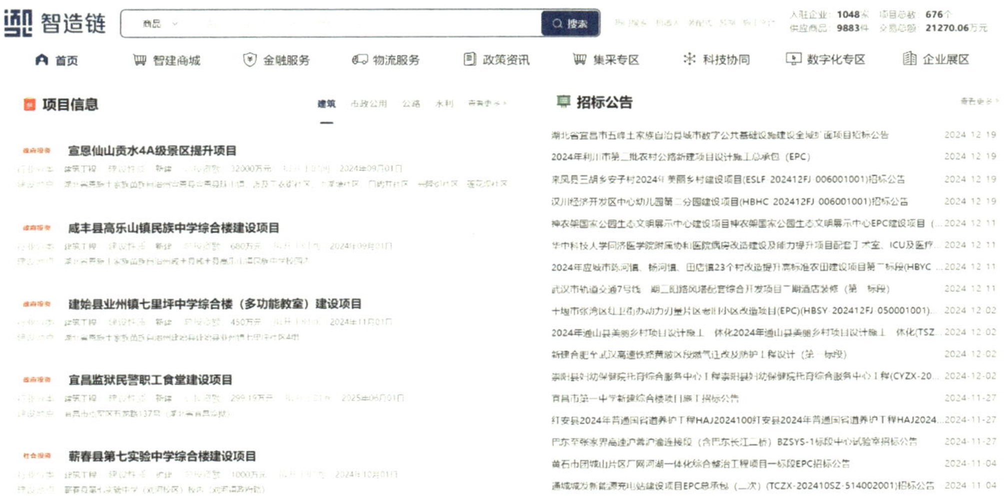

图 9　优质项目资源

2）科技赋能

一是平台支撑。按照“企业出题、科研院所响应、以需定研”思路，为链上企业科技创新提供科技平台信息、科技成果展示、技术人才专家库等服务支持，推动产、学、研、用深度融合。

二是协同创新，整合上线建筑业科技创新供需信息，引入建筑业科研机构、企业科技项目、投资平台等，推动科技成果对接、交易和转化，实现智能建造先进技术市场化应用（图 10）。

图 10　科技协同专区

3）服务赋能

一是严把企业入口关，建立质量管理体系。通过对接鄂汇办系统进行统一身份认证，确保企业信息真实可靠，严把分供方准入关；建立质量体系，严格审核上架商品和服务，从源头开始掌控商城产品质量，提供精确到单个商品的质量检测数据；建立评估体系，综合分析对供应商、产品和服务进行分级评价。

二是依托采购规模，建立平台价格优势。依据平台采购规模为支撑，可通过多种采购模式，最大程度降低采购成本，切实为采购方提供价值。

三是依托技术能力，提供精准供需匹配。建立需求广场，根据企业性质、服务能力、产品类型等数据综合分析，精准推荐、智能匹配符合要求的优质供应商、商品及服务（图 11）。

三、创新亮点

1. 模式创新

智能建造供应链平台从平台性质上来分析，是以供应链思维打造的产业公共服务平台。平台通过政府与有效市场相结合、国有资本和社会资本相融合，按照公共性、普惠性、开放性、共享性的原则，开展供应链运营服务。平台本身兼具产业公共服务职能以

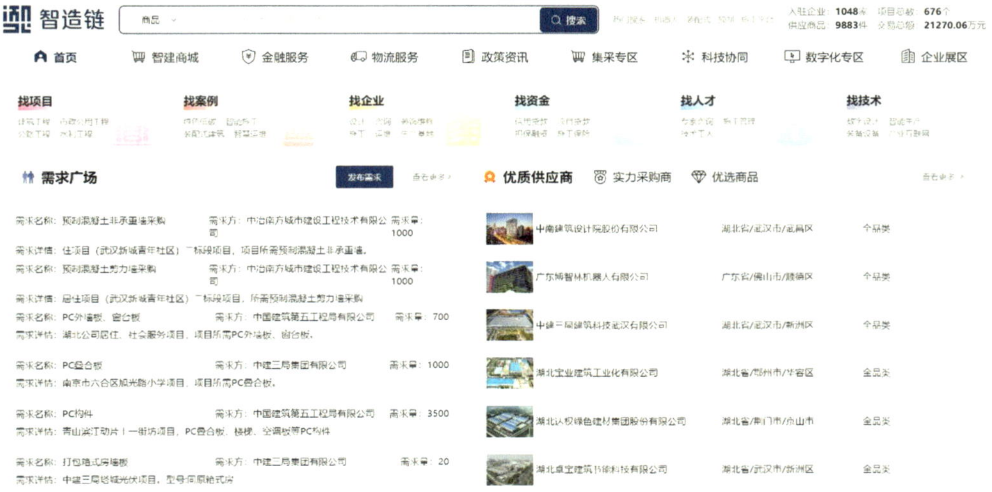

图 11　供需广场

及市场化盈利模式，同时获得政府资金或者资源支持，具有相对较强的生命力和扩展性。

2. 业务创新

平台集聚政策、融资、“双创”、产需对接等服务资源，业务模式上具有多元化、集聚性，多维度为需求企业和供应商提供在线互通、信息共享的对接渠道，实现企业高质量发展全链条服务整合，促进形成一个共享的生态系统，共同拓展市场规模。

平台围绕智能建造“四化同步，一体推进”的战略指导，开设数字化专区、集采、科技协同等公共服务专区，业务模式上兼具市场性和公共服务性，打通了各产业间的信息壁垒，产业间的合作共创激发创新思维和创新灵感，推动产业创新。

四、推广价值

智能建造供应链平台通过资源整合、信息交流和创新合作，帮助企业获取资源、加速产品流通，并促进区域内外的合作与联动，在推进智能建造产业发展过程中扮演着促进合作、提升效率、推动创新和加强竞争力的重要角色。培育和运营智能建造供应链平台包括以下关键点。

1. 政府支持和战略引导

政府在培育和建设智能建造供应链平台中扮演着重要角色。政府制定产业发展规划和产业扶植政策，为平台的发展提供战略引导。政府还可以协调各方资源，推动不同利益相关者的合作和参与，确保平台的可持续发展。

2. 多方参与和合作

平台的成功需要多方的参与和合作。这包括政府部门、智能建造产业联盟、研究机构、投资者等各类利益相关者。通过建立合作机制形成良好的生态体系，推动平台的发展和运营。

3. 数据整合和共享

平台的核心是信息共享和整合。因此，需要建立数据整合的机制和标准，确保各类数据的有效汇聚和共享，增强用户对数据安全的信任。

4. 持续运营和创新

平台的建设不是一次性的工作，而是需要持续地运营和创新。平台需要及时更新和优化功能，适应产业发展的需求和变化。同时，要积极探索新的服务模式和商业模式，保持竞争力和吸引力。

广东智慧河湖长创新应用示范项目

沙默泉　文亮　谭健滨　余鹏飞

广东省水利厅
中国联合网络通信有限公司智能城市研究院
联通数字科技有限公司广东省分公司

一、建设背景

1. 案例背景

“河长制”是习近平总书记亲自谋划、亲自部署、亲自推动的一项重大改革举措。河长制以保护水资源、防治水污染、改善水环境、修复水生态为主要任务，旨在构建责任明确、协调有序、监管严格、保护有力的河湖管理保护机制，为维护河湖健康生命、实现河湖功能永续利用提供制度保障。

2020 年召开党的十九届五中全会审议通过“十四五”规划建议，对强化河湖长制作出部署，包括完善河长湖长履职规范和考核评价机制，压紧压实职责，坚持“流域统筹、系统治理”管理思想，以全面改善河湖水环境作为重要任务，持续防治河湖水污染，加强河湖水域岸线空间管控，推进河湖“清四乱”向中小河流、农村河湖延伸，严格河道采砂管理，推进河湖管理保护智慧化，提高河湖监管的信息化水平。推动河湖长制从“有名有责”向“有能有效”转变。

在此背景下，项目团队结合广东“互联网+河长制”行动计划，融合“5G+AI+数字孪生”技术建设广东智慧河湖长创新应用，从传统信息化系统转型数字化赋能，指导河湖巡查工作开展以及河长履职评价，推动河长工作的精确化、高效化。

2. 建设意义

1）加快生态文明建设精神的重要举措

习近平总书记指出：“我们既要绿水青山，也要金山银山。宁要绿水青山，不要金山银山，而且绿水青山就是金山银山。”作为中国梦的一个重要组成部分，“美丽中国”的生态文明建设目标在党的十八大第一次被写进了政治报告。《中共中央国务院关于加快推进生态文明建设的意见》将江河湖泊保护管理工作摆在重要位置，并提出明确要求。江河湖泊具有重要的资源功能、生态功能和经济功能，是生态系统和国土空间的重要组成部分。落实绿色发展理念，必须将河湖管理保护工作纳入生态文明建设，作为加快转变发展方式的重要抓手，促进经济社会可持续发展。

河长制度的建立，从根本上改变了以前河湖多头管理的情况，通过河长办和河长的管理和协调，以及本应用的投入，能及时发现河湖出现的问题，各职能部门按照职责及时地处理并将信息反馈，与群众形成良性互动，真正地落实绿色发展理念，促进经济社会可持续发展。

2）水利治理体系和治理能力现代化的要求

《广东省水利发展“十四五”规划》提出，到2025年，广东水安全保障能力全面提升，建成水利高质量发展先行省，广东水网主骨架和大动脉基本成形，并率先构建智能高效的水利管理体系。围绕水利重点领域，按照“增智慧、建机制、强能力”的思路，推进智慧水利网建设，建立健全监管法制体制机制，强化重点领域全过程、全要素监管，防范化解重大水安全风险，提升水利管理和服务水平，不断推进水治理能力现代化。要求以推进河湖长制为抓手，聚焦管好盛水的“盆”和护好盆里的“水”，着力加强河湖水域岸线监管，全面实现河长制由“有名”向“有实”转变。

本应用贯彻《广东省水利发展“十四五”规划》关于水环境、水资源、水生态治理建设要求，利用物联网、卫星遥感、无人机、无人船、视频监控等技术手段，打造水、陆、空、天、地一体化监管体系，实现涉水对象全面感知，全面提高河湖监控覆盖度和时效性，为涉水工程建设及水生态环境可持续发展规划建设提供有力保障。

二、建设内容

1. 总体架构

广东智慧河湖长创新应用架构主要包括以下内容，如图1所示。

应用架构的设计全面考虑河长制业务所面向的各类对象，面向全省各级河长、河长制办公室及其成员单位、社会公众等不同类别用户提供与之密切相关的河长制业务应用功能服务。

针对各级河长、河长办及成员单位相关人员，通过业务应用首页、大屏智能交互、河长制一张图、协同精细化管理、督导督办、专项任务、考核评价、河长制知识库、碧道工程建设管理、系统管理、河湖管理、决策管理等功能，以全量丰富的河湖地理信息展现、灵活可配的工作流程、多维度多样式的图表统计分析等能力，实现通过信息化手段对河长相关工作进行高效、便捷的支撑。

提供丰富移动应用能力为日常巡河及业务管理提供服务。其中，智慧河长移动应用，在满足巡河、事件上报处理能力的基础上，增添大模型智能巡检等功能模块，实现辖区河长各类工作信息的统计分析汇总，方便其通过移动端对全局工作进行整体把握。另外，通过微信小程序和微信公众号的升级建设，向公众发布河长制

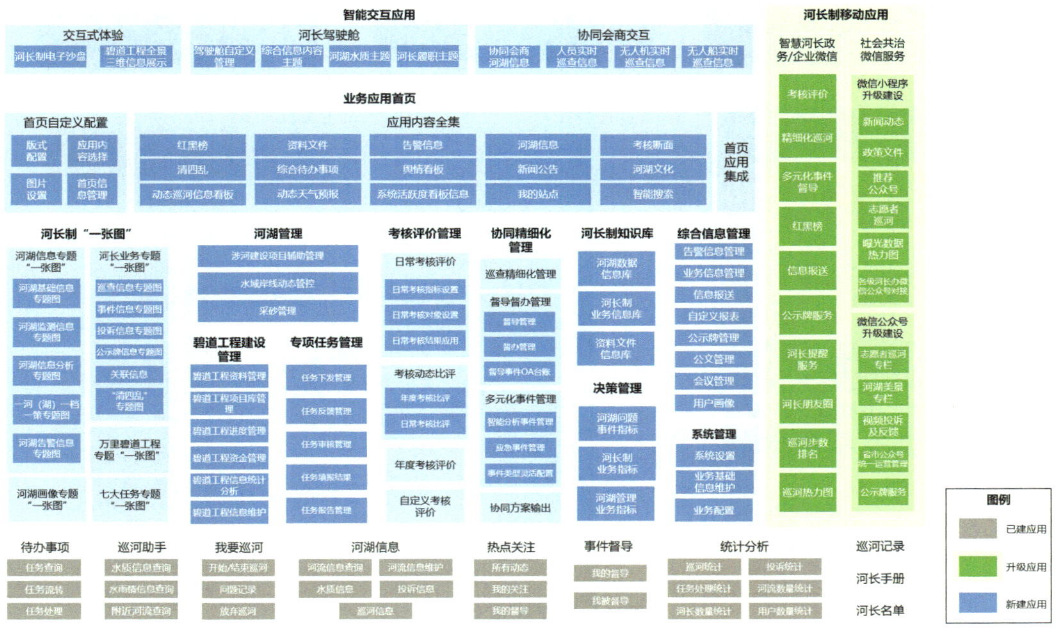

图 1　应用架构

相关信息，打造各种渠道与公众良性互动，进而实现群防群治、协调联动的河长制工作新格局。

打造全景智能交互平台，为用户提供更为生动的数据展现服务。基于电子沙盘和河湖三维建模技术实现交互式体验，能够实现人对河湖及其流域的全面感知和实时互动，提升身临其境之感；河长驾驶舱能够面向不同级别河长，结合地理信息技术和多维度图表统计分析展现，提供河湖重点关键信息和专题信息的直观展现；协同管理大屏以河长制日常工作为基础，在实时获得各类河湖数据、业务信息的基础上，打造河长办与成员单位之间的业务协同能力。

2. 应用场景

1）多元化事件管理

结合移动应用，实现协同精细化管理，将公众投诉、人工巡河、视频监控、无人机/船巡查、领导交办、督导、告警事件、成员单位接入事件等抽象为事件进行发布，各地市、县河长办和成员单位可将事件及处理过程数据赋予标签，并发送到问题与事件流转中心进行流转。具体包括巡查精细化管理、督导督办管理、多元事件管理、协同方案输出等业务协同需求，如图 2 所示。

2）专项督导督办管理

构建明察暗访相结合的督查督导信息化体系，实现日常事件与督查问题的全过程跟踪，与移动端相结合进行督查现场和督查对象信息的全面获取，建立动态督导事件台账，实现事件的全面跟踪和统计，实现河长制督导督办综合管理能力提升，如图 3 所示。

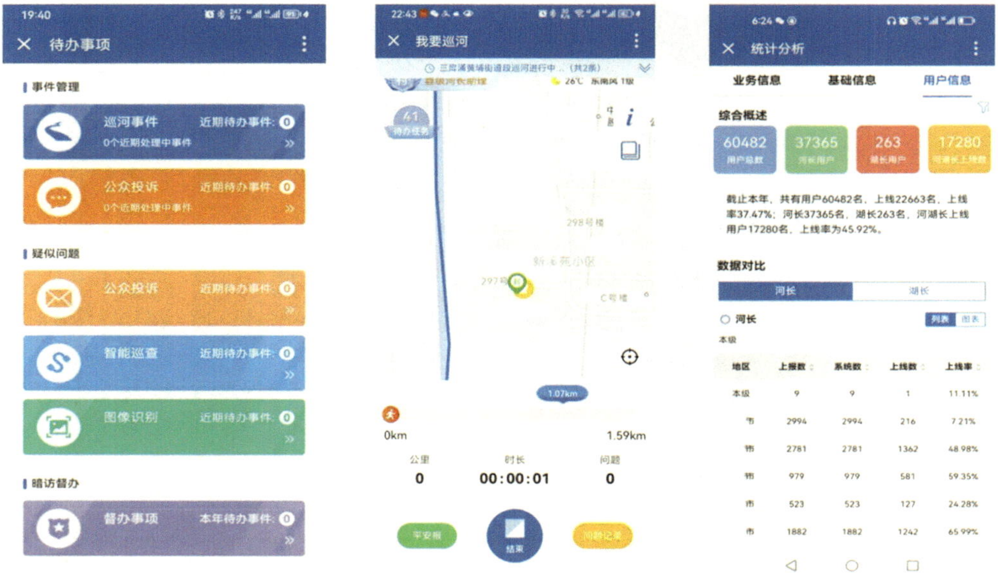

图 2　多元化事件管理

图 3　专项督导督办管理

3）日常河湖履职监管

通过对各级河长、河长制办公室日常履职核心指标的监控，贯穿考核指标配置、考核对象配置、考核结果输出、考核结果申诉、考核结果发布等全过程，从而确保日常考核内容满足河长制工作管理过程中可能变化的管理重点，并在日常考核全过程实现考核方式的规范，保证考核结果可信，并对考核对象起到精细化管理的作用，为河长履职评价提供依据的同时，可进一步落实突出问题整改、压实责任主体。具体功能包括日常考核指标设置、日常考核对象设置、日常考核结果应用等，如图 4 所示。

图 4　日常河湖履职监管

4）水域岸线动态监管

结合整治侵占江河湖泊违法违规建设问题专项工作，充分利用遥感信息、空间分析、图形识别、机器学习等最新科学技术，实现河道乱采、乱堆、乱占、乱建等行为的智能识别、上报与预警，提升对涉河建设项目事中、事后监管能力，丰富主动发现违法违规建设问题的手段，及时有效地做到“发现一处、清理一处、销号一处”，如图 5 所示。

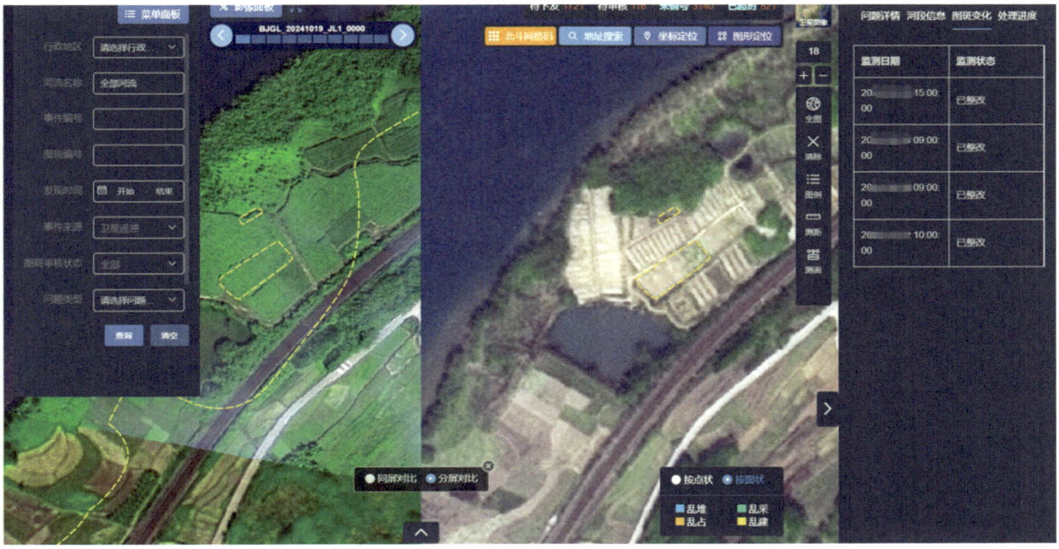

图 5　水域岸线动态监管

5）河湖采砂管理

从采砂相关规划、采砂计划、采砂许可、采砂监督管理和完工验收 5 个环节。深入分析现有采砂管理操作流程与业务管理的吻合性，对该系统进行补充完善，充分利用遥感影像、矢量空间信息，并与水域岸线智能动态管理系统相衔接，补充开发部分功能，力求提升业务管理信息化水平，对系统功能进行优化整合与重新开发，实现与河湖动态监控业务协同，如图 6 所示。

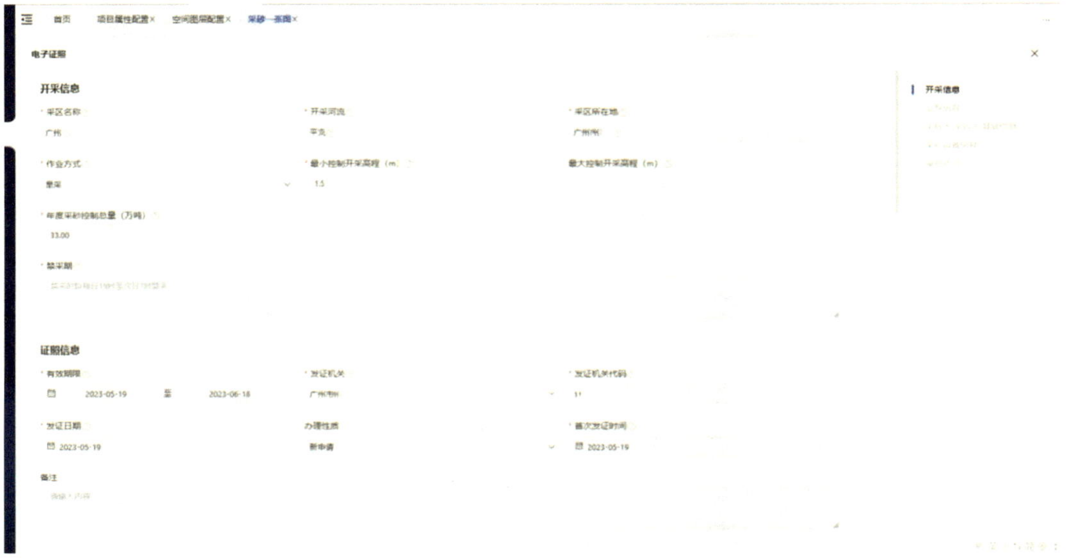

图 6　河湖采砂管理

6）万里碧道管理

碧道工程建设管理主要包括碧道项目库管理、在建碧道管理、已建碧道管理、碧道统计分析等业务功能。原来通过线下数据收集、处理、统计、发布的模式转为系统流程化处理，实时展示碧道的建设进展。通过一张图、交互大屏万里碧道专题，对全省万里碧道建设进度、建设成效进行综合呈现，针对精品碧道融合三维仿真、鹰眼、人口数据分析技术，打造碧道立体养护场景，如图 7 所示。

7）河长制考核评价管理

以考核结果为导向的河长制长效工作机制，建设河长制考核评价模块，主要包括日常考核、年度考核以及自定义灵活考核相结合的河长制考核评价。根据年度考核方案，形成以年度考核结果引领年度工作方向和成效的局面，以自定义灵活考核实现对部、省专项行动过程和效果的评估。形成全方位的考核评价监督体系，为河长制工作持续健康开展奠定基础，如图 8 所示。

8）河长制知识库资料

通过与系统中各类数据表建立关联映射关系，实现河长制全域全类信息的灵活检索

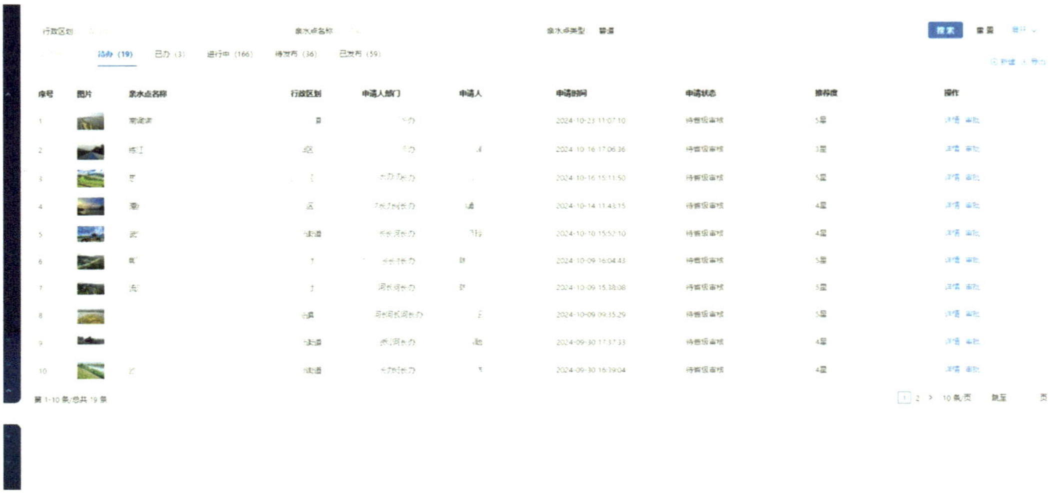

图 7　万里碧道管理

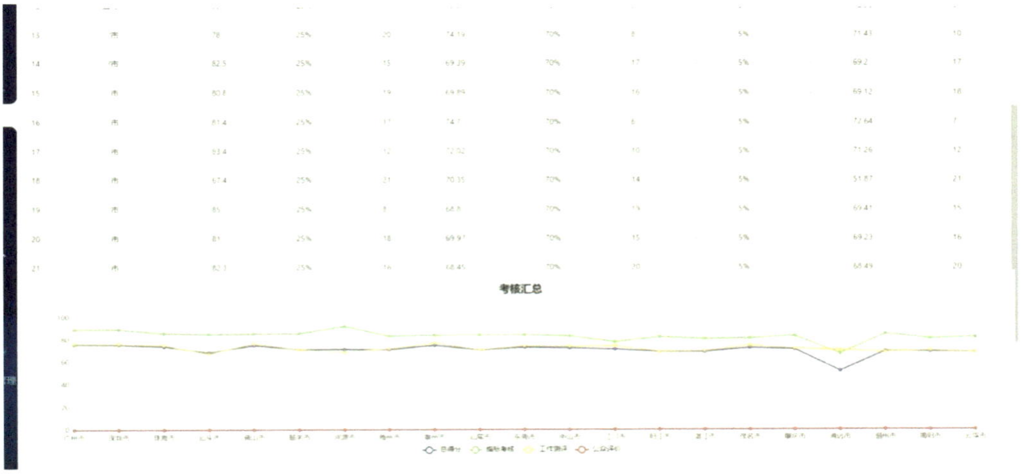

图 8　河长制考核评价管理

查询，包括河湖数据、业务信息、资料信息 3 大类。可根据知识库标题、所属河流、所属区域、时间、人员、类别等筛选条件，实现灵活的交叉搜索查询、智能搜索，如图 9 所示。

9）河长制一张图

基于 GIS 一张图，全面打造河流湖库态势信息、河长制业务信息、“清四乱”的河湖履职专题，并对碧道工程信息进行展示，通过河湖分级名录汇聚 5 大流域基础信息，提供 12 类动态关联展示，全面展示河湖建设以及巡河履职与事件处理情况，以管理单位掌握辖区内整体情况、河湖监管成效和河长制工作进展情况。实现对河湖动态实时监控、受理河湖治理事件、委派巡查任务、辅助工作决策。

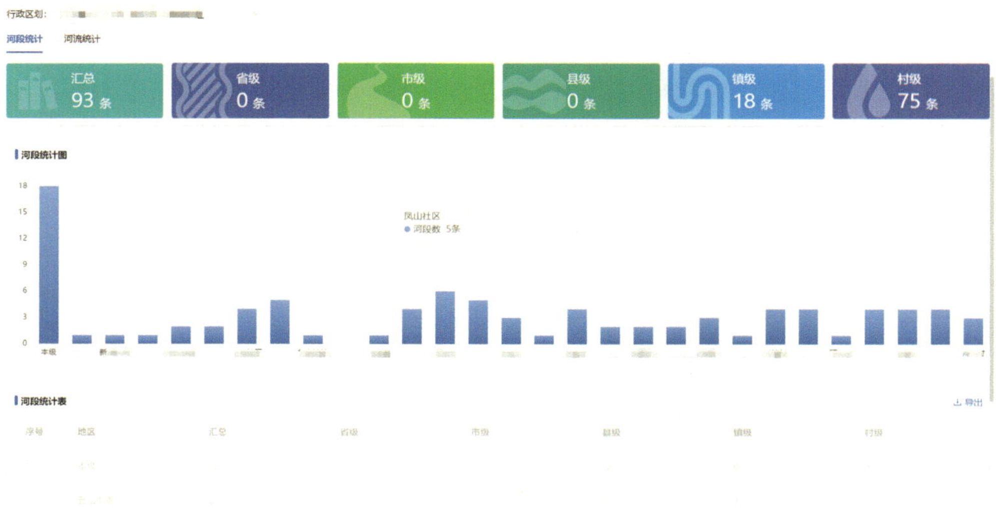

图 9　河长制知识库资料

三、创新亮点

1. 数字孪生数字河湖场景

数字孪生技术通过构建数字河湖，实现对河湖的全方位、立体化管理。利用工业物联网、人工智能、边缘计算等新一代信息技术，提升对“人”和“水”的监管力度，加强水利管理活动的透彻感知、网络互通、资源共享以及数据融合与分析能力。

数字孪生数字河湖平台打造碧道立体化养护场景，能够准确、及时、真实地反映碧道水位运行、水质变化等情况，如图 10 所示。实现碧道运行态势全面掌握；通过调度会商决策沙盘实现无人机值守远程操控，满足水环境整治、水灾害防御等实时协同决策场景；结合数字孪生模型与 BI 视图融合，对万里碧道建设景观与建设成效进行多维呈现，为公众宣传与服务提供效能。

图 10　数字孪生场景

2. 5G+AI 高清视频巡查

利用5G+AI+无人机技术进行巡河工作，弥补了人工巡河发现问题能力不足、巡河效率低的问题，能有效快速获取河道水域岸线相关情况，助力碧道监管人员及时发现河湖问题并及时采取应对措施。

基于 MEC 边缘计算模块，现场接收无人机巡查返回的 4K 高清视频并进行动态演算，基于已训练的算法模型对视频中河道疑似乱建、乱占、乱采、乱堆问题进行识别研判并形成标注，并将结果返回“智慧河长平台”数据中心，进入事件管理流程进行事件执行流转，并接受上级部门督导督办。

巡查事件 AI 识别技术在 5G 通信高带宽、低时延的保障下，充分融合无人机巡查灵活性和 AI 识别智能性，深入挖掘河湖管理中存在的河湖违法违规问题，并基于智慧河长平台形成完整的事件处理机制，保障发掘事件能够形成解决闭环。同时借助该项技术，有效减轻基层巡河人员工作负担，在很大程度上提高河湖巡查的覆盖性和精准性，如图 11 所示。

图 11　河道 AI 识别

3. 5G+值守无人机动态会商

通过 5G+无人机无人值守远程操控系统，在指挥中心使用河道巡视现场的无人机对指定河道进行实时航拍，并基于 5G 通信技术将实时视频回传至指控中心，利用远程传回的高空航拍数据，实现指挥中心与现场的实时视频会商，为河道整治方案的快速制定提供决策依据。

主要应用场景包括灾害快速抢险及复杂地区“四乱”整治，如图 12、图 13 所示。

图 12　灾后抢险航拍示意

图 13　河道违建清理航拍示意

4. 5G+AI 智能巡检助手

基于多模态大模型技术，依托 LLM 大语言模型理解能力构建智慧河湖大模型智能中台，快速构建业务使用场景的应用，为管理部门、基层用户、日常业务人员提供大模型辅助决策与执行能力。

借助移动端的便捷性，结合图像识别手段，应用于问题上报、图像识别与处理等使用场景，为管理部门、基层用户、日常业务人员提供大模型辅助决策与执行能力，优化基层工作流程，提高工作效率，让其能够更加专注于为人民群众提供优质的服务和解决实际问题。

主要应用场景包括数据问答及分析、基层用户日常巡检、智能问题填写上报，如图 14 所示。

图 14　基层用户日常巡检示意

四、推广价值

1. 社会效益

1）提升部门协同工作效率，降低沟通成本

通过系统的建设，河长应用体系面向广东全省各级河长、河长制办公室及其成员单位、社会公众等用户提供河长制业务应用服务，实现对广东省、市、区（县）、镇（乡）、村落实河长制工作进行客观公正的评价、管理、监督和考核。同时该系统结合人工智能、大模型等技术减少人为因素的干扰，将手动选择填报的巡河模式转变为智能工单，减轻河长巡河的工作量，促进工作人员及时处理并上报河道巡查过程中存在的各类问题，提高工作效率；同时，上级也可以实时了解河长制工作落实情况。

2）建立信息公开和社会监督渠道，打造全民治水圈

通过系统的建设，建立信息公开和社会监督渠道，连通现有微信公众号，及时通过

平台发布公开信息并将公众投诉案件作为河长工作内容及时处理，针对公众反映的问题做到“事事有回音、件件有落实”，实现良性互动、科学管理、高效服务，进而提升政府形象。并构建完善的公众服务体系，提高志愿者和社会公众对河湖治理的参与，为人民群众提供河长制政策解读、分析、相关河流水务办事指引、河流水文信息查询、举报投诉受理、意见建议收集等水务服务，做到全民参与实现“社会共治”效果。

3）实现数据共享和业务的协同，提升河长管理信息化水平

通过系统建设，统筹协同水利、生态环境厅、气象、农业农村、林业等多个河长制成员单位，获取水质监测、气象信息、地理地质信息、社会经济信息等河长管理相关信息支撑，消除各部门间存在的信息孤岛、一数多源的局面，通过统一的构架实现信息资源的整合、资源的共享应用，最终形成闭环，真正实现部门间信息的共享和业务的协同，推进河长管理信息化建设迈上新水平。

2. 经济效益

1）降低业务运营成本，减少财政支出

通过系统的建设，进一步推进广东省河湖信息的水域岸线、河湖划界等空间信息共享，推进数据互通和利用，消除信息孤岛，推行公开透明服务，降低制度性交易成本，促进有效合理地分配资源，职能工作整体的运行效率、效能将得到极大的提高。

2）推动河湖长制各项重点工作，提高政府监管能力

通过系统的建设，进一步整合省、市、县（区）、镇（街道）四级河长办管理部门以及调度五级河长相关资源，完善河湖长制监管制度，通过信息化手段落实各级监管责任，提高政府监管能力，促进政府运行效能提升。

东莞滨海湾新区智慧道路应用

孙小平　林浩斌　庄立坚　黄慧馨　杨应科

东莞滨海湾新区管理委员会
深圳市城市交通规划设计研究中心股份有限公司

一、建设背景

东莞滨海湾新区（以下简称“滨海湾”）于2017年揭牌成立，正处于大建设、大发展、大跨越的黄金时期。伴随着国家、省大力推动“交通强国”“5G建设”“智慧城市”“智慧道路”建设，滨海湾作为粤港澳大湾区的重要节点，积极响应政策号召，加快推进新型智慧城市建设，致力于打造兴业宜居的智慧湾区新城标杆。自2020年以来，滨海湾新区管理委员会携手深城交，开展了东莞滨海湾新区智慧道路建设项目群建设，以城市道路综合治理作为切入场景，以多功能智慧灯杆为载体，不仅实现了道路公共服务设施的整合建设和共享共用，打造“三位一体”的智慧道路管理体系；也满足了新区对城市照明、公安、交通、市政、生态、通信等重要领域的管理需求，为城市精细化治理深度赋能，助力创新、绿色、智慧湾区新城的建设，推动湾区智慧城市的发展。项目已获国内多个奖项，包括2022年高交会中国领军智慧城区奖、2023年创新东莞科学技术奖二等奖、2023年光华杯千兆光网应用创新大赛智慧城市专题赛二等奖等。

二、建设内容

1. 项目总体架构

滨海湾智慧道路建设项目历时4年，以实现新（改）建市政道路的全面智慧化为目标，完成交椅湾全域25千米智慧道路建设。项目构建了城市智慧互联“一张网”+数字赋能“一中心”+城市道路治理“一平台”的整体架构，通过智慧互联“一张网”，实现道路人、车、事、物、情等全要素信息采集和集成；通过数据赋能“一中心”，实现海量数据的处理、分析，为道路治理提供强有力的数据支持；通过道路治理“一平台”，实现对市政道路交通、安防、管运的高效协同管理，达成市政道路综合治理“一网统管”的目标，提升城市道路的公共服务水平和城市治理现代化能力。项目总体架构如图 1 所示。

图 1　项目总体架构

1）城市智慧互联“一张网”

以“共享共用”为原则，统筹考虑公安、交警、城管、应急等部门的需求，以多功能杆为主要智联设施载体，建成了照明、视频监控、信号机、电警等 12 类智联设施，打造基于“人-车-路-环境”全要素覆盖渗透的城市道路“感知神经末梢”，建成了泛在物联、融合创新的智慧互联“一张网”，如图 2 所示。

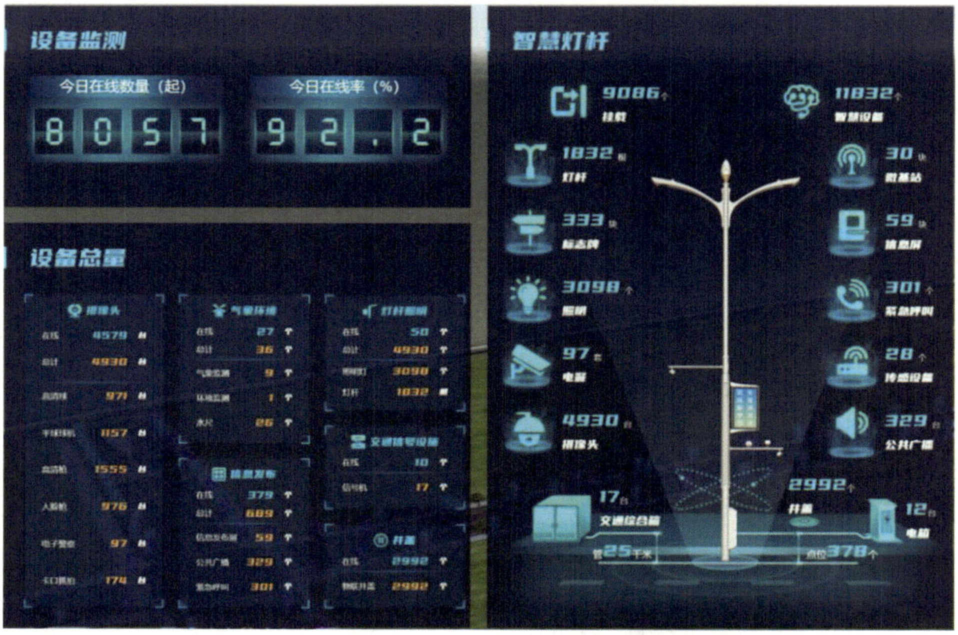

图 2　智慧互联“一张网”概览

2）数据赋能“一中心”

建成了高度集成、安全可靠的智慧城市智能中枢，包括智慧城市数据中心、智慧城市管理中心及两个云节点，面向领导管理决策，打造数字孪生平行世界，1∶1 真实还原道路设施要素，叠加真实世界信息，实现了道路综合治理“一屏总览、集中调度、应急指挥”，如图 3 所示。

图 3　智慧城市数据中心看板

3）道路治理“一平台”

滨海湾智慧道路管理平台融合了交通、交警、市政、安防、应急等多个领域监管需求，建成 13 大功能模块，研发了 24 类 AI 视频算法，支持监控、照明、信控等 12 类智联应用场景，实现了综合治理、环卫监管等 9 类“一网统管”应用场景，为政府监管提供人流、车流等 10 类道路决策分析支撑。系统平台功能如图 4 所示。

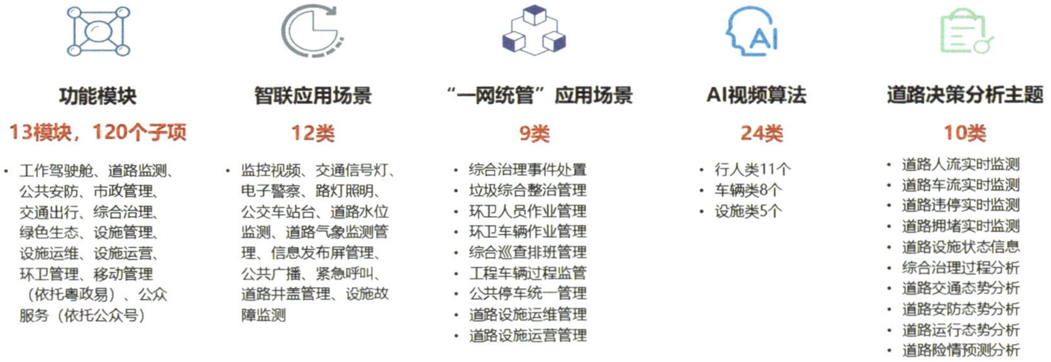

图 4　滨海湾智慧道路管理平台功能架构

2. 典型应用场景

1）实现道路杆体及配套设施的“集约合一”

通过对各方立杆需求的精准分析，实现路面杆体 100% 合杆建设，合杆后路面仅分为普通照明杆（占比约 45%）及多功能杆（占比约 55%）两类杆，多功能杆成为智慧城市的重要载体，破解了道路地下管线错综复杂、路面“杆体多、箱体多、井盖多”的难题，实现道路照明的“智联节能、创意设计”，如图 5 所示。

图 5　滨海湾智慧道路实拍

2）实现道路综合治理“一网治理”

打造了城市精细化管理中枢、应急指挥调度中心、数字城市大脑等智慧城市管理平台，基于事项清单、权责清单、流程清单模式，建立了跨部门综合调度、数字赋能的一网治理机制，在全市范围内率先推动建立道路事件的标准化处理流程，针对交通出行、公安安防及道路管理研发 24 类 AI 视频算法，建立多层事件发现机制，实现道路治理场景“数智赋能”，打造全流程闭环管理体系，实现除 110、119、120 等法定处置范围外的所有道路治理事件的“一网统管”，如图 6 所示。

图 6　滨海湾道路治理“一网统管”治理流程

3）实现安防视频“共建、共享、共用”

打破了部门条块壁垒，推动安防视频“共建、共享、共用”，结合滨海湾实情实现深度场景化管理，在常规可看、可控的基础上，最大化复用已建成的 4800 余路视频资源，围绕行人、车辆、设施等要素，研发视频 AI 识别算法，实现对道路治理主要要素的全面实时监测、采集和分析，通过视频智能发现车辆违停、超速、车流人流拥堵、泥头车抛洒、物联设备故障等事件，如图 7 所示。

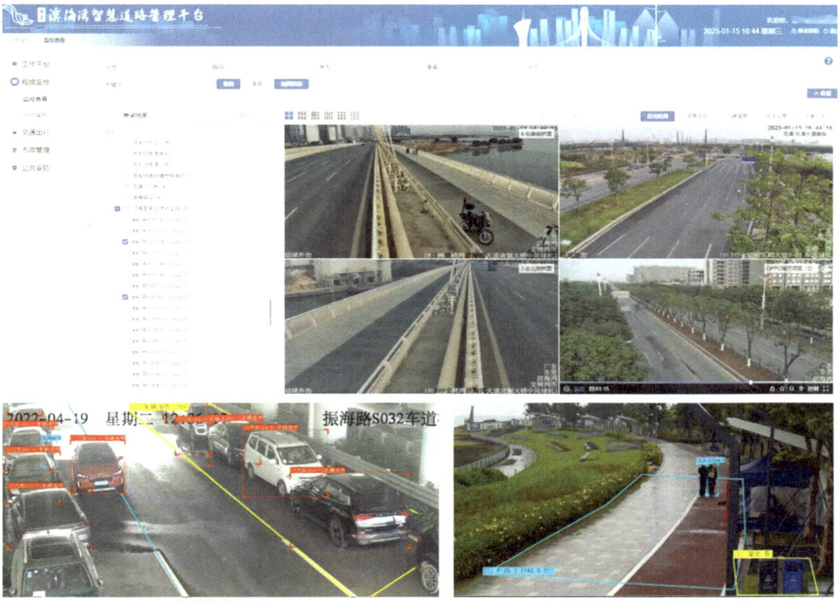

车辆违停识别　　　　人流量监测+垃圾桶满溢识别

图 7　滨海湾视频监控与 AI 一张网

4）实现重点车辆"精准管控"

利用视频监控、车辆 GPS、公共广播等设备，建立针对重点车辆的多渠道监管、智能预警机制。通过数字化手段实现对车辆作业全流程的智慧、精准管控监管，助力滨海湾高水平建设智慧城市。目前，已覆盖滨海湾 30 余个项目、3500 余辆泥头车以及垃圾清运车、环卫洒扫车、无人环卫车等特殊作业车辆的监管，如图 8 所示。

图 8　滨海湾重点车辆监管

5）实现城市照明“智联节能”

依托城市道路治理平台实现了智慧路灯分时段调光、根据光感自动调节亮度等功能。在路面光照最低限度内，按道路通行交通量情况，分时段设置主次干道的路灯照明亮度，与全时段设定100%亮度相比，实际降低耗电量57%，如图9所示。

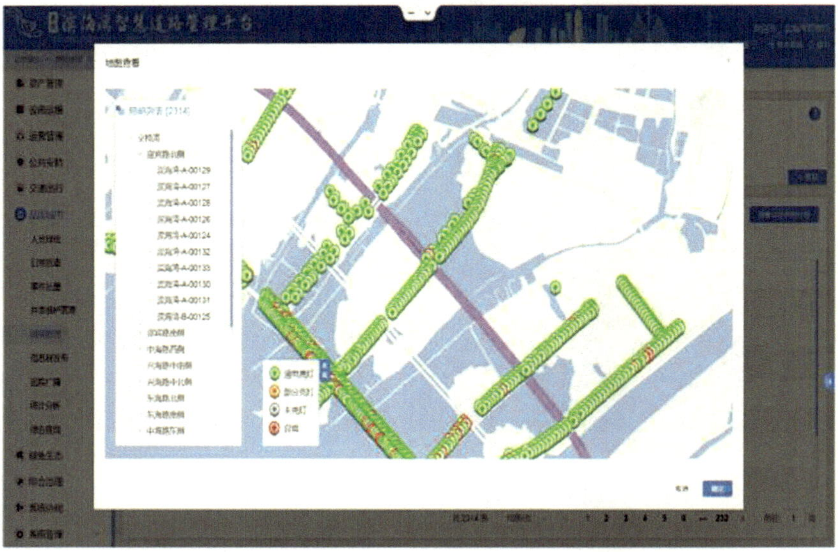

照明策略

序号	开始时间	结束时间	设定亮度（%）	光感范围（LUX）
1	00:00	05:00	60	0-65535
2	05:00	07:00	40	0-100
3			0	101-65535
4	07:00	18:00	60	0-300
5			0	301-65535
6	18:00	23:00	60	0-300
7			0	301-65535
8	23:01	23:59	60	0-65535

图9　城市照明智联联控

6）实现城市户外作业“闭环监管”

面向城市管理环卫作业人员、环卫作业车辆、市政巡逻监管场景，优化监管措施，对户外作业所涉及的人、车、物、事进行全过程实时管理，实现滨海湾城市管理户外作业工作的规范化、精细化、智能化管理，优化作业监管模式，提高监管效率，提升管理能力，如图 10 所示。

图 10　城市户外作业实时监管

7）实现市民出行的“友好体验”

根据出行服务需求场景，为市民提供绿波通行、公交实时到站等友好体验，突出“人车路协同”市民出行服务，如图 11 所示。

图 11　绿波通行示意

三、创新内容

1. 推动主干通信管道统一“规、建、管、运”模式的改革创新

滨海湾新区交椅湾板块全域已建（在建）的市政道路均已完成主干通信管、道路

公共服务设施专用通信管道与道路施工的同步建设，破解了主管通信管道缺少顶层规划、运营商各自独立铺设管道、道路多次开挖、电信运营商垄断通信管道、当地财政无受益等难题。

2. 构建了支撑海量物联设备极速接入的标准协议栈

项目形成了物联标准协议栈，支持对跨类型、跨品牌、跨协议、跨平台下前端硬件传感器的无缝接入，目前已支持12类设备、30个品牌、100个型号、10种物理接口的接入，实现南向适配，保证北向接口的一致性。

3. 实现了道路全要素动静态孪生应用

基于道路智联设施采集数据，针对城市交通道路的人、车、环、物等众多动静态要素与时空位置、车流仿真、IoT设备状态等众源数据一体化表达和联动分析的难题，攻克了大规模三维模型构建在同一场景下实时动态交互呈现的技术，实现可实时矢量路网模型编辑、全时空全要素、实时动态的多维场景展示和分析。

4. 创建了面向个体的视频AI精准感知技术

通过AI技术攻关，大幅度提升了AI识别的准确性和适用性。例如，针对复杂场景下视频的多目标、跨域追踪难题，建立比对特征识别数据库，攻克深度神经网络模型分析技术，采用多态融合算法，实现不同摄像头下同一行人/车辆的识别，并构建出行动轨迹。

四、推广价值

1. 经济与社会效益

1）经济效益

通过设施设备的集约化建设和共享共用模式，相较于传统的分别建设模式，节约投资、运维成本超过50%。此外，以东莞滨海湾新区为样板点形成的一系列成果有效推广至东莞各街镇及周边城市，为参建企业带来直接经济效益超过10亿元。

2）社会效益

（1）设施管理水平提升。

项目通过对各类智联设施实行“一物一号”的精细化管理，实现道路设施运行精细化管理、故障运维敏捷化识别，支持各类设施跨品牌接入，目前已集成接入滨海湾建设10 000余套设施设备。

（2）道路通行能力提升。

项目通过绿波策略配置，道路车辆平均行程时间降低28.9%，平均行程车速提升63.6%，平均停车次数减少86.7%，节约时间比例达到30%～50%，道路通行能力大幅度提升。

（3）事件治理效率提升。

围绕人、车、路等道路治理关键要素，建立了4层事件发现机制，实现事件来源的多渠道、自动化与智能化，实现跨部门融合管理创新，提升了事件识别、处置效率。综合来看，道路事件调度效率提升 13.8%，事件平均办理用时减少 15.9%，道路拥堵情况减少 23.5%，拥堵时长减少 18.3%。

（4）行人安全保障提升。

基于人工智能和物联网技术，通过联动摄像头识别事件和周边信息屏、广播等设备，试点应用了大车右转盲区、乘客不在规定区域候车等智能提醒功能，在触发告警情况下及时联动设备实现“声光”提醒，避免安全事故发生。

（5）应急响应能力提升。

通过统一视频平台支撑应急部门在台风天、暴雨天气下的实时巡检，支撑监管部门及时发现现场危险情况并作出处置；同时，通过在路口对救护车、消防车、警车等特殊车辆实行优先控制，保障应急场景下特殊车辆的一路畅行，已累计支撑特殊车辆优先放行 130 余次。

2. 实施路径总结

1）响应多方政策号召

在国家、省市加快部署 5G 建设和新基建的背景下，滨海湾新区管委会充分把握政策时机，开展智慧道路建设，融合多样化公共服务设施与智慧城市功能应用，为“一网统管”落地应用创造基础条件。

2）政数部门统筹建设

由滨海湾政数部门牵头，公安、交警、城管、应急等部门通力合作，统筹规划市政道路供电网络“一张图”，统一开挖建设，大幅度降低建设成本。

3）搭建统一管理平台

按照“集约建设、注重创新”的工作理念，打通各类物联传感设备的数据壁垒，突破品牌垄断，制定车路智联平台统一接入标准，搭建统一的城市泛道路智慧管理平台，实现了资源共享共用与降本增效。

4）挖掘数据要素价值

建立了集数据汇聚、交换、管理为一体的数据中枢，将不同领域的“碎片化”数据汇聚整合，实现城市数据“一屏总览”，研发了 24 类 AI 算法，提升道路治理“智慧”能力。

5）需求驱动应用创新

以需求为导向，首创市政道路“一网统管”智慧平台，整合建设公安、交通、应急、市政等领域 21 类应用场景，为推进事件精准流转与快速处置提供便捷化平台工具。

6）组建敏捷协作团队

按照“分步实施、重点突破”工作思路，组建由业务需求方为主、建设实施方为辅的项目团队，充分发挥承建公司的创新性，建立有效的需求、设计、研发、应用、数据管控机制，小步快跑，持续迭代，定期复盘，及时纠偏。

余江智慧城市（数字余江）建设

徐洁琴　万效标　胡家琦

鹰潭市余江区大数据中心

一、建设背景

智慧城市建设是大势所趋，也是城市治理现代化的重要手段。智慧城市通过运用大数据、云计算、区块链、人工智能等前沿技术，推动城市管理方式、管理模式、管理理念的创新。从数字化到智能化再到智慧化，是城市治理体系和治理能力现代化转型的必经之路。余江区在面临新形势下的产业转型升级、经济提质增效、城市治理水平提升、公共服务普惠供给等重大挑战下，紧紧抓住新一代信息技术创新发展的战略机遇，深入贯彻落实国家推进智慧城市、大数据、“互联网+”“中国制造 2025”“深化智慧城市发展推进城市全域数字化转型”等战略部署，结合自身经济、产业特色，以提高区本级数据共享治理能力、水利、林业、农业等行业管理监测水平、产业结构配置分析能力为目标，提出了数字余江建设，项目聚焦新一代县域信息技术设施、数字政府治理与服务效能、数字经济产业培育等方面展开，着力打造一批省内一流、全国领先的区县级新型智慧城市特色应用场景标杆，实现“低碳余江、智慧余江、美丽余江”的总体目标。

二、建设内容

数字余江基于政务云，围绕政务管理和公共服务领域，主体建设架构为“1+1+1”，即一个物联接入管理平台、一个余江大数据仓、一个余江智治中心，同时开展政务网络功能提升及配套安全体系的建设。其中，余江智治中心包括 N 大智慧应用，分别为智慧党建-人才、智慧水利、智慧林业、智慧环保、智慧产业和智慧农业。

1. 物联接入管理平台

实现物联感知设备的实时监控、统一接入、集中管理、报警联动、远程调控和数据共享、物联数据标准化及物联数据开放的目标，持续开展物联应用建设，谋划物联产业发展。建立设备和系统运维、运营和安全保障体系，强力支撑数字余江建设，为数字余江的物联网多源数据管理和应用赋能。

2. 大数据仓

大数据仓包括数据资产普查系统建设、数据融合服务平台建设、数据共享交换平台建设、数据治理服务及部门库、主题库建设，实现对数据资产的普查收集，对数据融合的开发、治理，对数据资源的共享交换，搭建全区各部门库、6 大主题库，规范数据资源库建设，实现各部门之间信息共享和协同工作，为各智慧应用提供数据支撑。

3. 余江智治中心

建设数字余江智治中心，汇集智慧党建-人才、智慧水利、智慧林业、智慧环保、智慧产业、智慧农业 6 大智慧应用，提升城市治理水平，提高城市运行管理效率。

1）智慧党建-人才

建设余江人才综合服务门户、余江人才综合服务后台管理系统和余江人才综合服务小程序 3 部分，旨在聚焦人才服务，引导产业发展，充分利用现有人才资源、技术资源、经验积累等，带动余江区经济健康发展。智慧党建-人才如图 1 所示。

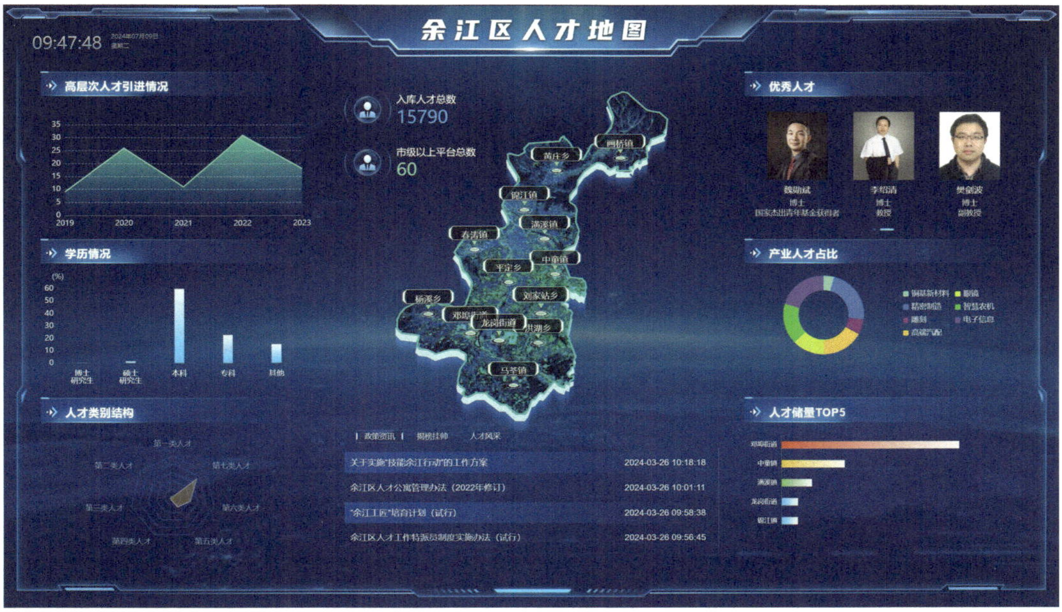

图 1 智慧党建-人才

2）智慧水利

建设全域统揽一张图、巡检系统、水利物联平台、全域统揽管理系统、智慧治水数据管理系统，充分运用大数据、物联网、云计算、5G 通信、人工智能等先进技术，加强技术与业务的深度融合，以信息化推动余江区防洪防汛应急管理现代化，加快现代信息技术与防洪防汛管理业务深度融合，构建科学、全面、开放、先进的防洪防汛管理信息化体系。智慧水利如图 2 所示。

图 2 智慧水利

3）智慧林业

建设余江智慧林业平台，该平台集智慧林业一张图、天空地一体化火情监测预警模块、林业有害生物及防灾减灾模块、林草生态系统碳汇监测模块于一体。通过整合遥感技术、大数据分析、物联网等先进技术手段，实现对余江区森林、农田等自然资源的全面、精准、高效的监测与管理，为生态保护决策提供科学依据，推动区域生态环境的持续改善和可持续发展。智慧林业如图 3 所示。

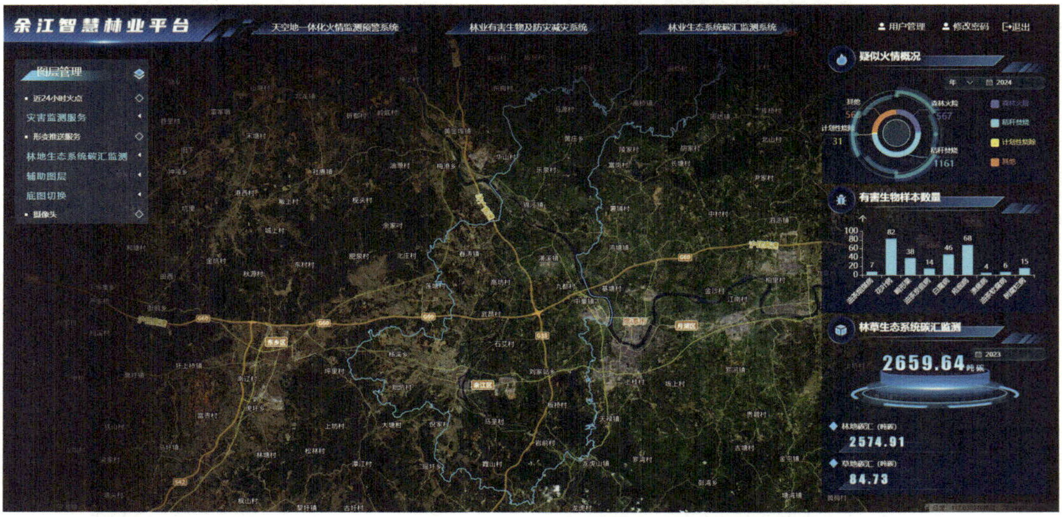

图 3 智慧林业

4）智慧环保

建设生态环境综合大数据展示平台、GIS 综合监管一张图系统，平台基于物联网技术，将环境感应器、装备嵌入各种环境监控对象中，实现对主要环境敏感水体、大气环境质量的全面感知，通过超级计算机和云计算将环保领域的物联网整合起来，构建生态环境大数据技术框架。智慧环保如图 4 所示。

图 4　智慧环保

5）智慧产业

建设 AR 元宇宙体验舱、智慧产业平台，聚焦于余江区的主导产业，打造和完善智慧产业招商系统。利用大数据和人工智能技术，实现产业链与数字化的深度融合，突破微观分析的局限性，明确本地产业链的优势和薄弱环节，有针对性地实施强链补链措施。同时，深化服务本地企业，精准引入外部优质资源和企业，优化产业结构，强化优势产业和新兴产业的发展。智慧产业如图 5 所示。

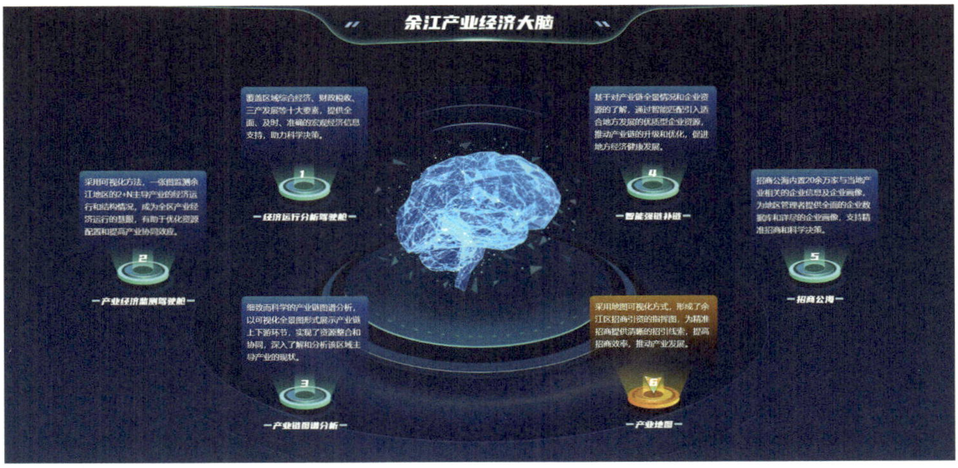

图 5　智慧产业

6）智慧农业

建设余江区农牧林大数据平台，包含振兴之窗、实景导览、现代农业、农产追溯、乡村文旅、本地就业、应急管理 7 大板块，作为区域数字化的“中枢大脑”，横向融合产业链一二三产各环节运行数据、产品交易数据，纵向汇集物联传感、视频感知、产业经营、数字应用等各项数据，按照数据采集、数据存储、数据分析、数据反哺应用的工作逻辑运行，是乡村产业发展的有力抓手和综合窗口。智慧农业如图 6 所示。

图 6　智慧农业

三、创新亮点

本案例将大数据、物联网、人工智能、AR 等技术和余江区经济、产业实际相融合，基于物联网平台、大数据平台等共性支撑平台，赋能各类城市应用，构建了一批区县级新型智慧城市特色应用场景。

1. 数据共享机制强化数据赋能

从制度上、平台工具上完善数据共享机制体制，建立一体化的政务数据共享体系。在制度上，建立数据专员制度，由各部门设立数据专员，明确部门数据共享工作和业务流程，负责本部门数据资源、需求梳理以及数据资源共享相关工作，同时建立了项目审批与数据共享联合审批机制，按照信息化项目建设管理办法要求，将新建信息化项目数据共享作为项目验收的必要条件，从源头上解决了数据共享及更新问题；在平台工具上，通过建设数据资产普查系统、数据融合服务平台、数据共享交换平台，赋予全区数据采集、数据治理、数据开发、资源管理、数据共享等共性能力，为后续数据赋能智慧城市应用建设提供强有力的支撑。

2. 物联网实现全面监测感知

物联网技术通过无线传感网络、互联网等技术手段，将城市中的各种设备和系统连接起来，形成一个庞大的信息交互网络。在获取了丰富的城市信息和数据后，物联网技术通过数据分析和智能算法，可以对这些信息进行处理和分析，从而实现对城市运行状态的智能预测和决策。从水利、林业、农业和环保的管理角度出发，围绕水利设施管理、森林协同管理、林业防火、林农业病虫害防治、林业碳汇管理、空气治理、水环境治理等重点工作，一是扩大感知范围，补齐重点区域视频监控等感知设备；二是提升精细化的监测水平，利用现代信息服务技术，实现实时在线监管，并对大量的监测数据进行决策分析、趋势分析，切实降低管理成本，提升管理水平；三是提升应急调度能力，利用物联网平台预测、报警功能，辅助应急管理工作，防止出现突发性事故，提高了事故预警预测能力。

3. 算法模型辅助数据分析

将余江有害生物的空间地理信息和属性信息关联，实时地标出有害生物病虫害发生位置，并关联查询相关预防方法和防治技术。根据有害生物病虫害发生规律，以病虫害起源地为中心通过系统的缓冲区分析和叠加分析功能，可视化地标识出有害生物病虫害发生程度和扩散区域，通过红色闪烁进行预警预报，实现病虫害可视化预警和预报功能，并建立余江区病虫害样本库，通过数据标注学习和知识图谱优化提升样本库，提高了智慧林业、智慧农业病虫害智能识别速度和准确性。

4. AR 打破传统招商模式

围绕余江区产业链分析，以眼镜、雕刻等区域主导产业为切入点，主要依托人工智能（AI）/增强现实（AR）/空间定位（SLAM）/3D 建模/全息空间多媒体显示等行业多种尖端高新技术，实现产业链和数字化深度融合，采用 AR 智能眼镜构建基于增强现实技术的沉浸式智慧招商元宇宙体验舱，将三维城市模型、产业布局、产业链图谱数据以形象直观的 3D 全息呈现方式，让在外地的客商通过沉浸式的体验，深刻了解余江地理环境佳、产业基础好、创新活力强、营商环境佳、城市功能全等投资优势。

四、推广价值

1. 社会效益

通过本项目实施，有效提高公共服务水平和城市管理水平，提升政府公众形象；同时助力优化政府基础工作方式及数据采集方式，为领导提供全面的、全景的、多维融合的、可视化的信息服务，辅助领导科学决策；提升跨部门、跨领域、跨系统的办公协作，促进政务部门的资源共享和业务协同，提高政府办事效率；充分结合本地区现有独特的能源资源、经济资源、文化资源、历史资源等优质要素，通过挖掘与创造、调整与优化，重塑城市的核心价值与整体形象，打造独特的城市品牌，彰显城市文化的个性与魅力，全面提升城市的品牌形象和在国内外的影响力，具有巨大的社会效益。

2. 经济效益

经济建设效益主要体现在改善城市发展环境、转变经济增长方式、实现经济结构转型升级、增强城市综合经济实力及辐射带动整个地区经济发展的诸多方面，具体包括：推动管理创新和体制创新，改造传统业务流程，促进生产经营方式由粗放型向节约型转变；通过智慧城市建设，推动物联网、云计算相关的先进制造业和新兴服务业的发展，在资金、技术、人才、能源等方面积极带动核心及周边地区产生辐射和影响，促进整个区域协调发展和共同繁荣；促进物联网等新型基础设施建设，推进面向城市全覆盖的通信、导航、遥感空间基础设施建设和运行，推动智慧城市发展。

3. 推广应用价值

数字余江通过城市各种信息系统进行互联和技术的综合应用，达到“强政、兴业和惠民”的社会目的，实现城市的可持续发展。一方面，高效利用城市空间，提高城市管理与改善居民生活环境，可以利用智慧城市的“智慧”为解决这些问题提供支撑；另一方面，信息技术与城镇应用的融合催生城镇智慧化应用及产业发展，拉动产业投资，推动城市产业转型与经济发展。

“地质+数字乡村”智慧云平台

谭文专　熊忠招　吴剑

湖北省国土测绘院

湖北天地云地信科技集团有限公司

一、建设背景

习近平总书记在党的二十大报告中强调：“加快建设农业强国，扎实推动乡村产业、人才、文化、生态、组织振兴。”新时代以来，随着数字化技术快速发展，“数字化”逐步拓展覆盖到乡村生产、生活、文化等多个方面，而数字乡村是伴随网络化、信息化和数字化在农业农村经济社会发展中的应用，数字乡村建设是实现乡村振兴的重要举措，是实现农业农村现代化的重要途径，也是建设数字中国的重要内容。

近年来，国家相继出台了一系列政策文件，不断完善数字乡村顶层设计。在国家政策指引下，各地区以试点先行的方式，因地制宜建设数字乡村。2021 年湖北省委网信办、省农业农村厅等 7 部门联合印发《关于公布湖北省数字乡村试点地区名单的通知》，十堰市竹山县列入试点名单，明确从数字经济、惠民服务、乡村治理等 7 个方面入手开展数字乡村建设工作，通过发挥数字乡村的示范引领作用，探索出一条具有当地特色的数字乡村发展之路。

竹山县溢水镇何家湾村是湖北省地质局“联县驻点”帮扶村，为发挥地质作用助推乡村振兴服务农业农村现代化，局属二级单位湖北省国土测绘院在深入调研的基础上，结合何家湾村实际需求，建成全省首家“地质+数字乡村”智慧平台。以三维倾斜模型为基础，全方位展示乡土乡情、民俗文化、旅游资源、基础设施、特色产业、发展重点等系列新农村风貌，并结合村域自然资源现状，融入土壤富硒、地质灾害调查监测、林业森林碳汇等相关地质元素，为当地优化生态布局、调整产业结构提供基础支撑，通过发挥地质作用和优势来服务乡村振兴。

二、建设内容

1. 总体架构

“地质+数字乡村”智慧云平台按照“1+1+1+N”的总体结构建设，如图 1 所示。

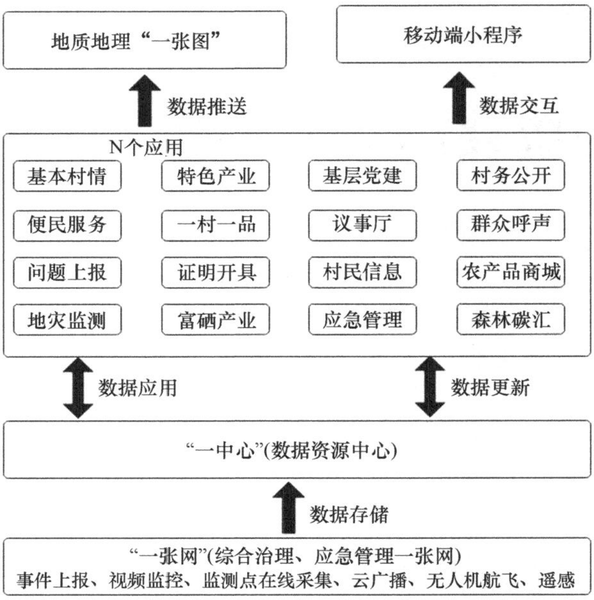

图 1　总体架构

一张图：以电子地图、遥感影像、三维倾斜模型等多类型、多尺度、多时态的空间数据为基底，建设包括乡村资源、产业分布、地质灾害、乡村治理等各类专题图在内的地质地理“一张图”。

一张网：在村域范围内，布设视频监控、IP 广播喇叭、地质灾害监测、水质及气象监测等物联网感知设备，通过对动态收集的监测信息进行识别预警，构建形成乡村综合治理与应急管理“一张网”。

一中心：按照“资源整合、统一接入”的要求，对村庄内人口、资源、经济、产业等相关数据进行整合，搭建统一的“一中心”（数据资源中心）。

N 个应用：基于“一张网”和“一中心”，面向农户、村委会工作人员、社会公众建立涵盖村务管理、基层治理、基层党建、农村电商、地灾应急、富硒产业、森林碳汇等在内的多个业务应用。

2. 系统功能

“地质+数字乡村”智慧云平台包括“地质+数字乡村”综合服务系统、数字乡村微信小程序、数字乡村后台管理系统 3 个部分。

1）“地质+数字乡村”综合服务系统

利用无人机倾斜摄影三维建模，构建以“实景三维村庄”为基底的可视化大屏，如图 2 所示，包含地质地理、村民信息、基层党建、村务公开、便民服务、智慧农业、社会治理、共同缔造等模块，实现对村域内重点人员、房屋坐落、集体资产等资源要素进行精准定位、汇总分析，在辅助乡村治理、促进村务综合管理的同时，推动乡村农业产业发展。

图 2 “地质+数字乡村”综合服务系统

2）数字乡村微信小程序

为提升公共服务能力，以微信小程序为入口，聚焦群众办事服务、农产品销售、村情反馈等所关心事项，面向群众提供新闻宣传、政策推广、事务公开、在线办事、信息上报、群众呼声、农村电商等功能。把服务送到田间地头、送到群众手中，畅通村情民意表达和参与乡村治理的线上渠道，打通了服务群众的“最后一公里”，如图 3 所示。

图 3 数字乡村微信小程序

3）数字乡村后台管理系统

对数字乡村综合展示系统及数字乡村微信小程序进行内容维护管理和业务支撑，包括各类新闻信息的发布更新、业务数据的维护、政务数据的审核处理、订单信息的查看及发货物流信息更新等，如图 4 所示。

图 4　数字乡村后台管理系统

3. 应用场景

1）三维实景助力精细化管理

在“实景三维村庄图”中，村域内道路、山体、森林、河流、房屋等要素立体化、全景式呈现。结合村务管理现状，将人员、房屋、资产信息与三维实景相结合，实现属性描述与地理位置的有机融合，形成人-房-位置信息的动态联动，促进村务综合管理。更进一步地对村内党员、“三类人员”、残疾人、留守群体、低保户、监测户等进行分类标注，在方便对人员管理查看的同时，促进乡村精细化管理，如图 5 所示。

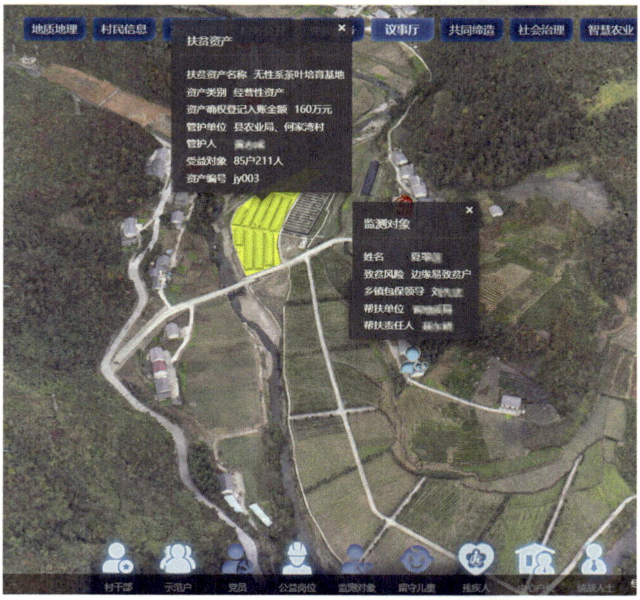

图 5　人房信息查询

2）地质地理摸清资源家底

在资源统筹方面，为农业发展绘制包括土地利用、土壤富硒、森林碳汇、地质灾害、村情村貌、网格管理等专题地图形成地质地理“一张图”，以直观的图属结合的方式对村域内的土地利用、资源分布、规划布局等情况进行展现，在出现耕地“非粮化”、项目建设占地、产业布局发展等需求时，辅助开展分析决策。为乡村统筹自然资源保护利用提供参考，为农业发展和宏观决策提供辅助支撑，如图6所示。

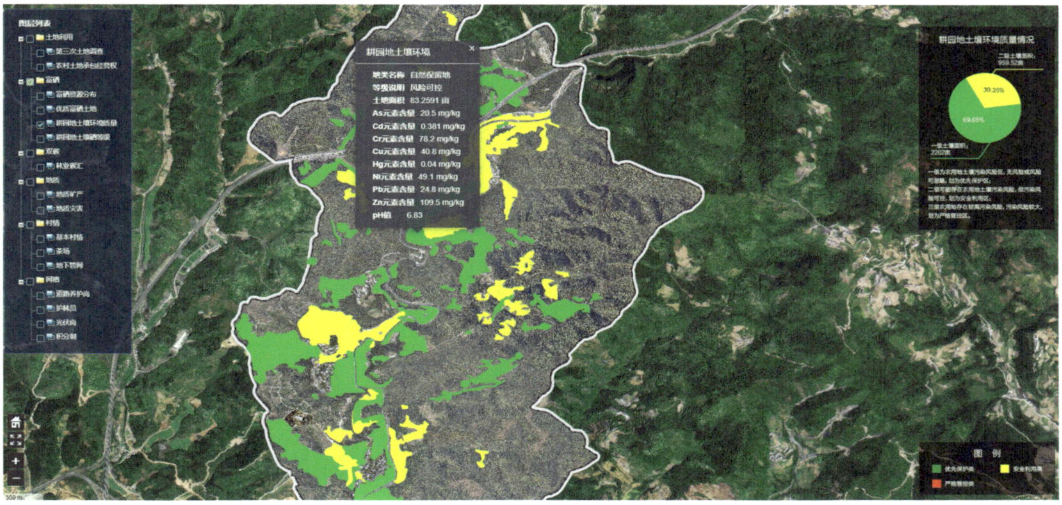

图6　地质地理一张图

3）物联感知赋能应急管理

平台接入云视频监控、IP广播喇叭、地质灾害监测、水质及气象监测等物联网感知设备，并在三维模型中进行位置标注。通过数据对接，将实时获取的物联设备监测数据，在平台中进行识别预警。在掌控农村生产生活动态的同时，有效引导村民积极参与人居环境整治，助力平安乡村建设，如图7所示。

4）指尖服务提升治理效能

村务管理人员能定期发布所需收集的信息内容，村民通过小程序进行填报，在方便村民的同时减轻工作人员信息收集压力。同时，村民还能利用微信小程序对村内的环境卫生、矛盾纠纷、产业发展等问题进行上报反馈，针对村民日常需要开具的家庭困难情况、补办社保卡证明，也可直接在小程序上进行申请办理，让“数据多跑路，村民少跑腿”成为现实。

5）数字惠农促进农民增收

通过农产品网上商城，实现农副产品上架、销售、物流运输及售后一体化，并以电子消费券、折扣券等多种方式配套开展消费帮扶，拓宽村民自产优质农副产品销售渠道。同时，将实景三维、VR全景、村域路线导航、旅游资源指引等多种方式相结合，

图 7　物联感知赋能应急管理

实现旅游景点线上的吃喝玩乐一体化信息查看，推动乡村旅游产业发展。

6）线上发声共筑幸福邻里

采用线上议事、在线投票、意见征集、网上协商等多种方式汇聚民意民智，建立起“民意上报-情况审核-处理反馈”的闭环管理机制，在共筑幸福邻里的同时，实现乡村建设人人参与，美好环境与幸福生活共同缔造。

三、创新亮点

1. 发挥地质作用，促进乡村振兴

地质工作是国民经济社会发展的先行军，具有基础性、公益性和战略性作用，在资源保障、防灾减灾、乡村土地管理、现代农业发展、乡村文化建设等方面能为数字乡村建设提供必要的、有力的基础支撑。通过实地调查和数据分析相结合的方式，开展乡村森林碳汇价值估算、耕地质量普查、土壤环境调查、土壤富硒调查，挖掘乡村资源利用潜力，推动生态价值转化为经济价值。

2. 融合数字孪生技术，实现乡村全场景感知

融合空天地一体化、实景三维模型、大数据监测预警与分析等技术，面向乡村治

理、环境、产业、文化、民生5类场景，实现数字乡村“感知-业务-服务-决策”全链条业务创新，以动态监测与场景化服务，提升乡村治理精细化水平。

3. 构建多场景应用，推动乡村公共服务能效提升

通过小程序搭建起村情民意表达和参与乡村治理的线上渠道，围绕群众办事、村民议事协商、民情反馈等日常管理焦点，构建问题事项上报、证明开具、意见征集投票等服务，结合便民利民服务信息发布、村务公开等内容的建设，将最新的党政新闻、政策动态推送到广大群众手机上，实现“民主到人，党政到户”，推动乡村公共服务能效提升。

四、推广价值

1. 建设成果

基于平台建设成果，已主导制定数字乡村地方标准1项，获得国家专利2项，软件著作权3项，科技成果登记1项，并在2023数字乡村发展与合作大会中，“地质+数字乡村”智慧云平台荣获数字科技（乡村振兴）创新应用优秀成果奖。

2. 推广应用

自“地质+数字乡村”智慧云平台建成以来，其地质赋能乡村振兴的模式，多次被“学习强国”、今日头条、荆楚网、《湖北日报》、湖北省人民政府网等多家新闻媒体上所宣传报道，取得了较高的知名度，吸引周边乡镇及外地观摩团进行考察学习。近年来，何家湾村在数字地质赋能下，产业迎来了新的发展机遇，实现270亩茶园富硒认证，茶叶附加值远超以往；并建设100亩绿色富硒农产品的标准化、数字化、智能化生产观光基地，打造富硒大米品牌，实现富硒农产品提档升级、提质增效。当前平台已成为外出务工村民实时了解家乡变化、咨询惠农政策、日常事务办理、参与村庄建设的新路径。平台成果已陆续推广至湖北十堰、宜昌、黄冈、恩施、襄阳、咸宁等多地。

东莞松山湖智慧水厂项目

张小强　巢猛　黎锦泉　武宝凤　程启　徐大贵　朱智　胡田力　王洋

东莞市水务集团供水有限公司
上海昊沧系统控制技术有限责任公司
北京市市政工程设计研究总院有限公司

一、建设背景

在“数字中国”建设的浪潮下，国家“十四五”规划对数字化和水务行业的新发展提出明确要求，水务数字化转型已成为必然趋势。数字水务作为数字经济的重要组成部分，是提升公共服务、社会治理数字化与智能化水平的关键。在“生态文明”理念和“碳中和”目标的指引下，城镇涉水事务的建设、运营与服务综合能力亟待提升。水务产业化发展仍处于初级阶段，亟须构建数字化产业链，打通“水安全、水资源、水生态、水景观、水环境、水管理、水经济”的经济社会循环，助力水务行业运营、管理、服务模式的数字化升级与创新。

珠三角水资源配置工程是国务院要求加快建设的重大水利工程，也是粤港澳大湾区建设规划的重要水利基础设施。东莞配套松山湖水厂一期工程的建设，对东莞市经济社会发展意义重大。松山湖水厂以打造“国内一流，国际领先”的智慧水厂为目标，聚焦品质提升、精细化管理、环境优化和新技术应用，旨在实现精细化过程控制、低碳安全运行，增强运营管控能力，提升水司核心竞争力，同时为东莞水务集团智慧水厂集群建设树立标杆。

二、建设内容

本项目由上海昊沧系统控制技术有限责任公司建设，北京市市政工程设计研究院有限公司设计，东莞市水务集团供水有限公司负责运行管理。建设内容涵盖智慧运营管控平台、智能工艺及控制优化运行系统、大屏显示系统、无线覆盖及人员定位系统、超融合基础设施、机械健康诊断系统等。

1. 总体架构

东莞供水公司制定了“1+3+N+3”的智慧水厂业务总体规划，在智慧水务管理的先进架构中，“1 个平台”担当核心枢纽，统筹协调各体系与系统运转，保障信息高效流通与决策精准快速。“3 个体系”分别对应不同管理职能与业务诉求，是智慧水务管理的稳固三大支柱。“N 个系统”依据特定业务流程与功能需求精心打造，借由智能化手段显著提升运作效率与安全水平。“4 个目标”精准锚定智慧水务管理的终极追求：实现智慧赋能、确保安全可控、达成高效节能、践行绿色低碳。智慧水厂业务总体规划如图 1 所示。

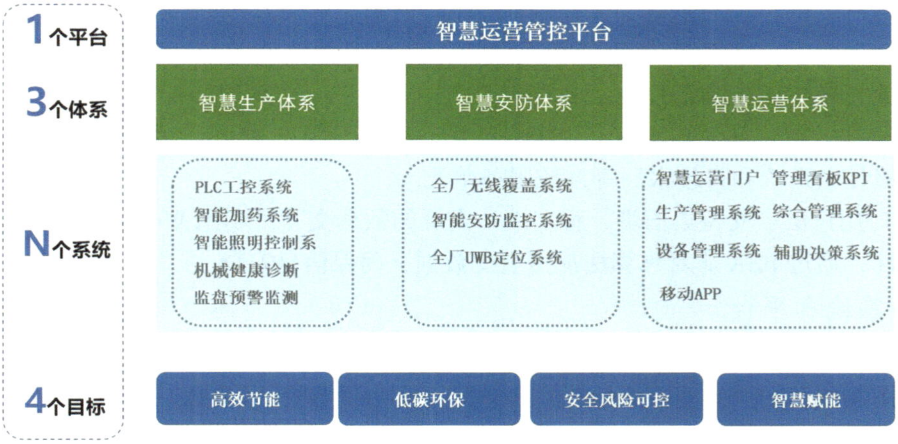

图 1　智慧水厂业务总体规划

构建了智慧水务的 5 大核心层级，即感知层、数据层、平台层、业务层和用户层。这一架构为东莞市所有水厂及厂站的业务管理提供了全面高效的技术支撑，实现了涉水业务的全要素智能化整合，如图 2 所示。

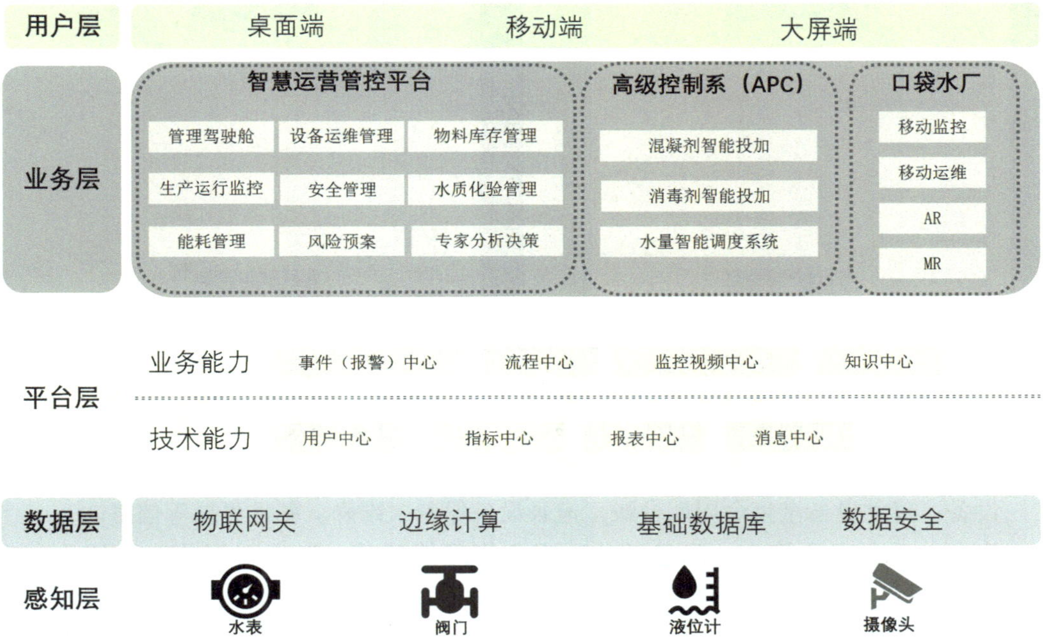

图 2　智慧水厂系统架构

（1）感知层：基于 HBase 的分布式时间序列存储，接入生产设备、仪器仪表等数据，兼容多种设备协议，并新增部分感知层设备，打破信息孤岛，提升数据查询效率。

（2）数据层：为上层平台提供算力、存储等基础支撑和运行环境，保证系统稳定、安全、高效运行。

（3）平台层：采用微服务分布式架构，打造组件化资源包，实现业务能力重用，提高系统扩展性和并发能力。

（4）业务层：遵循多租户、"统一认证、分权分域"原则，提供智慧运营管控平台、高级控制系统和口袋水厂等系统服务单元。

（5）用户层：支持桌面端、移动端、大屏的数据交互，利用 WebSocket 技术保证数据实时性，通过 RSA 非对称算法加密重要数据，确保信息安全。

2. 系统和平台

通过信息化建设，系统性解决了水厂信息孤岛、数据分析能力不足、运维困难等问题，如图 3 所示。

图 3　平台部分功能

生产：通过智能网关采集自控 PLC 数据，同步至手机端及业务系统，方便查看数据、报表、告警等信息；通过生产巡视检查降低各类隐患。

设备：建立设备全生命周期台账，记录设备保养、维修、备件更换等信息。

安全：整合安全检查、隐患整改、应急管理等环节，实现智能化、精细化安全管理。

化验室：规范数据录入、药剂检测、数据分析等工作，提高化验室工作效率和管理水平。

辅助决策：建立科学办公流程，综合运用数据，为设备故障诊断、生产调度等提供辅助决策支持。

3. 典型应用场景

1）数字孪生水厂

依托 BIM 模型、物联网及数字孪生技术，集成水厂的建筑、设备、管网等设施，利用三维可视化手段，精准地在数字空间中再现了水厂的运营流程及全要素信息，实现水厂的立体直观地展示与日常管理的智能化，保障运行的科学性、高效性、安全性及智慧化水平，如图 4 所示。

图 4　数字孪生水厂

2）智能加药

分析进水水质参数与药剂投加量关系，建立加药模型，根据水质参数自动计算药剂投加量，并通过校正自学习模块优化，提高出水水质稳定性，减少药剂浪费。

分析进水水质参数与药剂投加量之间的关系，建立加药模型，根据各种进水水质参数如流量、浊度、温度、pH、余氯等自动计算出相应的药剂投加量。并通过校正自学习模块，以沉后浊度作为评估指标，分析本次投加是否需要校正以及作为新样本训练模型。进一步提高出水水质稳定性，减少药剂浪费。智能加药如图 5 所示。

3）进出水水量智能调度

结合水厂历史数据和实时变化，动态预测未来全天进、出水量，并控制进、出水量设定值和水泵运行频率，稳定清水池液位，实现水泵泵组联动控制，避免出现水泵超载

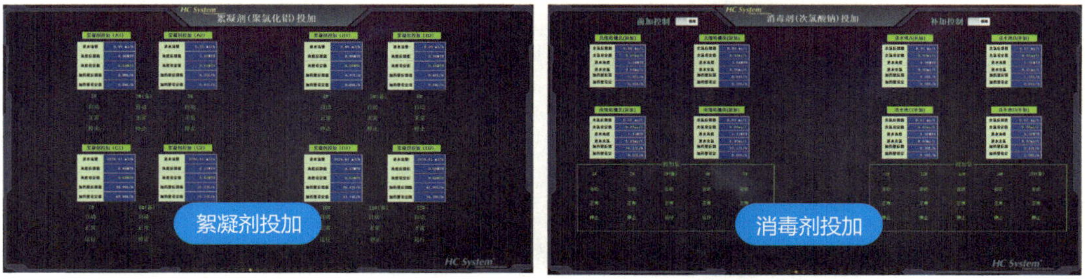

图 5　智能加药

启动、电机故障、水泵损坏、水锤扰动等情况，保障水厂和供水系统稳定运行，如图 6 所示。

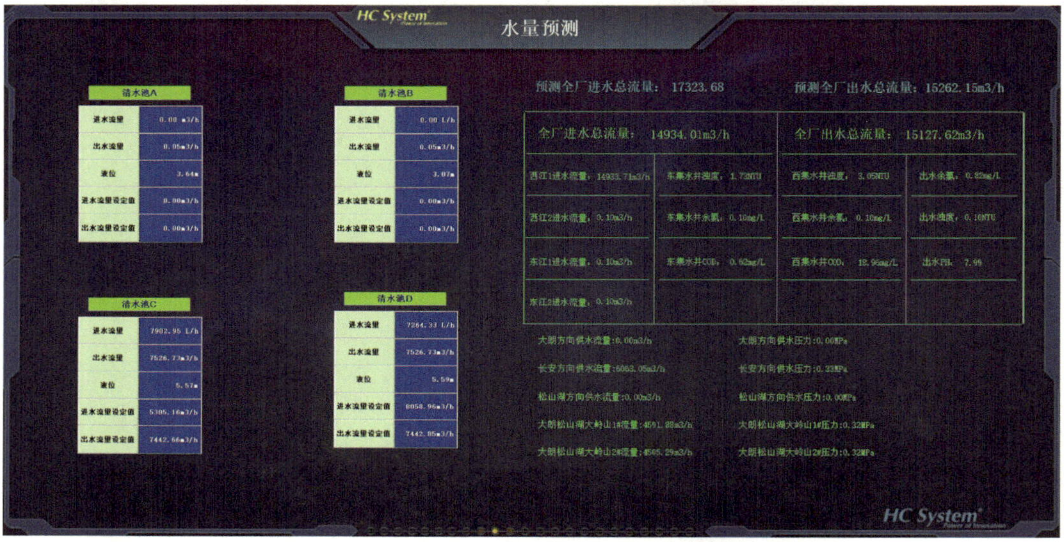

图 6　水量预测

4）水泵性能优化运行

持续监控水泵性能，与标准性能对比，计算水泵效率并合理分配运行任务，使水泵运行在最佳效率点，达到节能降耗、延长使用寿命的目的。

5）智慧决策保障生产

专家自定义诊断规则，系统根据规则判断并生成工单，推荐故障原因和处置方案，工作人员响应后，系统统计规则使用情况，负责人据此持续优化规则，如图 7 所示。

6）机械健康诊断

集数据采集、状态监测、故障诊断、健康评估等功能于一体，实时监测设备运行状态，利用数据分析和智能算法评估设备健康状况，实现故障早期预警和精准诊断，保证相关生产设备的安全、高效、长周期的优质运行，如图 8 所示。

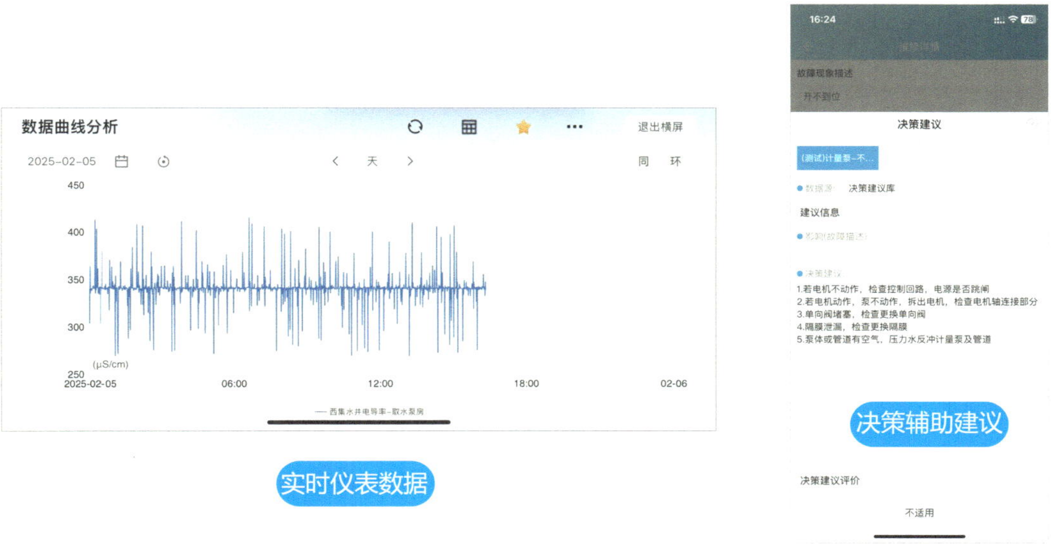

图 7　智慧决策

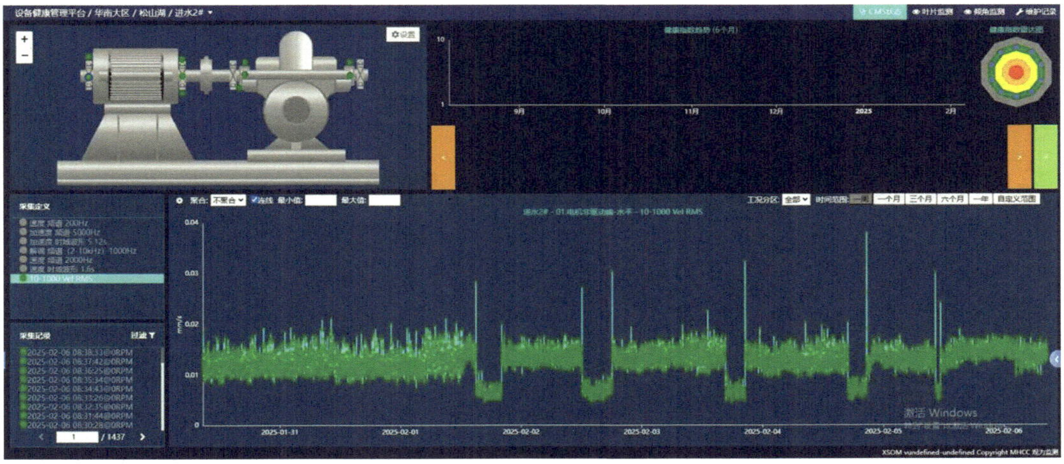

图 8　机械健康诊断

7）智能监盘及预警

对水厂运行参数和设备运行状态进行数据建模和智能监控，构建模型并通过健康量化指标实时监盘，自动识别异常并预警，降低运行人员工作强度，提高工作效率和设备安全性，如图 9 所示。

8）口袋水厂运营

打破空间限制，通过移动 App 实现随时随地掌握生产和设备运行情况，采用流程化移动作业，保障规范化运营，如图 10 所示。

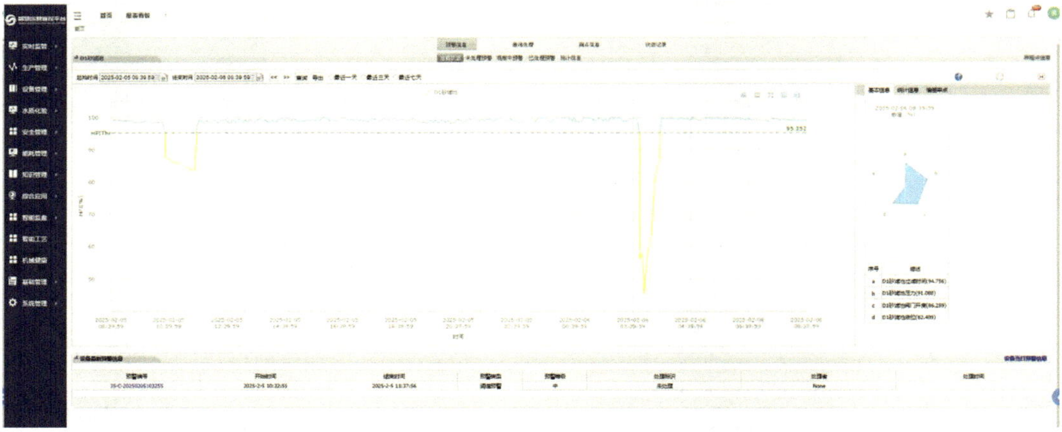

图 9　智能监盘

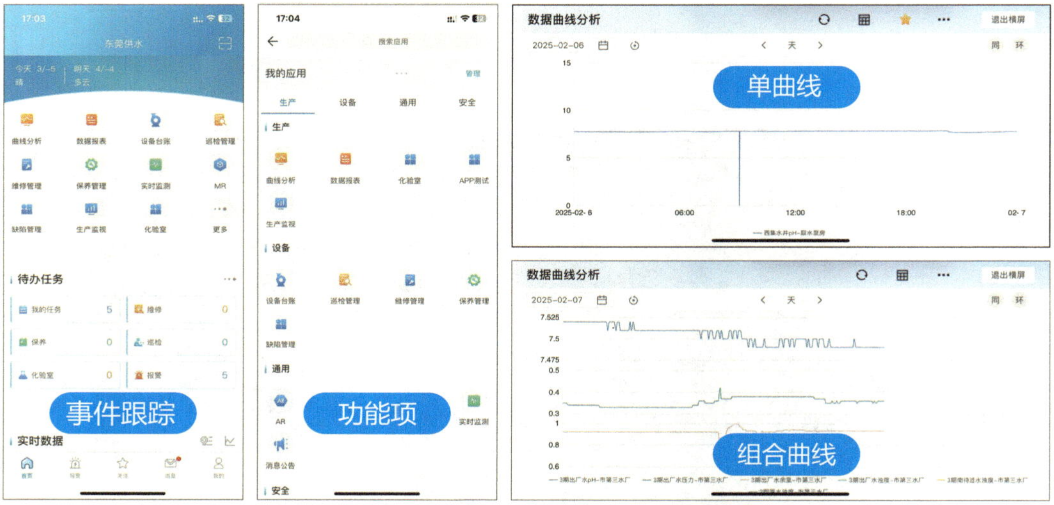

图 10　移动 App

三、创新亮点

1. 混凝剂智能投加控制

基于“前馈+模型+反馈”多参数控制模式，结合多种水质参数建立数学模型，实时计算并动态调整混凝剂投加量。该系统能实时监测数据并自动调整加药量，具备智能学习功能，支持远程访问控制，突破传统加药模式，解决了加药精度差和水质波动大的难题，为水厂数字化转型提供了可复用技术框架。

2. 水量智能平衡调度

基于水厂历史进出水量数据和清水池液位实时监测，运用大数据技术和机器学习算法，建立预测模型，精确预测未来全天进、出厂水量，并进行灵活调整，确保清水池液位稳定，提高了供水系统的整体效率和稳定性，减少了对人工经验的依赖，为水量调度提供了科学依据。

3. 水泵智能控制优化运行

通过精确计算水泵实际运行效率，依据效率科学分配泵组运行任务，结合变频调速技术按需调频，实现节能降耗。同时，利用高级监控与预测性维护系统，结合大数据分析和机器学习技术，预测设备维护需求，提前预警潜在故障，减少设备磨损及突发故障，延长设备使用寿命，提升了水泵系统在复杂工况下的运行效率，还降低了长期运营成本。

4. 机械健康诊断

利用算法模型和多信息融合技术，深入理解机组设备特性，分析故障机理，识别故障模式，对设备数据进行智能分析，精准评估设备运行状态，自动识别故障特征频率，快速定位故障源，实现预知维修，根据设备实际状态制定最佳维修周期，避免传统定期维修的盲目性，降低备品备件费用，提高设备完好率。

5. 智慧巡检

通过 BIM 漫游、摄像头及巡检点结合，对应的巡检点显示对应视频及对应设备参数及仪表数据，实现人员远程巡检，减少人员巡检频次，提高人员效率，降低运维成本。

6. 故障应急协助

打破空间及个人能力局限，一键远程求助专家，借助视频通话、冻屏、标注、资料共享等功能，快速定位问题点，进一步拓宽人员技术水平。

7. MR（混合现实）所见即真实

采用 MR 技术，合并现实和虚拟世界，在移动端实现水厂模型、业务数据可视化呈现和互动，为展示、汇报、协作提供强有力的支持。

四、推广价值

1. 采用可扩展易运维的系统架构，先灵活后固化的建设路径

在系统建设初期，全面梳理业务流程，定制开发符合本地实际的运营系统。打破过去工作的思维定式，采用先灵活后固化的方式，设计可自定义配置的系统满足初期业务需求，随着业务发展逐步固化，提高系统运行效率。同时考虑到业务的拓展及远期规划，系统要具备良好的扩展性，支持业务拓展和新接口接入，适应未来发展。

2. 统一信息共享

建立统一的信息共享平台，实现不同部门和单位之间的数据对接和信息共享。可以借助互联网和云计算技术，打破信息孤岛，提高整体水务管理的协同性和效率。

3. 绿色低碳运营

通过智慧水厂建设，利用数字孪生、大数据、人工智能、算法模型等先进技术对生产全流程进行在线监督与控制，确保出厂水质稳定达标，为企业和公众提供优质服务。同时，践行“双碳目标”，深挖节能减排潜力，打造绿色低碳水厂。

4. 数智化新型管理模式

通过智慧水厂系统平台的建设，实现“大屏”观趋势、“中屏”管业务、“小屏”做执行，为管理决策者、业务板块负责人以及一线员工在同一平台实现3个不同维度的业务管理需求。

利用数字化工具革新传统管理手段，实现人员、设备以及业务全在线，基于一个平台实现“三屏”数据的互联互通，实现数据的智能分析、报表或报告的智能生成、设备或工艺的智能预警、人员的智能监督等智慧化管理方式，大大提升工作效率。最终以标准化、科学化以及智慧化的方式对水厂践行数智化的新型管理模式。

5. 加强智慧水务运营团队组建

智慧水厂运营需要具备综合素质的团队，合理配置各专业人才，通过培训和轮岗提升成员综合技能。在人才不足时，适当引入专业技术人才，并建立完善的人才培养体系。

武汉军山水厂扩建工程智慧运维管理平台

曾英　史登贵　彭琦

武汉车谷供水实业有限公司
上海昊沧系统控制技术有限责任公司

一、建设背景

军山水厂建于2016年，位于军山片区京珠高速公路与汉洪高速公路交汇东北侧，由武汉车都供水实业有限公司负责运营，现状供水服务范围为军山、常福、奓山片区。2016年一期工程建成通水，建设规模 9×10^4 立方米/天，现状占地面积8.15公顷。近年来，军山片区的社会经济发展速度较快，2019—2021年，区域最高日供水量已达到8.7 $\times10^4$ 立方米/天，负荷率达到96.7%，最高日情况下军山水厂已基本处于满负荷运行状态。在此背景下启动了二期扩建工程，本次扩建工程在保障群众用水增量的基本需求下，同时对水厂生产管理模式提出了更高的要求，贯彻落实“十四五”以科技自立自强为战略支撑、促进数字经济和实体经济深度融合的发展要求。公司提出了创建“数字化运营管控新模式”，以实现精细化管理，在保障生产品质的情况下提质增效。

二、建设内容

本项目建设单位为上海昊沧系统控制技术有限责任公司，运营管理单位为武汉车谷供水实业有限公司。项目是以“扩产能，拓市场，调水价，强服务”为12字方针主导方向，利用大数据、物联网、人工智能、BIM、云计算、数据可视化等技术，构建一套应用于自来水厂的数字孪生管控体系、设备生命周期管理体系、集约化与移动化运营系统、协同一体的安防体系、大数据分析和科学化决策体系的数字化整体解决方案，从而促进车都供水实业提升供水品质，确保供水安全，实现“精益生产”的发展目标。

1. 总体架构

总体架构如图 1 所示。

图 1　总体架构

1）数据采集层

提供各种信息数据来源的主要入口，包括整个生产链路的各种在线仪表、设备、传感器、摄像头、RFID、设备二维码标牌等数据。

2）现场控制层

各系统以支持现场生产为第一原则，是各类设备、仪器/仪表的管理平台，原则上与运营管理层独立，互不影响。其中，自控系统要求高度稳定且安全，SCADA 是实现下控的唯一入口，其系统数据与运营管理功能数据来源皆是 PLC，“双平台”数据可对比校验。安防系统支持各厂家的设备配置及运行管理，通过开放接口提供功能或数据集成，为运营管理层提供数据及功能服务。

3）数据管理层

实现了统一信息管理门户，在一个物联网平台实现了各类数据的采集、汇聚、管理应用。围绕应用构建、应用支撑、业务服务支撑、公共服务、运行维护等方面建立技术支撑平台，为微应用提供开发框架支撑，对公共组件的复用进行统一管理，提供云端协同开发，支撑开发运维一体化，具有较强的集成性与扩展性；通过微服务技术构建技术中台、数据中台和业务中台，打造成组件化的资源包，将核心业务能力以服务的方式进行有效沉淀，实现了服务在不同场景中的业务能力重用。

4）运营管理层

提供用于企业内各部门用户使用的系统服务单元，根据不同的用户，分类为工艺运营管理提供的生产运行监控系列功能，为设备运维保障部门提供设备运维管理系列功能，及满足日常业务及人员管理的综合管理应用。通过本次建设，在功能上帮助企业统一制水业务的数字化管理制度，最终实现高效运营。

5）决策支持层

为企业管理者实现生产业务全场景数字展示，充分利用可视化技术及数据挖掘技术，打通传统作业的壁垒，基于人在线、设备在线、业务在线，实现业务全链条协同管理，为企业战略发展发挥决策辅助作用。

2. 系统和平台

通过军山水厂智慧运维管理平台的建设，全面提升企业的生产管理效率和运营水平，实现“精益生产”。

1）构建数字孪生管控体系

以设计、施工阶段的 BIM 模型数据和业务数据为基础，结合运用“BIM+IoT”融合技术，确保设计、施工、运维全生命周期数据的完整、准确传递及转换，以针对运维业务需求按需展示的、具有多种模型数据查询显示功能的可视化服务，进行制水生产设施多维度数据集成及可视化展示，如图 2 所示。

图 2　BIM 可视化

2）构建中央一体化与移动化运营体系

能对水源地及水厂实现远程监视，对现场设备设施及工艺流程中的真实运行采集的数据做专业分析，以表格、饼状图等可视化的方式展现，实现在调度中心或者中控室看到的数据与现场画面一致，管理和运行人员不去现场也能全面掌控水厂的运行情况，提高工作效率。借助移动应用 App 实现对平台上的各设备设施的运行状态进行集中管控，用户可通过移动应用轻松查询已在软件平台上配置的所有测点的实时数据和信息，并以适合移动设备展示的方式浏览和操作使用，办公不再局限地理位置与场合，极大地提高了生产、运营的效率，如图 3 所示。

图 3 综合看板

3）构建大数据分析和科学化决策体系

提供用于数据挖掘和智能分析用的数据看板，专业的数据分析和报表的集成方案。通过对整个生产过程数据的统计，令各级管理人员和调度人员能够及时、准确、全面地了解和掌握生产的实时数据和历史数据。管理人员可以随时主动调取水厂的各类运行报表，加强监管，如图 4 所示。

4）构建协同一体的安防体系

建立了协同一体的安防体系，将实时监控与智能识别相结合，将视频与出入口控制相结合。实现了对厂区边界内的安全进行防范和事件预警，及时发现问题，提出合理的方案。提高了水厂的安全管理水平，保障了水厂的生产安全。

5）构建企业数据管理标准与规范

对水厂生产过程中的大量生产运行数据、水质化验数据、设备运行数据，借助于云计算优势，对这些海量数据进行标准定义及二次加工，有助于发挥数据背后的价值，如 KPI 指标、设备故障诊断、预防性维护、决策支持等，可提升企业科技实力。

6）构建设备全生命周期管理体系

建立了全厂设备资产的信息化完善管理流程，对设备台账管理、设备巡检管理、设

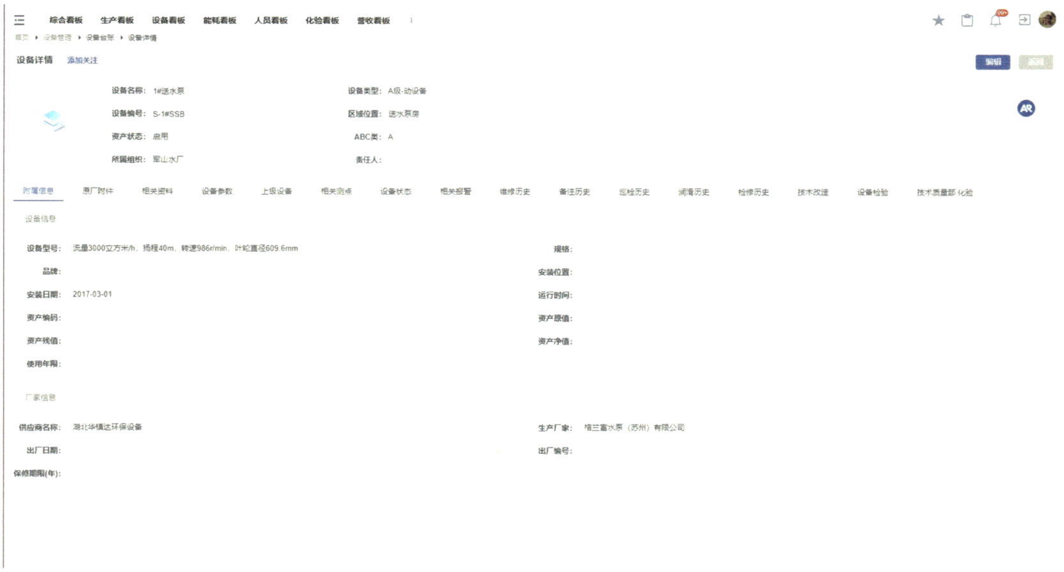

图 4　设备台账

备维修养护管理等流程建立了制度化、流程化、科学化管理。实现了对设备从采购、安装、调试、运行、维护到报废的全生命周期管理，提高了设备管理人员、执行人员的效率，降低了设备维护成本。

3. 典型应用场景

1）“智慧运营”——三维与数字化结合

为减少重复投资，充分利用现有三维模型，特将三维模型应用场景将与自控、安防、人员、管网和设备相关数据进行结合展示，三维可视化展示各工艺点的基本信息、指标数据、工业画面、报警情况和相关出勤人员任务分派以及执行情况，实时掌握水厂生产运营情况。

2）“智慧巡检”——三维线上视频巡检

日常巡检时，巡检人员在中控室通过系统轻松到达巡检点，查看视频和设备参数，高效记录数据。突发情况发生时，系统能快速定位，维修人员据此远程操作，查看设备信息和监控画面，及时处理。设备维护管理方面，系统为维修人员提供三维模型和指南，记录维修过程，提高维护质量和效率，有效降低运维成本。

3）“智慧助手”——AI 语音助手

工作人员可通过 AI 语音助手与平台交互，快速访问所需功能页面，如查询设备运行状态、水质数据等。巡检时，语音录入取代了烦琐的打字和手写，能及时记录发现的问题。它简化了操作流程，让工作人员无须频繁操作设备，提高了工作效率，保障了水厂的正常运转。

4）“智慧管控”——全厂业务移动化

打破中控室物理围墙的空间限制，随时随地掌握生产运行情况和设备运行状态，采用流程化移动作业，为水厂规范化运营提供有力保障。使业务管理范围由中控室变为广域上的任意地点，实现“口袋中的中控室”。

5）“动态设备管理”——设备资产全生命周期管理

包含设备资产工程采购、监视预警、计划调度、运维控制和管理 KPI 的全生命周期管理，提高设备使用寿命，降低总体拥有成本。可针对同类设备不同厂家、同类设备不同工艺段、同类设备不同厂站等多维度进行设备对比分析，助力采购决策及生产运维。

6）“智慧运维”——AR 识别

采用 AR（增强现实）技术，实现了水厂的关键设备和工艺位置的图像识别，并将生产数据叠加至实景物体上。通过 AR 技术，工作人员可以更直观地了解设备和工艺的运行情况，提高了工作效率和准确性，如图 5 所示。

图 5　AR 交互

三、创新应用

1. 数字孪生技术应用

数字孪生技术应用以 BIM 模型数据和业务数据为根基，融合“BIM+IoT”技术，构建了全面的管控体系。实现了制水生产设施多维度数据集成与可视化展示，可按需呈现。能确保全生命周期数据完整准确传递转换，解决了传统 2D 或 2.5D 可视化数据集成有限、传递滞后的问题，为运维业务提供了更优质、交互性更强的可视化服务，极大地提升了管理效率和决策科学性。

2. 智慧巡检模式

智慧巡检结合安防摄像头与巡检点，实现了人员远程巡检。与传统现场巡检相比，无须人员亲临现场，通过三维漫游技术，巡检点与对应视频及设备参数、仪表数据实时关联。这不仅减少了人员巡检频次，降低了劳动强度，还提高了人员效率，避免了人员消耗。同时，能更及时、准确地发现问题，为运维工作提供了有力的支持，有效降低了运维成本。

3. 智能化排班管理

实现了用户在中控室电脑端进行值班、交办、确认等无纸质化操作，便于在后期发现问题时及时方便地查阅值班的相关记录与信息。同时，通过智能化排班系统，根据生产需求和人员情况，自动生成排班计划，提高了排班的合理性和效率，如图 6 所示。

图 6　智能交接班

4. 智能报表生成

增加了智能报表功能，可实现报表数据一键抄录，各种专业报表一键输出。解决了报表抄录过程烦琐，容易出错的问题，提高了工作效率，释放了人力。

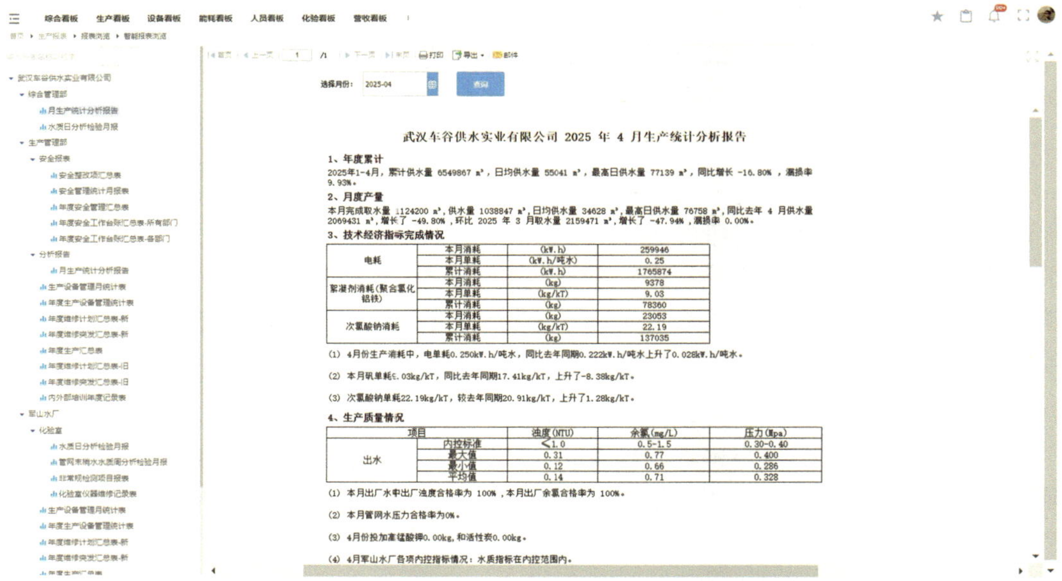

图 7　智能报表

5. AI 助手赋能日常工作

AI 智能语音，结合语音识别技术、语音合成技术、声纹识别技术、自然语言处理技术等，让水厂人员可以直接和平台语音交互，可通过语音快速到达相应功能页面；同时解决在巡检过程中不方便打字或手写的困难，直接语音识别录入相关内容，彻底解放双手，动起口，让日常工作变得更加简单，为用户的操作以及信息查看提供便利，有效提高了现场工作效率。

6. AR（增强现实）维保数字化

在水厂设备运维过程中，通过图像识别迅速定位关键部件，并采用 AR 技术，使得生产数据如设备运行参数、历史维修记录等以虚拟信息形式叠加在实景物体上，运维人员能直观地了解设备状态，无须再翻阅纸质资料或在电脑上查询，从而灵活选择维修方式，高效完成运维任务，大幅度提升工作效率。

四、推广价值

1. 打造优质系统平台，优化用户体验

自试运行以来，军山水厂数字化运营管控平台稳定可靠，数据维护便捷，业务流转顺畅。界面友好，操作简单，培训轻松上手。丰富的支持文档和及时的技术服务，确保问题快速解决，为用户带来良好体验。

2. 构建优势架构，保障可持续发展

系统建立初期充分考虑业务需求，梳理流程，定制开发。采用灵活后固化方式，预

留拓展空间。支持业务拓展和接口接入，运维方便，降低成本，确保系统稳定运行，为可持续发展奠基。

3. 优化业务流程，提升工作效率

传统线下模式流程不规范、干扰多。数字化平台上线后，流程全面线上化，职责明确，节点清晰。实时监控和反馈及时处理问题，驳回处置提高及时率和闭环率，缩短工作周期，促进生产运营高效进行。

4. 推动运营模式转变，实现智慧转型

智慧管理平台全方位推动水厂运营模式转变。智能报表一键抄录关键数据，为决策提供有力支撑，让管理更具精准性。AI 助手实现语音交互，简化操作流程，极大地提升工作效率。三维漫游巡检结合安防摄像头，及时精准定位隐患。数字孪生技术集成多维度数据，直观地呈现运营全貌。通过这些技术协同发力，促使水厂从传统粗放式管理迈向智能精细化管理，优化资源配置，降低成本，提升服务质量，实现可持续发展。

数智未来：数字化供电所三维数字沙盘建设

张正军　柳红利　高国飞

中科吉芯（秦皇岛）信息技术有限公司

一、建设背景

党的二十大报告提出加快规划建设新型能源体系，推动能源变革升级。为贯彻落实这一战略部署，国家能源局印发《关于加快推进能源数字化智能化发展的若干意见》，为国网公司等能源行业数字化转型提供政策指导。国网公司在两会中也强调，数字化转型是提升竞争力与服务能力的关键。

传统供电所运营管理模式在面对日益增长的电力需求和复杂市场环境时，弊端渐显。基层人员数据统计分析工作烦琐，效率低、易出错，亟须数字化手段减负增效。同时，乡村振兴战略和“双碳”目标对供电所服务质量与能源管理能力提出更高要求。

建设数字化供电所，不仅符合数字化新基建和乡村电气化的工作要求，也是推动电力行业高质量发展的重要举措。通过构建数字沙盘等平台，实现数据深度分析与智能应用，推动供电所全状态透明感知、全环节互联互通，满足基层业务和公司管理需求的同时，也为电力行业的长远发展奠定了坚实的基础，助力电力行业迈向数智未来。

二、建设内容

1. 架构设计

以校准后的中压数据和新采集的低压数据为基础，整合多个核心业务系统数据，打破营销与运检业务的数据壁垒，构建“数字电网一张图”，全面融合展示供电所管辖区域的各项数据指标。同时，聚焦计量终端监测等关键业务信息，开展专题化分析与可视化展示，助力提升业务管理效率和决策水平，推动运营管理的智能化提升。架构设计如图 1 所示。

2. 数字孪生三维底座

利用商业卫星获取 0.5 米分辨率遥感影像，预处理成正射影像，与 5 米数字高程模

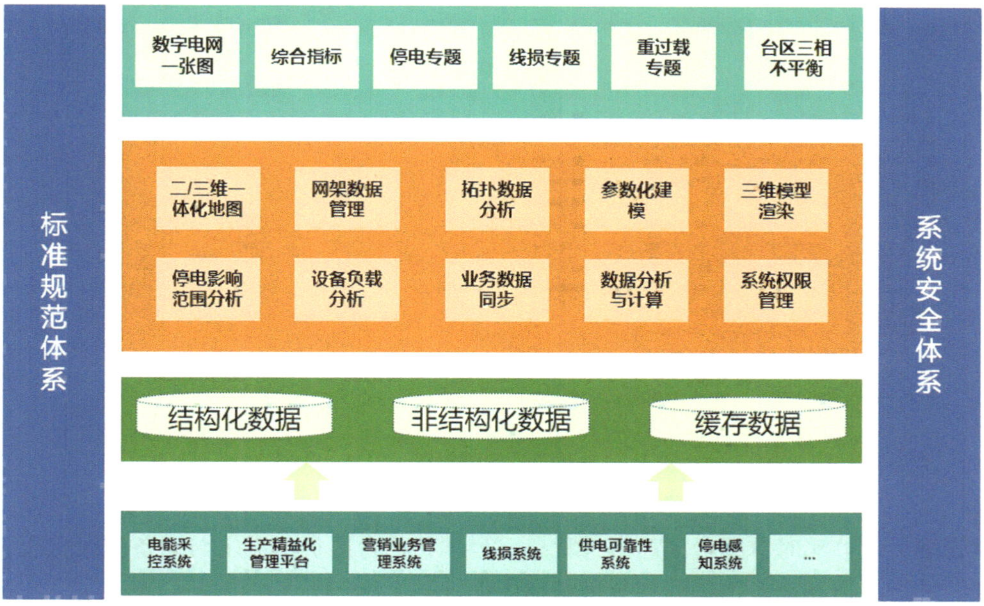

图 1　架构设计

型融合构建三维地表模型，提取地表建筑白模，制作 LOD1.5 全域三维建筑白模，区分城农网用户分布。在城网示范小区采集数据，制作高精度三维模型，为电网规划管理提供精细数据；同时借助 720 全景展示技术，可以身临其境地查看供电所的各个角落，对供电所的实际情况有更深入的了解。

3. 供电所数据采集中心及档案中心建设

为提升供电所档案管理的规范化和智能化水平，建立非结构化数据存储体系，实现中、低压网架数据的集中化管理，保障数据的存储规范和应用安全。通过 10 千伏网架数据和 400 伏低压数据的采集与梳理，对线路档案、台区档案、用户档案、充电桩档案和光伏用户档案进行分类管理，为供电所的日常运营和决策提供了坚实的数据支撑，助力供电服务提质增效。

1） 线路档案

详细记录每一条线路的基本信息，包括线路的长度、走向、电压等级、导线型号等。同时记录线路的建设时间、维护历史、故障情况等重要信息。通过对线路档案的分类管理，快速了解每条线路的运行状态和维护需求，为线路巡检、故障排查及维修工作提供精准的数据支持，从而提升线路运维效率，保障电网安全稳定运行。线路档案如图 2 所示。

2） 台区档案

台区档案全面记录台区的地理位置、变压器容量、供电范围、用户数量等信息，同时整合台区的负荷情况、电能质量数据以及台区内设备的维护记录。通过对台区档案的

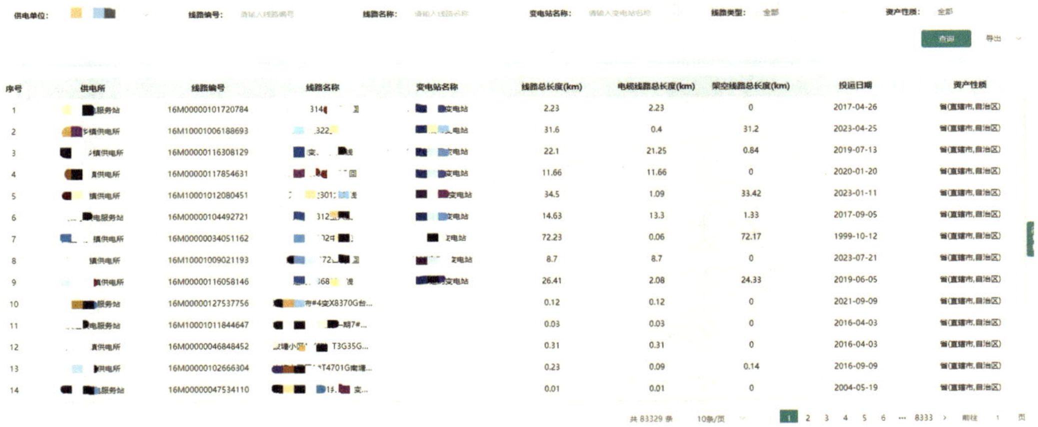

供电单位：[redacted] 线路编号：请输入线路编号 线路名称：请输入线路名称 变电站名称：请输入变电站名称 线路类型：全部 资产性质：全部

查询 导出

序号	供电所	线路编号	线路名称	变电站名称	线路总长度(km)	电缆线路总长度(km)	架空线路总长度(km)	投运日期	资产性质
1	[redacted]服务站	16M00000101720784	314[redacted]	[redacted]变电站	2.23	2.23	0	2017-04-26	省(直辖市,自治区)
2	[redacted]乡镇供电所	16M10001006188693	[redacted]322[redacted]	[redacted]电站	31.6	0.4	31.2	2023-04-25	省(直辖市,自治区)
3	[redacted]乡镇供电所	16M00000116308129	[redacted]	[redacted]变电站	22.1	21.25	0.84	2019-07-13	省(直辖市,自治区)
4	[redacted]镇供电所	16M00000117854631	[redacted]	[redacted]变电站	11.66	11.66	0	2020-01-20	省(直辖市,自治区)
5	[redacted]镇供电所	16M10001012080451	[redacted]301[redacted]	[redacted]变电站	34.5	1.09	33.42	2023-01-11	省(直辖市,自治区)
6	[redacted]电服务站	16M00000104492721	[redacted]312[redacted]	[redacted]变电站	14.63	13.3	1.33	2017-09-05	省(直辖市,自治区)
7	[redacted]镇供电所	16M00000034051162	[redacted]	[redacted]变电站	72.23	0.06	72.17	1999-10-12	省(直辖市,自治区)
8	[redacted]镇供电所	16M10001009021193	[redacted]72[redacted]	[redacted]变电站	8.7	8.7	0	2023-07-21	省(直辖市,自治区)
9	[redacted]镇供电所	16M00000116058146	[redacted]368[redacted]	[redacted]变电站	26.41	2.08	24.33	2019-06-05	省(直辖市,自治区)
10	[redacted]服务站	16M00000127537756	[redacted]#4变X8370G台...		0.12	0.12	0	2021-09-09	省(直辖市,自治区)
11	[redacted]电服务站	16M10001011844647	[redacted]期7#...		0.03	0.03	0	2016-04-03	省(直辖市,自治区)
12	[redacted]镇供电所	16M00000046848452	[redacted]T3G35G...		0.31	0.31	0	2016-04-03	省(直辖市,自治区)
13	[redacted]供电所	16M00000102666304	[redacted]T4701G[redacted]...		0.23	0.09	0.14	2016-09-09	省(直辖市,自治区)
14	[redacted]服务站	16M00000047534110	[redacted]		0.01	0.01	0	2004-05-19	省(直辖市,自治区)

共 83329 条 10条/页 1 2 3 4 5 6 … 8333 › 前往 1 页

图 2 线路档案

分类管理，能够实时掌握台区的运行状态，科学评估台区负荷需求与设备健康状况，为台区的升级改造和设备维护计划提供精准依据。

3）用户档案

用户档案是档案管理系统的核心组成部分。详细记录每位用户的基本信息，包括用户名称、联系方式、用电地址、用户的用电类型、用电量、电费缴纳情况等关键信息。通过对用户档案的分类管理，精准分析用户用电行为与需求，为用户提供个性化、差异化的服务，进一步提升服务效率与用户满意度。

4. 数据可视化展示应用建设

1）数字沙盘领导驾驶舱

在数字化供电所的转型进程中，数字沙盘领导驾驶舱作为核心支撑平台，集成了大数据分析、可视化展示、智能决策等多项先进技术，实现了供电所运营数据的全面整合与实时监控。助力供电所实现高效运营、智能管理和服务升级，推动数字化转型迈向新高度。领导驾驶仓如图 3 所示。

（1）多屏互动。

数字沙盘领导驾驶舱具备多屏互动功能，可在大屏、平板、手机等不同设备间无缝切换查看信息，实现数据实时同步与流畅交互。不仅提升展示灵活性与便捷性，满足多场景办公需求，还为管理者提供高效决策支持，推动供电所管理智能化、协同化。

（2）业务联动。

与供电所的各项业务系统紧密联动，实现数据的实时交互。根据用户用电数据的变化，及时调整供电策略，保障电力供应的稳定性和可靠性。

2）基础数据集成

以校准中压数据和采集低压数据为基础，对接电能采控、生产精益化管理、营销业务管理等多个基础业务系统数据，将配网基础模型、运行、作业、售电、线损等各类信

图 3　领导驾驶舱

息集成整合，为决策提供全面信息，提升决策效率与质量。基础数据集成如图 4 所示。

图 4　基础数据集成

3）指标看板

综合展示供电所管辖电力网架分布，分类统计线路、电站等设备资产数量，可查询设备清单和台账。具体涵盖以下几点，如图 5 所示。

（1）统计供电面积、员工人数等基本信息及营收电费情况。

（2）整合供电质量数据，展示停电时户数等信息。

（3）分析电网结构指标，如线路联络率等。

（4）整合线路负载数据，分析容载比等指标辅助供电能力分析。

（5）通过自动化开关覆盖率等指标，反映供电所智能化水平。

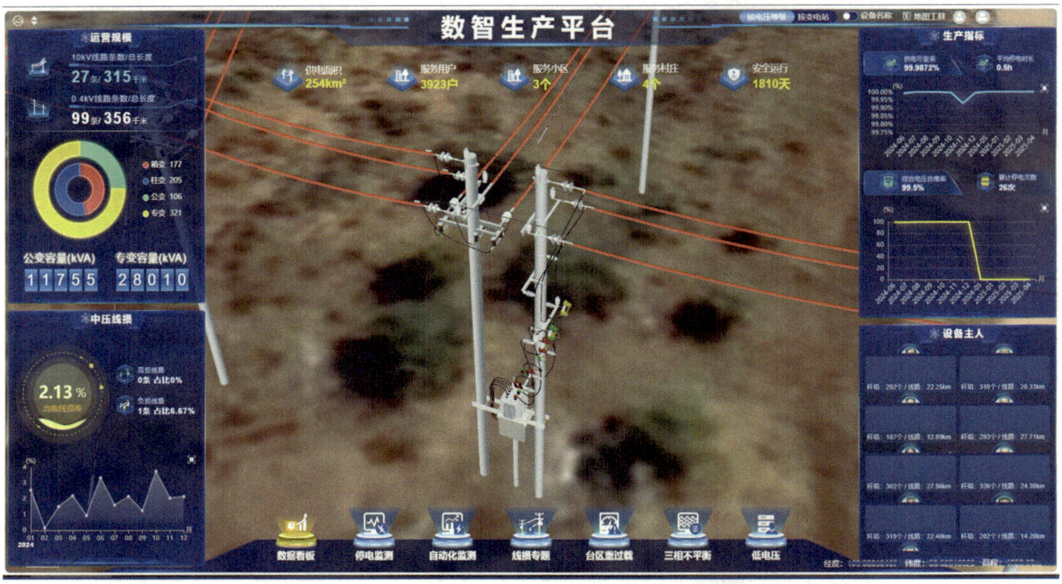

图5　数字看板

4）停电感知专题看板

停电感知数据管理系统，利用 GIS 地图实时展示停电影响范围，标注受影响区域、用户数和关键设施。对历史停电做多维度分析，计划停电时导入信息统计分析。该系统能提升电力系统管理效率，减少停电影响，为电力公司提供数据支持。停电感知专题看板如图 6 所示。

图6　停电感知专题看板

5）计量终端监测专题

集成计量终端设备数据，多维度统计分析设备信息，并在数字沙盘上展示地图分布，管理者可以实时获取设备的工作状态、运行参数和故障信息，从而及时作出响应，降低设备停机时间，提高运维效率。

6）台区重过载专题

集成台区重过载数据，分析台区负载情况。在三维地图上展示台区负载分布情况，对异常台区进行警告提示。可下钻台区台账、负荷变化趋势信息。

关联台区用户用电信息。对用户用电量、用电性质进行排序，展示用户用电分布情况。台区重过载专题如图 7 所示。

图 7　台区重过载专题

7）台区线损

对台区线损进行汇总，展示台区线损分布情况。参照用户到变压器的供电距离，初步分析线损原因。台区线损分析如图 8 所示。

8）提取三相不平衡专题

获取台区变压器的三相用电数据，展示三相不平衡台区。获取台区变下属的用户用电数据，分析三相用电用户分布情况，实现模拟调整三相不平衡。

9）设备智能优化

整合智能设备数据，对供电所辖区范围内智能设备进行汇总统计，展示设备地理分布、类型占比等内容。分类展示能够被远程控制设备信息，可下钻查看设备分布和关联台账信息。设备智能化专题如图 9 所示。

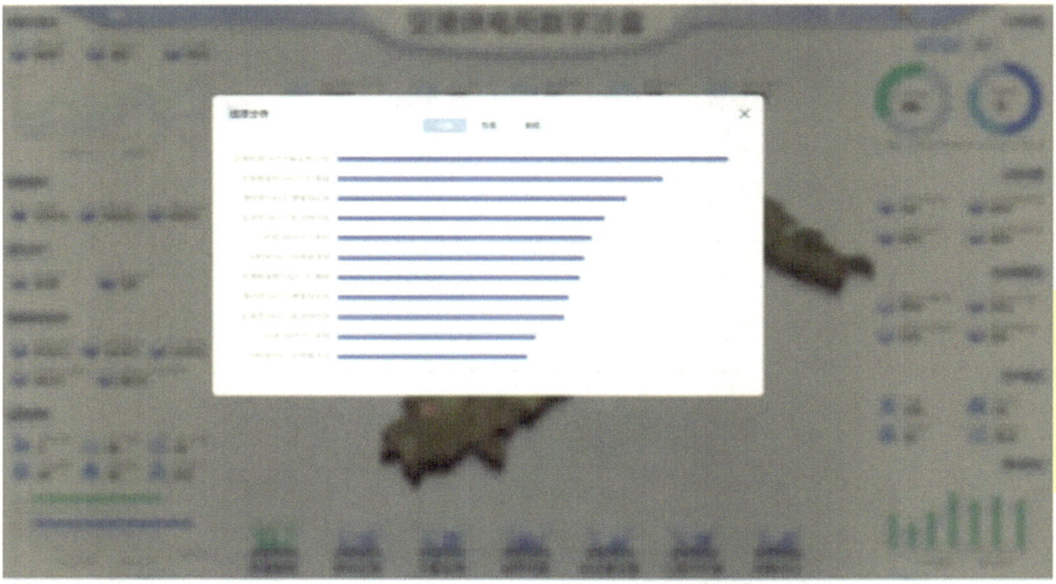

图 8　台区线损分析

图 9　设备智能化专题

三、创新亮点

1. 自动构建三维数字场景，节省成本

快速自动构建 1：1 高精度三维电网网架，涵盖线路杆塔、环网柜、变压器等所有中低压配电设备，形象复刻现场实景。模型即是现场，现场同于模型。

2. 实时数据集成于展示

系统可以实时集成和展示供电所电网的各类数据，如电流、电压、功率等运行参数，以及设备状态、故障信息等，为管理人员提供全面、准确的电网网架态势感知。

3. 智能分析与决策支持

借助大数据分析和人工智能技术，系统能够对网架态势进行智能分析，为管理人员提供优化方案和决策建议，辅助其快速作出正确决策。

4. 多用户协同作业

支持多用户同时在线，实现信息共享、协同规划、方案讨论等功能，提升配网规划和管理的效率和准确性。

5. 灵活的交互与操作

用户可以通过多种方式与系统进行交互，实现方案的快速调整和优化。同时，系统提供简洁直观的操作界面，降低使用门槛。

6. 线路透明管理，状态实时监测

整合多源生产系统与在线监测设备数据，实时感知温湿度、局放等关键环境参数，并通过视频监控对重要配电场所进行全方位监管，实现线路运行状态的实时可视化、设备运行参数的可测可控，全面构建透明化、智能化的线路管理体系。

7. 时实停电告警定位，提高抢修效率

主动感知停电位置和范围，短信告警停电信息，用户报修未诉先知，提醒运维人员及时响应。通过客户信息快速定位，手机导航报修位置，联动 95598 系统，实现报修工单的数字化闭环管理，提升供电服务响应的准确率和及时率。

8. 异常指标看板，问题溯源治理

建立指标看板，每日抓取各类系统数据，分析研判低电压、重过载等异常指标明细，直击问题所在，指导运维人员及时解决，实现问题数据靶向治理，不断提升生产运维水平。

四、推广价值

1. 经济效益

降低建设和运营成本。通过建设供电所试点区域数字孪生电网，在中低压配网中应

用遥感、三维可视化等先进技术，可大幅度提高电网资产管理和巡检效率，降低人员数量和企业成本。

2. 管理效益

促进企业运行机制变革。为各个专业的使用资产全寿命周期管理提供了共享底座和公共服务，为电网资产管理的数字化转型提供了新的技术方向，同时可促进各专业的数据资源整合，形成合力。

3. 社会效益

提升企业品牌形象。通过对公司现有渠道的数据应用展示系统方面全方位深度整合，以新颖的方式培养公众对公司品牌的统一认知，提升公司品牌知名度和客户忠诚度，从而提升了公司影响力。

无锡市新吴区新型基础测绘试点与多元应用建设

常欣　丁晟　居鹏程　凌胜任　蔡鑫鑫

无锡市自然资源和规划局　无锡市自然资源和规划局新吴分局
园测信息科技股份有限公司
江苏同方房地产资产评估规划勘测有限公司

一、建设背景

随着全球化进程加快和区域协同快速发展，各政府部门、企事业单位和社会公众对基础测绘成果的需求日益旺盛，特别是随着经济社会发展步入新时代，以及云计算、物联网、大数据、信息与通信技术（ICT）和人工智能（AI）等相关技术的进步与测绘的深度融合，对基础测绘成果提出了更高要求。原有基础测绘生产建设在产品形式、技术方法、管理方式等方面的问题日益凸显。因此，基础测绘成果亟待转型升级、创新发展，建立新型基础测绘体系，以适应新时代要求，全面提升其保障服务能力和水平。

为此，无锡市自然资源和规划局新吴分局高度重视，积极开展新型基础测绘试点建设，探索新的测绘技术、标准化产品、服务支撑方式，支撑城市高质量发展的多元应用建设，形成可借鉴、可复制、可推广的新型基础测绘建设经验。

二、建设内容

为满足新时期基础测绘工作在“两服务、两支撑”的要求，无锡市新吴区作为首批省级试点城市，积极开展“3+1+N”的新型基础测绘建设。

1. 实景三维数字空间底座建设

“3”是指3类实景三维数据建设：①多模态的地理场景，包括倾斜三维模型、白模、精模、激光点云等；②基础地理实体数据库，总计完成全区12大类、86万个地理实体生产，并融合了公安、住建、城管等专题数据；③部件级三维模型，结合应用实际需要，构建了城市设施、交通设施、地下停车场、室内结构等部件级模型。

2. 新型基础测绘体系建设

“1”是指开展标准体系建设、生产体系建设、生产工具研发、管理功能研发、应用探索等，设计一套由基础设施、实景三维数据中心、实景三维服务支撑、多元应用、用户范畴、统一标准规范体系、安全运维体系 7 个部分组成的总体架构，如图 1 所示，形成一套可借鉴、可复制、可推广的新型基础测绘体系建设经验。

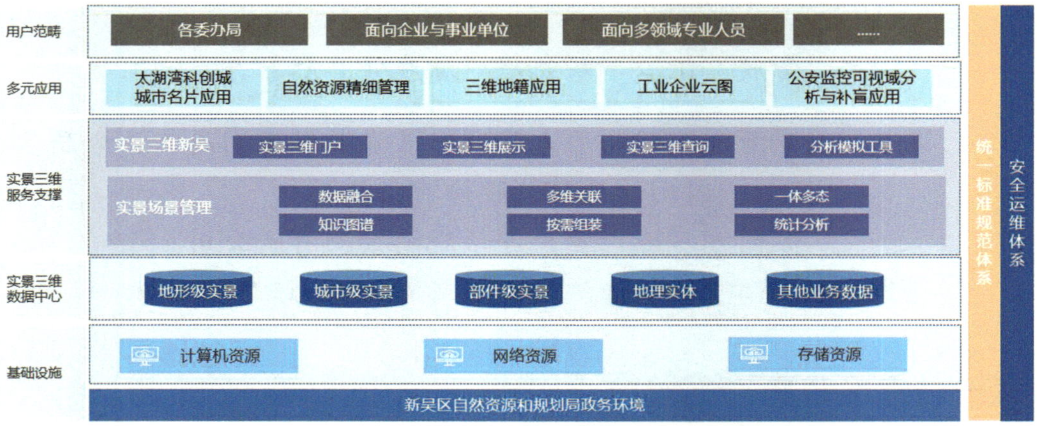

图 1　总体架构

3. 新型基础测绘多元应用建设

“N”是指一系列新型基础测绘示范应用探索，内容包括实景三维服务支撑能力建设和多元应用建设。

1）实景三维服务支撑能力建设

针对实景三维数据库特点及需求，以场景数据为载体、基础地理实体为核心，融合现有各类城市专题数据，形成数据融合、一体多态、多维关联、知识图谱、按需组装和灵活共享为核心的“实景三维新吴”服务支撑能力。

（1）数据融合，形成“机器易懂、语义丰富”的数据底座。

案例基于新吴区地理实体数据成果，对倾斜三维模型的场景进行动态单体化处理，将地理实体“一图五表”数据库成果进行一体化融合，以提供更全面、准确和有用的信息。

（2）一体多态，满足“多形态、多时态、多阶段”的复杂需求。

基于对实体图元的分析、治理与融合，提供同一实体的多形态、多时态、多阶段的一体化表达功能，如图 2 所示。

（3）多维关联，拓宽地理实体的表现维度。

为实体提供和互联网、音视频、图片、文本等各类数据挂接关联的功能，通过唯一的地理实体编码，关联各种类型的数据。

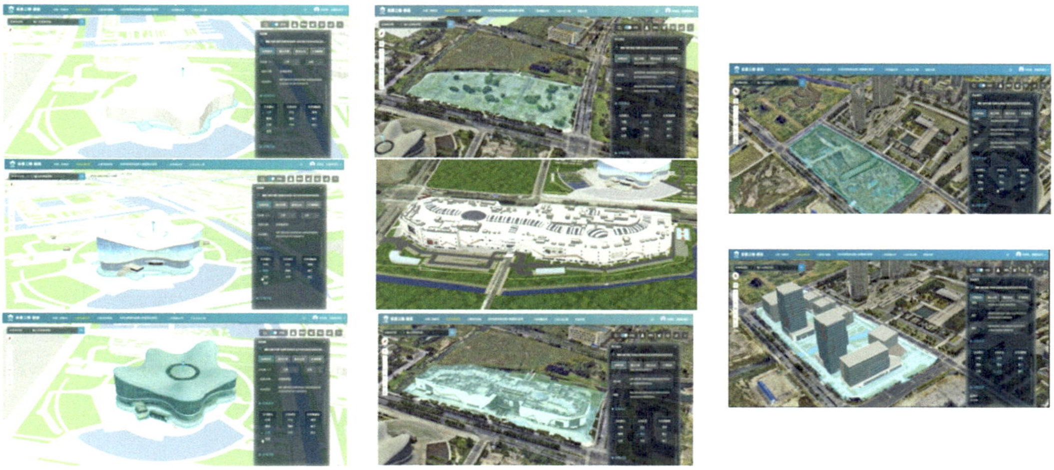

(a) 多形态　　(b) 多时态　　(c) 多阶段

图 2　实景三维“一体多态”示意

（4）知识图谱，支撑地理实体的信息挖掘与关联。

地理实体场景管理中，支持以关键词的形式对知识图谱中存储的信息进行检索，支持用户使用图关系进行实体匹配，如图 3 所示。

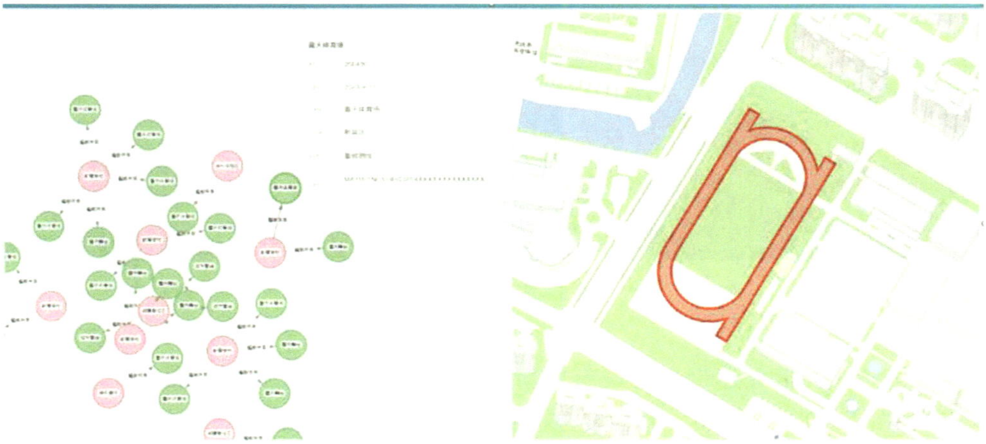

图 3　知识图谱示意

（5）按需组装和灵活共享，让实景三维“聚焦需求、想用即用、易用好用”。

根据需求按照实体范围、类型、属性、模态，提取相关实体进行适配组装，并可以通过简单的二维码或网页链接，即可共享对应的场景及分析功能，部分案例如图 4 所示。

2）太湖湾科创城城市名片

科学谋划，开展实景三维规划分析和三维报建，推动城市设计、城市更新、城市招

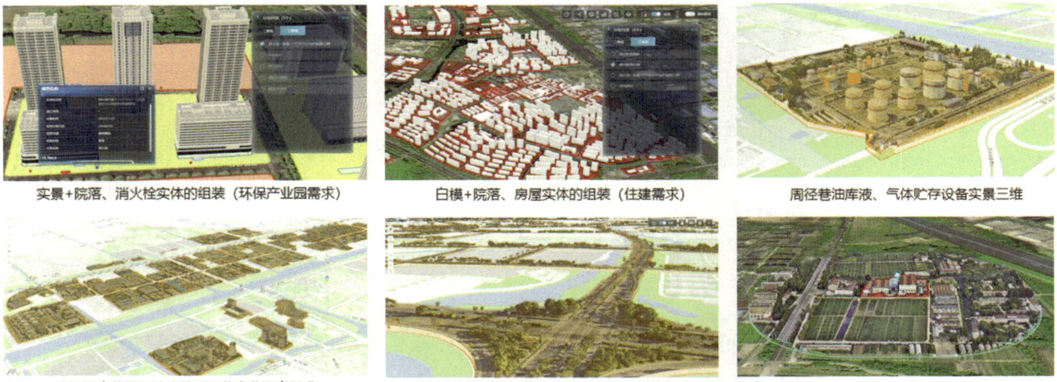

实景+院落、消火栓实体的组装（环保产业园需求） 白模+院落、房屋实体的组装（住建需求） 周径巷油库液、气体贮存设备实景三维

古运河文化带工矿院落（工业企业调查需求） 新安街道路网与道路设施实景三维（公安需求） 旧厂改造实景三维组装场景

图 4　按需组装和灵活共享案例

商因地制宜。

（1）结合“两城四区”6 大功能区的划定范围和发展定位，将实景三维融合控制性详细规划、城市设计等管控要求，把容积率、建筑密度、建筑限高等指标转为立体管控要素体系，通过三维规划实体、参数化建模和实时渲染技术等，开展项目三维报建，指导建筑设计、统筹城市建筑布局，如图 5 所示。

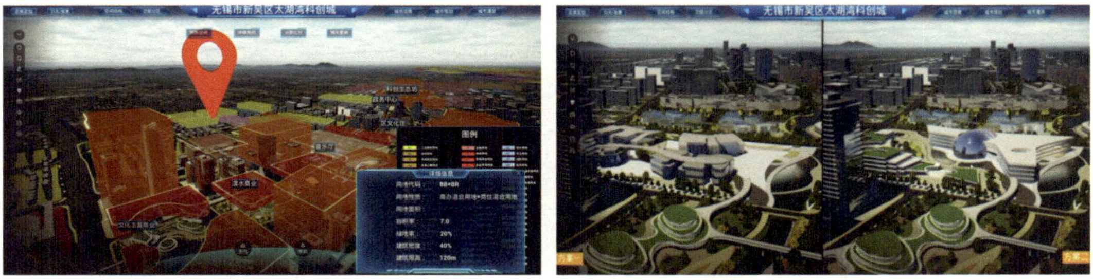

图 5　三维规划分析

（2）为防止大拆大建带来的城市更新“走偏”问题，以实景三维为底图，按“留改拆”原则，对拟局部保留、移位复建、拆除重建的建筑进行三维规划设计方案模拟，确定城市更新保留对象。

（3）核算城市更新改造成本，利用实景三维倾斜模型，结合面积、高度、建筑结构、层数、材质构建计算模型，开展建筑物拆除费用估算，高效研判地块改造可行性。

（4）利用多模态三维数据和基础地理实体，构建城市招商沙盘，实现“一地一码六带”，即带实景三维、带规划指标、带 VR 看地、带相关配套、带交通资源、带周边院落等，支撑土地招商全方位“实景读地”，如图 6 所示。

3）以空间身份编码为“纽带”的自然资源精细管理

以实景三维新吴数据为基础底板，建立地理实体与自然资源实体、不动产实体等要

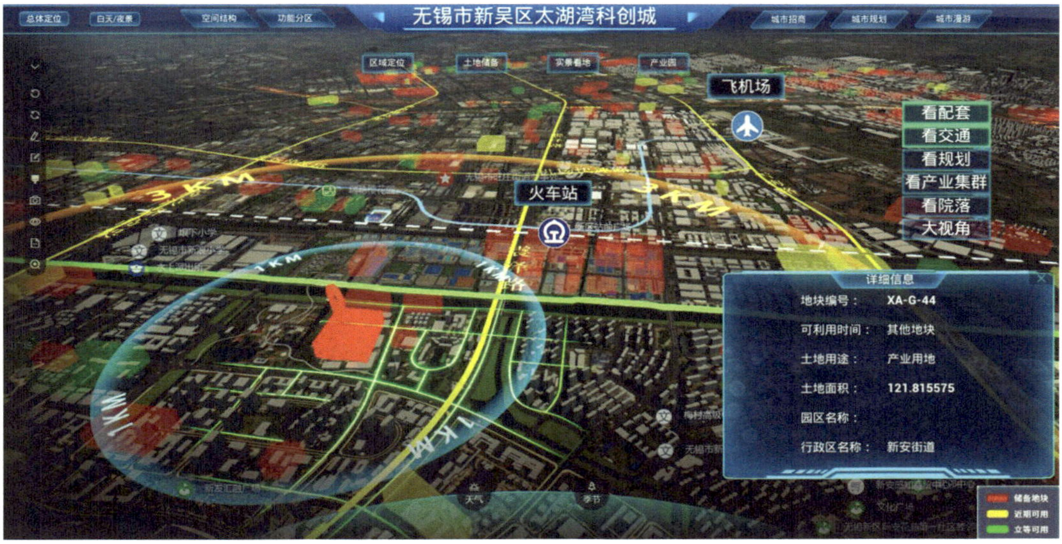

图 6 城市招商功能示意

素之间的时空关联，实现自然资源调查监测、不动产登记和开发利用等工作全领域覆盖、全链条贯通、全过程监管。

（1）自然资源调查监测应用。

探索立体精细化应用管理，整合山水林田湖草等自然资源实体，汇聚立体分层的地上、地表、地下数据，通过构建基础地理实体与自然资源的空间关联，分析土地总体情况、农用地结构、建设用地结构、未利用地结构等的变化趋势，以地理实体角度监测自然资源时空变化，实现每一寸土地的“精细化解读”，如图 7 所示。

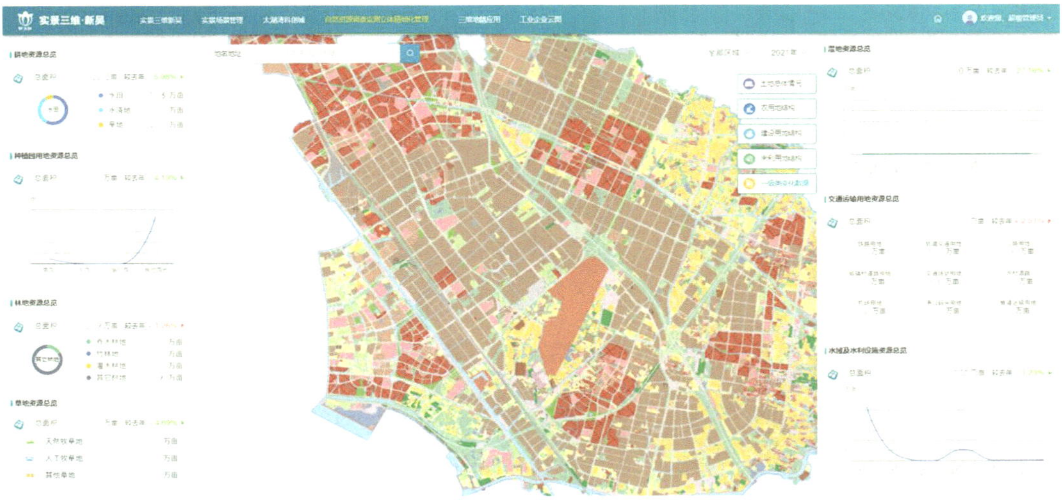

图 7 自然资源调查监测立体精细化管理

（2）三维地籍应用。

针对三维地籍中宗地、自然幢和不动产等不同的业务数据，使用院落和房屋实体作为纽带，扩展实体信息的内容，实现“院落实体-房屋实体-宗地-自然幢-不动产分层分户-不动产权人”的资源关联，支撑不动产全生命周期的三维化管理。同时，开发三维宗地、建筑物自动化建模，支持图形数据导入方式实现不动产信息自动化建模，为三维供地、发证等业务提供在线支撑，如图 8 所示。

图 8　三维地籍应用示意

（3）工业企业用地“三优化三提升”应用。

以地理实体为纽带，整合历年工业企业用地调查成果，一码串联工业用地、产业、企业信息、经济指数、人员信息等，构建用地绩效评估模型，实现工业用地绩效分析与监测，有效识别“厂中厂”、低效用地等问题，结合实景三维的地块组装上会功能，支撑“自改、拆迁、包租”三种优化提升方案的研判，助力新吴区工业企业用地的优化提升。

图 9　工业企业用地“三优化三提升”应用

4）公安监控可视域分析与补盲应用

针对监控视频覆盖不足、应急指挥找不到视频画面、监控位置数据与实际存在偏差等监控使用的常见问题，基于可视域分析技术设计了“一机一档一库”的解决方案。利用实景三维的高精度底座支撑能力，通过与视频图像进行地理坐标标定和参数匹配，获得视频图像像素坐标和地理坐标转换关系，将监控实体的视频范围转换为在真实世界中可视的区域，实现可视域分析、反查监控、视频预案、点位纠偏、规划仿真等一系列应用功能，如图 10 所示，有效提升交通管理效率、科学性和安全性，推动新吴区警务向更高效、更智能的方向发展。

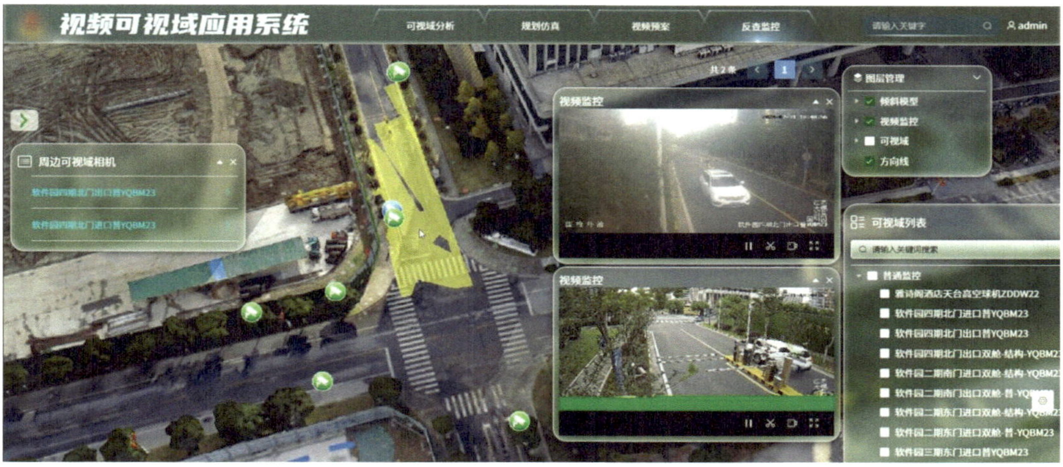

图 10　公安监控可视域分析与补盲应用

三、创新亮点

1. 应用创新

（1）推动三维报建智能审查。规划审批环节融入三维智能审查，接入三维图形审批服务，实现从二维审批到三维智能审查的升级，改变“千城一面”问题。

（2）应用实景三维核算城市更新改造成本。以实景三维结合建构筑物实体，构建拆迁经费计算模型，科学估算建构筑物拆除费用，实现城市更新可行性研判提质增效。

（3）推动以基础地理实体空间身份编码为核心的“一码管空间”应用新思路。将地理实体与不动产、自然资源调查监测、工业企业经济、公安专题、住建专题等数据构建时空关联，打破信息“孤岛”，促进多源数据融合，提升各行业分析精度与效率。

（4）创新使用“按需组装与灵活共享”的应用模式。能够满足高度定制化、高效灵活化、高度集成化的应用需求，提升了应用效能，也推动实景三维更好地服务于各领域。

2. 管理创新

发挥实景三维和新型基础测绘的“乘数效应”，撬动地区高质量发展。本案例由资规牵头，联合公安、住建、城管等部门，按照“最大公约数”原则开展“共建共用”，将各领域需求深度融合，协同推进城市规划、土地利用、治安、应急、交通等领域向智能化发展，支撑城市高质量发展。

3. 技术创新

（1）“一体多态”的数据生产组合创新模式，建设多源数据融合、多模态、多层级、全语义化的实景三维城市名片场景。

（2）基于国产化多引擎混合架构的分析渲染技术。融合 GIS 引擎的定量化分析能力和游戏引擎的高效动态渲染展示能力，全面提升实景三维场景高效渲染和分析能力。

4. 产品创新

设计了“实景三维新吴”作为新型基础测绘标准化产品，解决了传统测绘产品“分尺度、按要素、维度单一、离散化”的问题，成功将产品推广至资规业务及横向部门。

四、推广价值

目前，新吴区通过“按需组装与灵活共享”，已产生 40 余个应用组装场景，覆盖了自然资源、应急管理、交通、小区治安等多类型场景，推动实景三维进入“轻门槛”时代。

基于实景三维数据完成 16 项详细规划编制、6 项城市设计，22 个项目的三维报建，其中《太科城板块产业融合行动规划及重点地区城市设计》通过专家论证并获高度评价。完成 7 项城市更新规划编制，5 项建构筑物的拆迁评估。

完成 436 个开发利用地块的优化提升、6 个经营性地块共 45 公顷土地对外招商，总成交价 77 亿元。以新吴区微纳园为例，实景三维“招租地图”服务 7 个产业园，2023 年，入园企业数由 696 家增加至 1915 家，亩均销售收入增加约 55%，亩均税收增加 25%，产生较大的社会价值和经济价值。

实现对新安街道重点片区总计 56 路监控的位置计算、可视域分析、盲区分析和补盲规划，将监控位置精度从米级提升至厘米级，可视域分析效率产生质的提升，协助规划并增加 5 路补盲监控。

苏州工业园区智慧规划应用实践

王惠珍　赵元元　杨青

苏州工业园区规划建设委员会　园测信息科技股份有限公司

一、建设背景

苏州工业园区在空间资源管理方面经历了从数字化、精细化到资源共享，再到业务共商与空间共治的逐步演进过程。1995—2010 年，园区以数字化、程序化和精细化为核心，保障了城市规划的精准落地；2010—2019 年，园区进入资源共享与信息共享阶段，先后建立了地理信息公共服务平台和城市公共信息服务平台，实现了“一张图”管理模式，为多部门、多业务系统提供了高效的数据服务。自 2021 年以来，园区迈入“业务共商、空间共治”的新阶段，成立了数字经济与数字化发展领导小组和专题小组，全面推进城市信息模型（CIM）基础平台建设，初步建成“城市空间资源服务枢纽”。该枢纽汇聚了超 1200 个空间资源的公共数据库，构建了多部门审批服务信息的共联共享机制，广泛应用于地籍管理、自然资源确权及经济大脑等智慧化场景，为园区高质量发展奠定了坚实基础。当前，园区正以城市空间资源服务枢纽 V3.1 版本为新起点，持续深化建设，致力于打破信息孤岛、优化空间资源应用、提升政府治理能力，并通过创新性应用如“慧征地”“管线电子报批全程网办”等，探索智慧园区建设的新模式与新路径。

二、建设内容

苏州工业园区智慧规划项目主要包括空间资源建设、平台升级建设、应用赋能建设三个方面的内容。

1. 空间资源建设：夯实数据根基

园区全力搭建符合自身特色的国土空间规划“一张图”实施监督系统数据资源框架，广泛汇聚各类数据资源。其中包括控制性详细规划、历史控规、执法、抄告单、土地供应流转、用地转让等国土规划专项业务数据，同时整合基础地理、经济社会发展综合数据及专题业务数据，确保数据的全面性和系统性。

在公众数据方面，积极治理便民生活圈、公示信息等公众一张图场景要素数据，以及三维房屋数据。通过统一房屋建筑单体编码、拓展房屋产权体模型范围，并全面收集完善相关属性信息，构建起了一个完整、准确、实时的空间数据资源体系。这一体系犹如智慧园区的神经中枢，为园区的规划、建设、管理和服务提供了源源不断的精准数据支持，确保各项决策有坚实的数据依据，从而提升园区发展的科学性和合理性（图 1）。

图 1　房屋产权体模型属性查询

2. 平台升级建设：优化服务效能

本期建设的城市空间资源服务枢纽 V3.2（CIM 基础平台）聚焦于空间资源管理与服务的全方位优化。首先，构建了一个综合性的空间资源门户，将数据、服务、地图及应用资源进行有机整合，优化用户登录与系统消息管理流程，实现了资源的统一集中管理，大大提升了用户获取资源的便捷性和效率。

针对多维资源可视化系统，积极拓展其功能，特别是在多维空间查询等基础工具上进行重点突破，为国土空间规划一张图实施监督系统等关键应用提供了强有力的支撑。基于 CIM 基础平台，创新性地引入仿真系统与虚拟现实技术，精心打造通用三维仿真模拟分析模型，在防洪排涝、地下管线交互等多个应用场景中发挥了关键作用，显著强化了平台的模拟与再现能力，让园区的管理决策更加直观、精准（图 2）。

同时，升级运维管理系统，实现更精细的访问控制与实时运行监控，通过引入智能巡检技术，实时监测平台运行状态，能够及时响应服务访问过载、运行异常等问题，确保平台稳定可靠运行。此外，精心维护 API 接口与组件，保障高效数据调用，充分释放二三维数据的价值，构建起上下联通、横向贯通的 CIM 平台体系，为智慧业务应用提供了坚实的空间信息服务支撑，有力地推动了数字园区的蓬勃发展，满足了园区日益增长的数字化管理需求。

3. 应用赋能建设：提升管理质效

在应用赋能建设方面，园区紧紧围绕国土空间规划、征地服务及管线审批三大核心

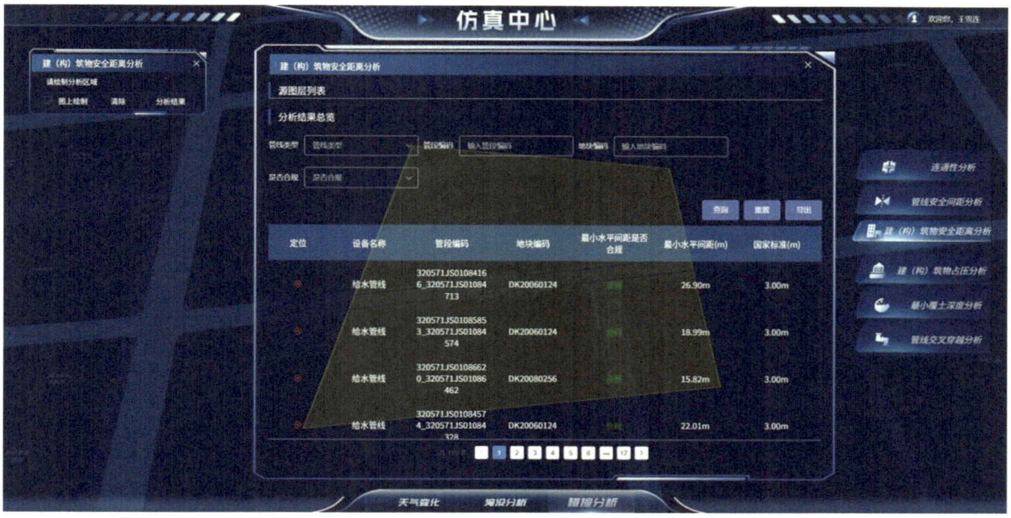

图 2　管线交互分析

领域，充分运用信息化手段，全力提升管理效率与服务质量。

首先，打造的国土空间规划“一张图”实施监督信息系统（图 3），在严格遵循国家标准的基础上，紧密结合园区实际需求，成功实现了现状、规划、管理、成果及社会经济数据的集中共享应用，为规划编制与业务审批提供了直观、精准的可视化决策支持。该系统具备强大的规划成果审查与管理、监督预警及数据分析等功能，能够实时对接规划实施过程中的数据，精准支撑管控指标的动态监测，并对潜在违法用地进行及时、准确的预警，有效维护了园区土地利用的合法性和规范性。同时，集成升级国土审批实施管理模块，大力推进了国土规划业务的深度融合，并开发了政务版与公众版的移动端应用，极大地提高了规划透明度与公众参与度，让园区的规划管理更加民主、科学、公开。

图 3　国土空间规划“一张图”实施监督信息系统

其次，精心打造的“慧征地”应用系统（图4），基于征地储备前期整理的流程和数据体系，创新性地实现了线上申请与材料提交服务，大幅度减少了用地单位的核实次数，显著优化了营商环境。同时，建立了高效的部门协同机制，通过业务流转与信息实时反馈，支持自然资源各业务处室发起事项协同，快速解决征地项目中的各类问题，有力推动了项目的顺利实施，为园区的土地征收工作注入了新的活力和效率。

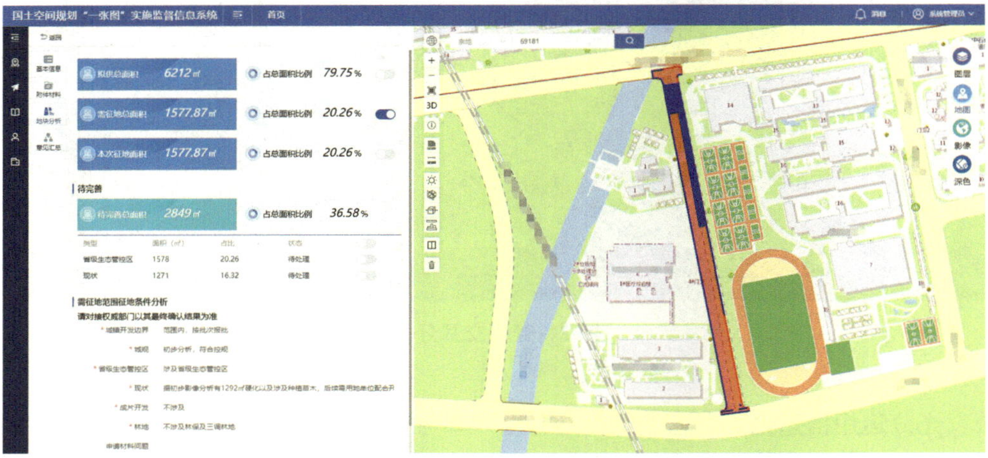

图4　“慧征地”应用系统

最后，建设的管线审批全程网办系统（图5），以管线项目线上规划审批为切入点，逐步实现项目审批的全流程网办，并积极拓展电子审图和电子报批应用。通过规范管线设计图纸数据标准，建立管线电子报批数据标准，开发管线报批数据加工、管线数据入库等相关工具，同时优化规划事项审批流程，支持在线申请及审批，并借助电子签章等先进技术，实现了电子图纸的在线审图批阅与电子化流转办公，极大地提高了管线审批的效率和便捷性，为园区的基础设施建设提供了有力保障。

图5　管线审批全程网办

三、项目创新

1. 数字孪生空间底座的多维创新突破

CIM 基础平台在苏州工业园区的数字化建设进程中展现出了强大的创新驱动力和引领力。在技术迭代方面，V3.2 已成功上线，且 V3.3 稳步推进，通过持续优化和升级，大幅提升了空间分析查询能力，使数据承载量实现了质的飞跃，进一步强化了平台的自然资源数据中枢作用，为园区的数字化管理提供了更强大的技术支持。

在用户体验优化上，借助园区政务通拓展扫码登录功能，有效解决了用户登录烦琐的问题，同时构建统一消息中心，确保信息能够高效流转，让用户及时获取重要信息。此外，升级智慧管理系统，拓展穿透查询功能，充分满足了用户多元时空信息查询需求，使用户能够更加便捷地获取所需数据，提升了平台的易用性和用户满意度。

在应用拓展层面，三维仿真系统集成了多种实用工具，为城市规划与安全等数字孪生场景提供了全方位、强有力的支撑，助力园区在城市规划、建设和管理过程中进行更加科学、精准的决策。在运维管理方面，强化资源管控与巡检能力，建立了完善的平台运行保障机制，能够及时发现并解决平台运行过程中出现的各类问题，确保平台稳定、可靠运行，持续为园区项目推进与数字化发展提供坚实的基础，有力推动了城市空间资源管理向智能化、高效化转变，积累了丰富的数据资源和宝贵的实践经验，为园区的数字化转型提供了有力支撑，引领园区朝着智慧化方向大步迈进。

2. 开启国土空间规划治理创新篇章

苏州工业园区的“一张图”实施监督系统在国土空间规划治理领域具有多重创新性和突破性。在数据整合方面，依托城市空间资源枢纽与唯一编码体系，对海量关键数据进行了全面整合，成功打通了数据孤岛，实现了数据的互联互通和共享共用。目前，集中管理项目文件的规划已提上日程，并且已经在众多规划编制和国土审批项目中发挥了重要作用，为确保园区开发活动合法合规提供了坚实的数据保障和技术支持。

在平台应用上，充分复用既有成果开发编审与审批模块，配备合规审查工具，实现了国土空间规划全流程的精细化管理与成果审查，有效提升了规划管理的质量和效率，有力促进了部门之间的协同作业，打破了部门之间的信息壁垒，形成了高效的工作合力。

在动态监管环节，能够实时对接业务数据，精准监测管控指标，对违法用地进行及时预警，并通过可视化图表直观地呈现给管理者，为科学决策提供了有力依据，筑牢了智慧规划的根基，确保园区的国土空间规划能够得到有效实施和动态调整，保障园区的可持续发展。

在政务服务优化方面，升级移动端形成政务版与公众版，政务版拓展了移动审批功能，让审批工作更加便捷高效，公众版则推动了信息公开与公众参与，增强了公众对园区资规部门的了解和参与度，实现了国土空间治理的共建共享，显著提升了园区空间规划治理水平与公众参与度，推动了国土空间治理模式的创新发展，为其他地区的国土空间规划治理提供了有益的借鉴和示范。

3. 园区建设工程规划管理的创新先锋

“管线电子报批”系统为苏州工业园区建设工程规划管理带来了显著的创新性变革。在申报方式上，与一网通办无缝接轨，实现了便捷登录与网上申报，引领企业全面迈入无纸化报批时代，不仅大大降低了企业的成本，还显著提升了企业的满意度，提高了办事效率，优化了营商环境。

在审批流程优化方面，信息实现实时传递，审批人员能够在线操作，极大地缩短了审批周期，保障了审批工作的高效进行，加快了项目建设的推进速度。在审批管理层面，全程留痕并引入电子签章，增强了审批过程的透明度与信任度，同时对接多系统实现数据共享，有效打破了信息壁垒，避免了企业重复提交资料，减轻了企业负担，提高了管理的规范化和信息化水平。

在业务流程创新中，推行行政审批与技术审查分离及“批前辅导”机制，实现了各环节的快速衔接与协同，提升了审批的准确性与效率，为园区建设工程规划管理注入了智能化基因，推动管理向精细化、智能化方向发展，助力园区营商环境持续优化，积累了丰富的数字化建设经验，提升了整体管理效能与服务质量，为园区的建设工程管理树立了新的标杆，为其他园区的建设工程规划管理提供了可借鉴的创新模式。

4. 引领苏州园区用地保障创新变革

“慧征地”系统是苏州工业园区用地保障领域的创新引擎，为园区的土地征收工作带来了全新的模式和显著的成效。在服务模式上，开创性地实现了线上申请与材料提交的便捷途径，极大地简化了办事流程，提高了服务响应速度，为用地单位节省了大量的时间与精力，让征地工作更加高效、便捷，增强了用地单位的满意度和获得感。

在项目可视化创新方面，实现了征地储备项目全流程可视化呈现，用地单位可以精准获取项目动态信息，实时掌握征地进度，使征地工作更加透明、公开，增强了各方的信任和沟通。在协同机制方面，构建了高效的部门协同网络，打破了信息孤岛，促进了各部门之间的紧密合作，能够快速解决征地项目中的各类问题，保障征地项目顺利推进，提高了征地工作的协同性和执行力。

在信息管理上，全面汇聚项目全程信息，为项目评估与决策提供了翔实、准确的依据，实现了精细化管理目标，提升了征地工作的科学性和合理性。自运行以来，该系统已成功服务众多项目，有力推动了项目落地与园区经济发展，在用地保障、资源配置优化等方面发挥了关键作用，为园区的可持续发展奠定了坚实基础，开创了土地管理与开发利用的新模式，积累了丰富的实践经验和数据资源，提升了园区用地保障的整体效能与竞争力，成为园区用地保障工作的有力支撑和创新典范。

四、推广价值

1. 驱动经济高效增长

园区智慧规划整合优化数据资源，削减成本，为决策提供精准支撑，推动数字经济发展。平台升级加速信息与模型运用，助力企业创新和产业升级。业务线上融合简化审批，带动产业协同。征地报批电子化有利于吸引投资、优化配置，为经济可持续增长提供保障，从多方面提升经济运行效益和竞争力，是区域经济发展的有力引擎。

2. 助力企业稳健发展

智慧规划为企业打造线上审批便捷通道，节约时间人力成本，使其专注核心业务。精准信息与资源方案帮助企业优化布局和产品结构，提升竞争力。电子签章和自动化审批确保规范高效，增强企业信心。良好营商环境吸引产业集聚，促进企业合作共享，降低成本，提升抗风险能力，为企业营造优质的发展环境。

3. 城市治理树标杆

园区智慧规划构建了完备体系，包括数据、平台和应用创新等方面，为其他地区智慧城市建设提供可借鉴经验和示范案例。政府借助智慧平台实现科学决策，避免资源浪费，推动城市高质量发展。其全流程实践为其他城市提供模板，促进治理体系和治理能力现代化。同时培育公众、企业和政府的新理念，形成城市治理合力与新型生态关系，引领城市治理创新变革。

高分专项长三角区域服务示范项目

杨杭　黄铜　闫泽川

江苏天汇空间信息研究院有限公司

一、建设背景

长三角地区作为我国经济发展的核心区域，面临着生态环境治理、自然资源管理、农业现代化及绿色农业发展等多重挑战。传统监测手段存在数据获取难、处理效率低、覆盖范围有限等痛点，难以满足区域一体化发展的高要求。随着高分辨率对地观测卫星技术的快速发展，高分卫星遥感已成为现代化治理的重要工具。本项目依托国家高分辨率对地观测系统重大专项，旨在通过高分遥感技术的应用，提升长三角地区自然资源监管、生态环境治理和绿色农业发展的科学性与效率，推动区域一体化高质量发展。

二、建设内容

1. 总体设计

针对长三角一体化发展对空间信息的需求，充分发挥国家和省域高分中心的数据产品服务能力和标准产品体系，围绕自然资源、生态环境、绿色农业 3 个领域开展专题产品、系统研制、示范应用 3 个方面的建设工作。

总体建设方案如图 1 所示，在国家遥感数据与应用服务平台的支持下，突破空间信息大数据存储与管理技术、空间信息大数据即时推送技术、多源海量遥感影像可视化表现与分析、时空连续算法技术等关键技术，开展高分空间信息综合服务平台建设，包括基础设施、智能化快速检索、数据产品定制能力、标准化产品服务，在此基础上研发绿色农业专题产品算法、生态环境专题产品算法、自然资源专题产品算法，设计绿色农业软件模块、生态环境软件模块、自然资源软件模块，支撑并开发绿色农业系统、生态环境系统、自然资源监测系统与示范应用。

2. 行业示范应用设计

项目建设 1 个综合服务平台，包括 3 个示范应用系统，分别为自然资源监测系统、

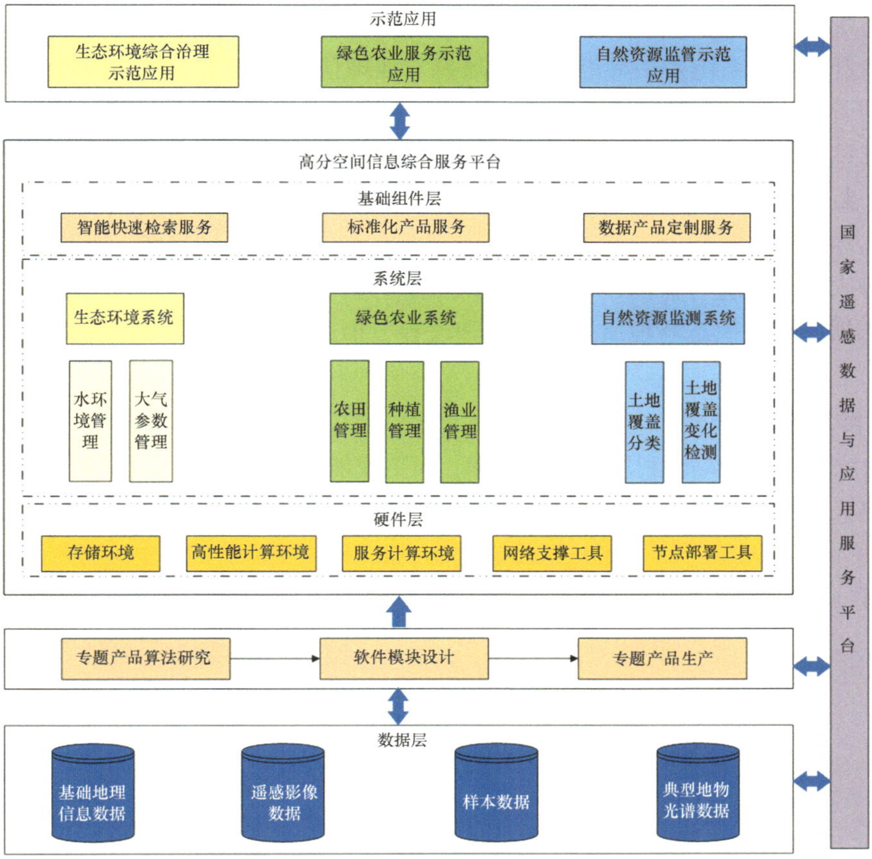

图 1　总体设计

生态环境系统、绿色农业系统，如图 2 所示。项目借助高分专项的先进数据和相关的产品成果，整合国家遥感数据与应用服务平台的核心功能，形成高分空间信息综合服务系统平台，服务于自然资源监测、生态环境监测和绿色农业，为广大用户提供丰富的数据和产品支持，并提供多样化的应用场景。

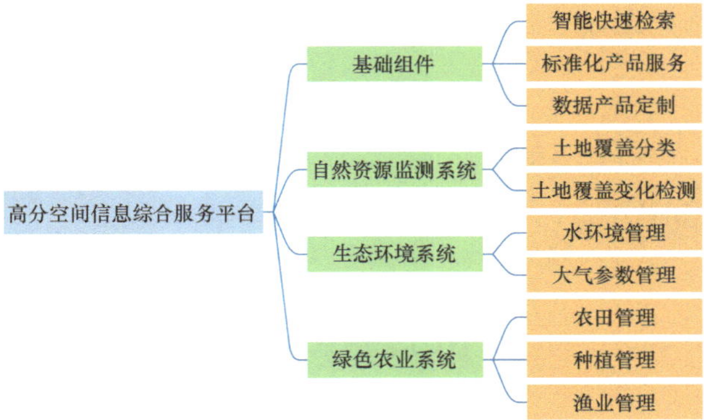

图 2　行业示范应用系统设计

1）自然资源监测系统

自然资源监测系统是一种综合应用遥感、地理信息系统（GIS）、数据分析等技术手段，基于高分卫星影像可视化呈现土地覆盖分类和土地覆盖变化检测。该系统平台有助于推进自然资源管理数字化转型。

2）生态环境系统

生态环境系统利用卫星遥感数据实现对生态环境的监测与管理，对长三角重要江河湖泊等水体水质进行监测，对长三角区域进行大气污染物监测，为决策者提供科学的决策依据，促进生态环境质量的保护和改善，推进长三角地区环保工作，强化绿色发展。

3）绿色农业系统

绿色农业系统是综合利用大数据分析、人工智能等先进技术手段，基于 WebGIS 展现农田地块、农作物类别、农作物长势、农作物产量预估、鱼塘分布，促进农业可持续发展。

3. 软件模块设计（图 3）

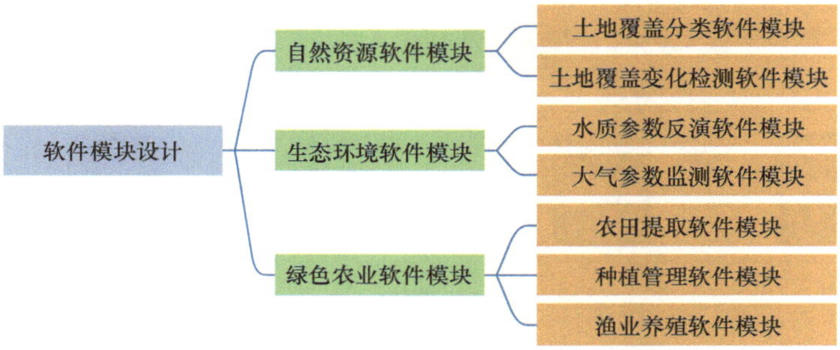

图 3　软件模块设计

4. 专题产品设计

专题产品包括自然资源专题产品、生态环境专题产品和绿色农业专题产品，如图 4 所示，具体如下。

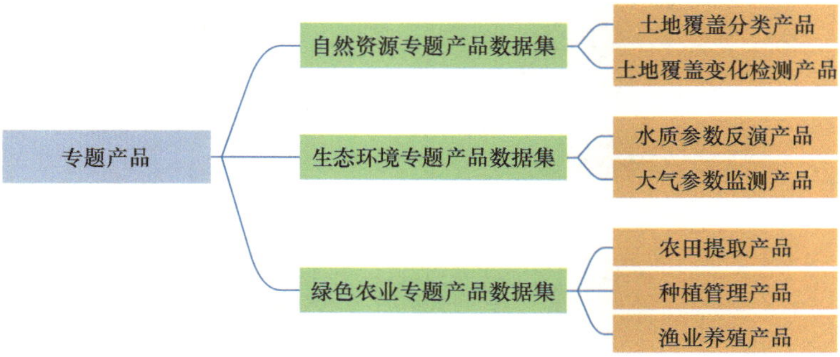

图 4　专题产品设计

自然资源专题产品：土地覆盖分类产品和土地覆盖变化检测产品。

生态环境专题产品：水质参数反演产品和大气参数监测产品。

绿色农业专题产品：农田提取产品、种植管理产品（农作物提取产品、农作物长势评价产品和农作物产量预估产品）、渔业养殖产品。

5. 行业示范应用

1）自然资源监管示范应用

在长三角区域选取盐城市盐都区一湖五荡为典型示范区，基于长三角自然资源遥感应用专题产品算法及其软件模块，充分利用高分一号、高分二号、高分六号、高分七号等高分卫星数据以及无人机影像数据，开展盐城市盐都区一湖五荡土地覆盖分类和土地覆盖变化检测产品的生产，为长三角地区自然资源相关管理政策的制定提供支撑。

2）生态环境综合治理示范应用

在长三角区域选取杭州市余杭区为水质参数反演监测的典型示范区，基于长三角生态环境遥感应用专题产品算法及其软件模块，充分利用高分一号、高分二号、高分六号等高分卫星数据，开展杭州市余杭区水体氨氮浓度反演产品的生产。选取常州市为典型示范区，开展大气参数监测产品的生产，为长三角地区生态环境相关管理政策的制定提供依据。

3）绿色农业服务示范应用

在长三角区域选取常州市新北区为典型示范区，基于长三角绿色农业遥感应用专题产品算法及其软件模块，充分利用高分一号、高分二号、高分三号、高分六号、高分七号等高分卫星数据，开展常州市新北区农田提取、种植管理、渔业养殖产品的生产，为长三角地区农业相关管理政策的制定提供依据。

三、创新亮点

针对长三角一体化发展战略对空间信息的需求，围绕自然资源、生态环境、绿色农业等 3 个领域，研制区域特色专题产品，打造高分空间信息综合服务平台，开展生态环境综合治理、绿色农业服务、自然资源监管等示范应用，服务区域发展战略；通过示范引领，逐步形成便捷、高效的高分服务新模式，促进高分卫星数据应用的规模化和产业化。

1. 技术创新优势

融合多项前沿技术：项目融合了遥感、大数据、云计算、人工智能等前沿技术，形成了一套高效的数据处理与分析技术体系。

自主研发核心算法：针对长三角地区的特定需求，自主研发了土地覆盖分类、水质参数反演、大气环境监测等核心算法，显著提高了数据处理和专题产品生产的精度与效率。

智能化、自动化程度高：通过引入深度学习、机器学习等人工智能技术，实现了遥感数据的智能化、自动化处理，减少了人工干预，提高了数据处理的速度与准确性。

2. 数据处理与分析能力优势

海量数据处理能力：构建了分布式计算平台，支持海量遥感数据的高效存储、管理和分析，能够满足大规模用户并发访问和高并发数据处理需求。

高精度数据处理：通过优化数据处理算法和流程，实现了遥感数据的高精度校正、增强和分类，提高了专题产品的质量和可靠性。

实时数据服务：建立了实时数据推送机制，能够及时向政府部门提供最新的监测数据和预警信息，支持政府决策和应急响应。

3. 应用服务优势

综合信息服务：构建了高分空间信息综合服务平台，集成了自然资源监测、生态环境治理、绿色农业等多个领域的专题产品和应用系统，为政府部门提供“一站式”综合信息服务。

定制化服务：根据政府部门的特定需求，提供定制化专题产品和解决方案，满足政府部门的个性化需求。

四、推广价值

1. 经济效益

本项目的建设将打通高分卫星数据资源与服务向各级政府、企业、大众等用户之间的数据流，实现空间信息汇聚，形成统一标准和规格体系的空间信息时空框架，推动空间信息规模化、产业化发展。平台可为个人、团队、企业等提供数据服务、软件服务、设施服务、平台服务，收取相应的服务费用，提供对应价值的有偿服务。

1）卫星应用产业经济规模

包含数据服务收益、应用工程、管理成本节约、卫星应用产业园区及带动产业。

2）数据服务

主要来自卫星遥感、地理信息服务及卫星导航的数据信息产品和应用服务，通过平台生产的高分数据标准化产品，服务于农业、生态环境、自然资源等领域。

3）应用工程

以绿色农业系统、生态环境系统和自然资源监测系统为示范应用，推动基于长三角高分空间信息综合服务平台的增值产品项目的建设，项目主要来自政府公共管理项目建设工程和社会公众服务领域工程项目，从而达到为长江经济带地区提供市场化服务的目的。

2. 社会效益

1）提高政府的治理能力和服务水平

项目以高分空间信息综合服务平台为基础，以标准化生产高分数据产品为建设主题，整合广域、多维的空间数据资源，挖掘同一时空对象所属的各类数据和信息之间天然的关联性和耦合性，通过生产高分专题应用产品及相应的示范应用成果，从而实现对农业、环保、自然资源等领域的有效预警与监管。有效提升政府数据分析和管理能力，为实现政府治理能力现代化发挥积极作用。

2）推动长三角卫星应用产业体系的创新发展

项目建设通过汇聚航空、卫星数据，充分发挥航空数据分辨率高、卫星数据更新能力快的特点，提升卫星空间信息数据的空间分辨率和时间分辨率，通过高效数据处理、分发、共享技术，将大幅度提升长江经济带卫星空间数据的完整性和基础性，全面提升长江经济带乃至全国的卫星应用服务支撑能力，降低服务成本，提升综合保障能力和运营服务效率，为卫星空间信息大规模产业推广夯实基础，助力构建具有国际竞争力的现代产业体系，推动长江经济带卫星应用产业辐射周边的服务能力和相关产品“走出去”战略。

3）促进国产卫星行业的发展

通过项目建设和服务，将进一步提升我国各卫星应用行业对国产卫星数据的使用率，间接推动并提高卫星数据的国产化率，推动国产精密遥感测量仪器设备研制，促进自主遥感数据处理软件的技术完善，优化专业设备和软件的核心竞争能力。

3. 推广价值

1）可复制推广能力

技术可复制性：项目所采用的技术路线和方法论具有普适性，可以在不同地区和行业进行复制和应用。例如，土地覆盖分类、水质参数反演等算法可以应用于其他地区的水体、大气等环境监测。

模式可推广性：项目构建的高分空间信息综合服务平台，作为一种新型的高分遥感数据应用模式，可以推广到其他地区和行业，为政府部门、科研机构和企业提供“一站式”综合信息服务。

经验可借鉴性：项目在实施过程中积累了丰富的经验和教训，这些经验可以为其他类似项目的实施提供借鉴和参考。

2）推广应用价值

提升政府治理能力：项目通过提供精准、高效的空间信息服务，支持政府部门的科学决策和高效管理，提升政府治理能力。

推动生态环境保护：项目的生态环境监测系统可以为环境保护部门提供实时的环境监测数据，支持生态环境保护和治理工作。

促进自然资源管理：自然资源监测系统有助于提升自然资源管理的精度和效率，实现自然资源的合理开发和可持续利用。

助力农业现代化：绿色农业系统为农业现代化提供有力支撑，提高农产品质量和产量，推动绿色农业的发展。

带动产业发展：项目的实施将推动高分遥感产业链上下游的协同发展，促进遥感卫星制造、数据处理、应用开发等相关产业的发展。

郑州城市地质大数据平台项目

王小东　曾涛　林冰仙

广州南方智能技术有限公司 河南省地质研究院
南京师范大学虚拟地理环境教育部重点实验室
自然资源部中原城市群多要素城市地质大数据工程技术创新中心

一、建设背景

在“十四五”规划的大背景下，党和国家高度重视生态文明建设，将其置于极为重要的地位。地质环境作为生态环境的关键组成部分，积极探索利用新技术服务生态文明建设成为当务之急。

郑州市地处黄河流经的重要地段，为推动黄河全流域生态保护和高质量发展，地质信息化建设势在必行。通过整合现有地质、资源、环境、生态等调查数据，构建地质大数据核心数据库体系，能够为自然资源管理和国土空间用途管制提供更为直观、精准的应用。这不仅是地质工作全方位支撑自然资源管理新任务的体现，也是构建地质工作与新型城镇化发展深度融合体制机制的需要，可有效满足地上地下统一规划、决策的新目标，在更高层次、更高水平上推进信息化建设。

二、建设内容

1. 总体框架

基于“重基础、重数据、强中台、轻前台”思路，采用云原生的设计理念，将城市地质大数据平台总体框架划分为基础层、数据层、中台层与前台层，如图 1 所示。

基础层：是城市地质大数据平台的基石，负责供给平台运作所必需的网络资源、计算资源以及存储资源，并承担对这些资源进行高效、灵活地按需调度与优化配置的任务。

数据层：分为 OLTP 和 OLAP 两部分。OLTP 处理常规地质大数据的接入、存储与管理；OLAP 提供大数据分析能力。根据数据性质和管控需求，数据层还细分为原始库、工作库、成果库和元数据库，以实现全业务过程的精确高效管控。

中台层：划分为数据中台和业务中台两大组成部分。数据中台具备强大的地质大数

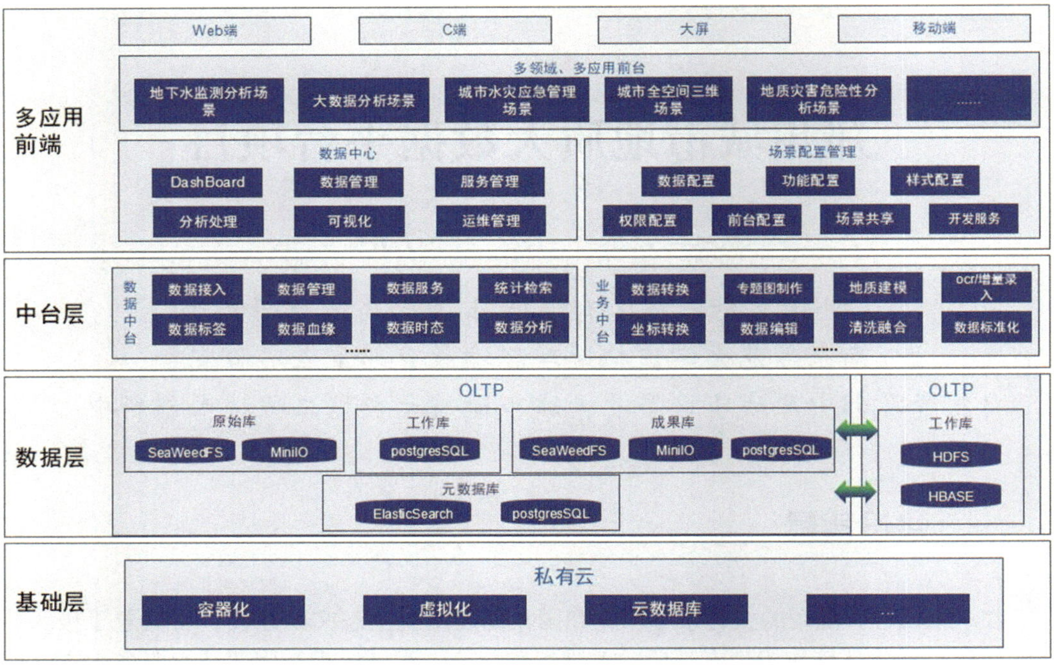

图 1　城市地质大数据平台总体框架

据接入、管理、血缘追踪及服务能力；而业务中台则提供地质大数据治理与分析处理能力。

前台层：根据郑州地质信息化建设的需要，利用强中台提供的多样化能力，提供大数据中心系统，实现地质大数据管理和平台运维；提供场景配置和管理系统，实现多领域、多应用前台的可定制、可配置能力，实现众多轻量前台的快速、灵活配置，满足各类用户的多种需求。

2. 建设内容

1）大数据、云服务环境集成

开展大数据、云服务集成环境的搭建，面向城市地质信息化工作，提供系统环境搭建服务。实现对虚拟化云和分布式大数据进行有效管理。实现算力、存储、网络动态配置管理，以及快速部署和监控。面向非计算机专业的地质业务日常工作人员，通过工单，实现虚拟机环境和容器应用的申请、分发和管理；实现按需搭建，按不同类型数据的存储环境；与郑州本地各业务系统对接，为各业务系统提供软硬件环境、数据存储与计算能力等，如图 2 所示。

2）地质大数据中心

在大数据、云平台服务环境的基础上，建设地质大数据管理中心。实现海量地质大数据的汇聚、管理，解决地质大数据全业务流程管理中的问题，实现数据在可控范围内的有序流转、衍生、再制、轮回，支撑地质大数据中心面向存储、分析、可视化、共享等多方面应用，其中，数据中台建设框架如图 3 所示。

图 2　云资源、大数据监控

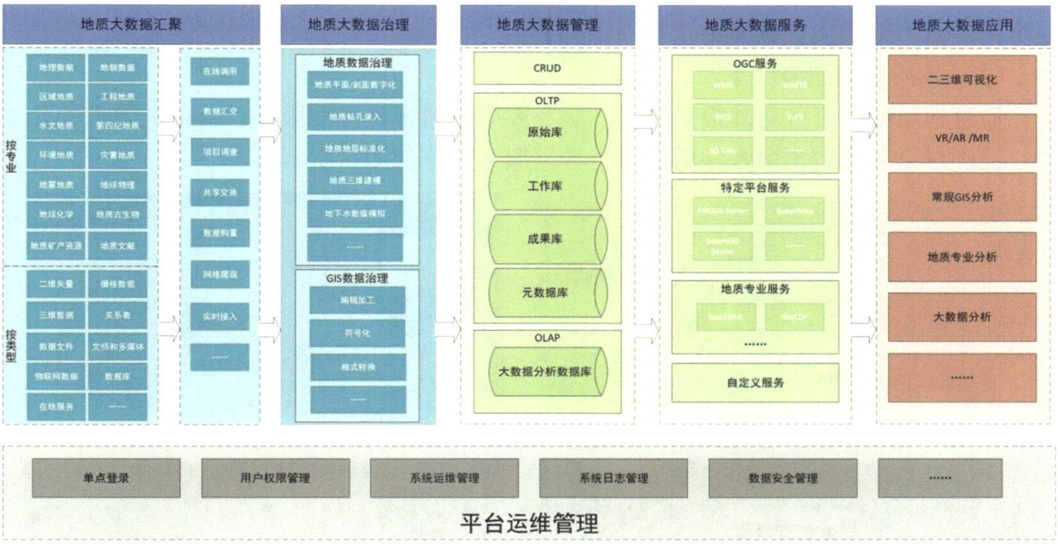

图 3　数据中台建设框架

（1）地质数据汇聚。

支持各类地质大数据的汇聚，汇聚的方式主要包括实时传感器在线或离线接入、存量数据持续整理入库、零星收集整理、随地质调查项目批量生产和入库、地质勘察单位或其他有汇交义务的单位定期汇交等方式。汇聚的数据类型主要有二维矢量、栅格、三维数据、关系表、文件和多媒体数据、地图服务、数据库数据等，数据汇聚流程如图 4 所示。

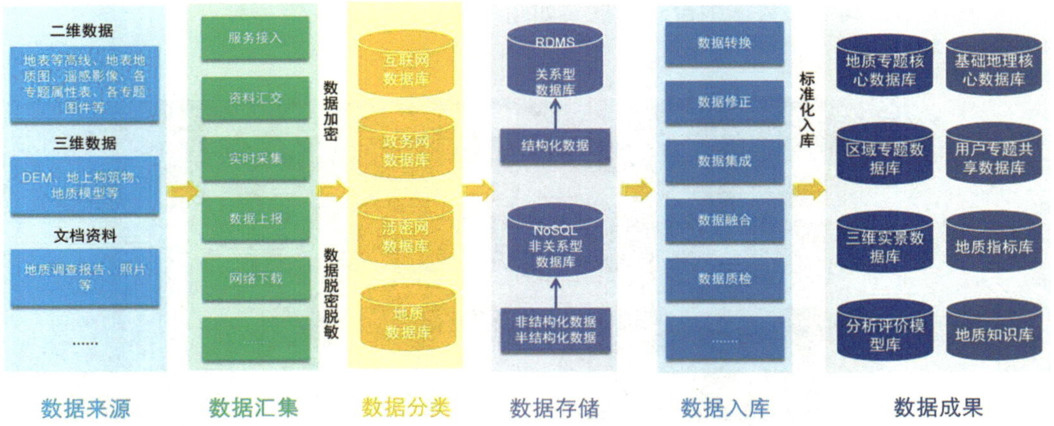

图 4 数据汇聚

（2）地质数据治理。

为解决传统地质数据管理杂乱的难题，实现对地质数据的高效检索、快速查阅、有序管理、及时更新，将地质大数据从业务类型、数据类型等多角度进行合理分类，汇聚至统一的城市地质大数据库中。

（3）地质数据服务共享。

通过地质数据服务对外提供数据。服务要求发布多种标准服务，具备高效可视化能力，提供对第三方数据服务注册能力，数据服务预览如图 5 所示。

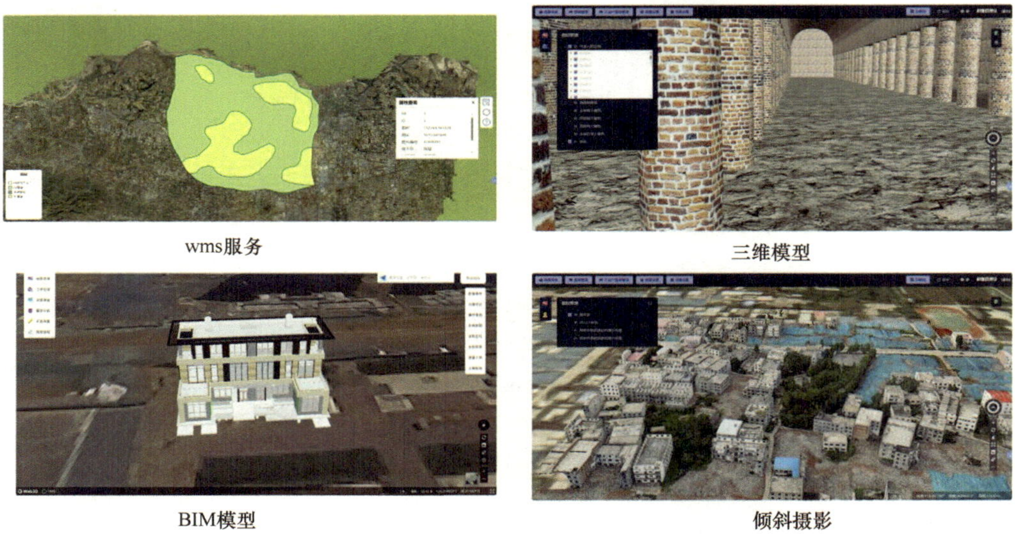

图 5 数据服务预览

（4）三维可视化子系统。

基于地质数据服务中的矢量、全景影像、激光点云、倾斜摄影、BIM、地形影像等二三维地理空间数据服务，实现线上快速按需创建并发布场景，满足二维、三维、地上、地下、室内、室外、宏观、微观信息一体化集成表达，如图6所示，并提供常用三维分析工具和地质分析工具，如图7所示。

图6　一体化集成表达

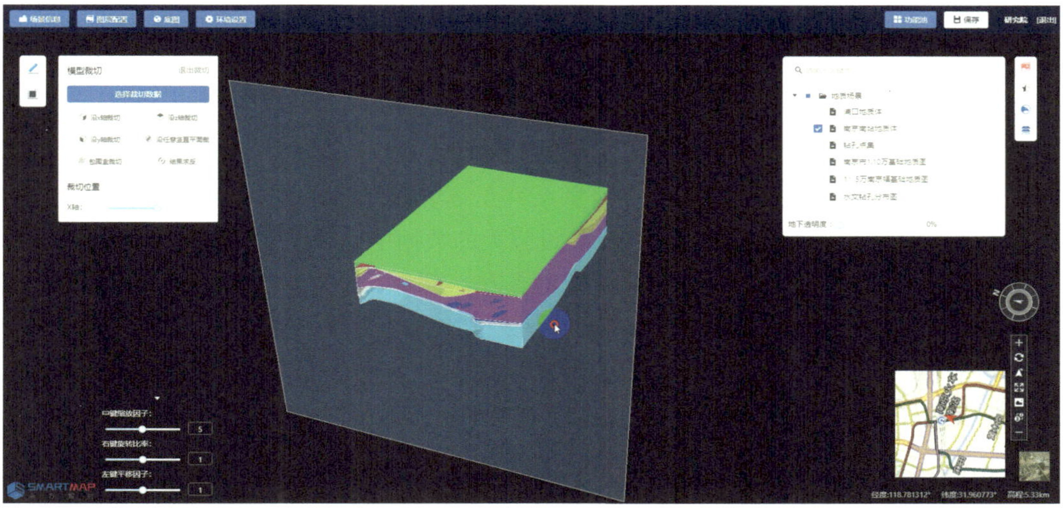

图7　地质体剖切分析

3）信息共享服务系统

通过数据资源整合和信息系统集成，全面提升地质调查数据采集、汇聚、处理、分析、共享与服务能力，为地质调查工作转型升级提供核心动力。按照数据服务对象的不同，分别开展针对专业技术人员、政府部门、社会公众的数据共享示范工作，包括决策支持、前置综合研判、地质工作成果、地质资源利用、专业系统支撑、科学普及、标准规范、政策法规、新闻资讯、热点服务等。如图 7 所示，当前支撑的专业系统数量为 18 个。

图 8　专业支撑系统

三、创新亮点

1. 大中台、小前台的云原生架构

地质大数据全业务过程中，众多信息系统互不统属，存在数据冗余和不一致问题。为此提出大中台、小前台云原生架构。建设强大的数据中台和业务中台，分阶段纳入地质大数据，实现全流程管理和强大分析应用能力。通过中台构建小前台，可灵活配置功能和数据，满足数据一致性，且前台可作为数据接入通道。采用开源堆栈的容器化技术，基于微服务架构，将中台能力整合到云平台中，实现弹性伸缩，优化资源利用率，提升地质大数据管理与应用水平。

2. 基于多维标签的数据特征管理机制

地质数据繁多复杂，难以用统一分类标准归类。一是涉及地质专业性，非地质专业管理人员难以分类；二是地质数据分类非简单层次结构，无法用树结构表达；三是分类具不确定性，不同应用、部门、专家及不同时间可能不同；四是数据具有多面性，分类系统不应固定。采用多维度数据标签体系，可以有效解决不同领域知识、专业应用及用户等数据组织管理面临的挑战，从而满足不同行业的需求，特别是针对地质大数据云平台的数据管理难题，这一体系能够提供有效的应对方案。

3. 四库合一的数据全业务流程管理体系

在逻辑上划分出原始库、工作库、成果库和元数据库，来分别处理地质大数据全业务流程管理中的不同问题，四库之间通过基于数据标签的溯源机制进行有机联系，实现了数据在可控范围内的有序流转、衍生、再制、轮回，确保进入地质大数据中心内的数据全程“管得到、管得住、管得好”，支撑地质大数据中心面向存储、分析、可视化、共享等多方面应用。

四、推广价值

1. 经济效益

1）建立高效数据管理体系，推动地质产业经济发展

通过建立统一的四库合一数据管理体系实现地质数据全业务流程管理，提升数据准确性、完整性和利用效率，同时采用容器化部署及微服务架构，降低系统开发和运维成本，提高资源利用率。提供多种数据服务和应用功能，如数据可视化、数据分析、数据共享等，帮助地质工作者提高工作效率和决策质量，推动地质产业数字化转型和升级，节约成本，提升企业竞争力。

2）创造商业机会和经济价值

随着地质数据的价值不断被挖掘和认可，地质数据市场将不断扩大。提供高质量的地质数据产品和服务，满足市场需求，创造商业机会和经济价值。例如，可以向地质勘探企业、科研机构、政府部门等提供数据订阅、数据分析报告、地质模型等产品和服务，获取经济收益。促进这些相关产业的发展，带动上下游产业的协同发展，创造更多的经济价值。在能源领域，地质数据可以用于油气勘探和开发；在矿业领域，地质数据可以用于矿产资源评估和开采；在建筑领域，地质数据可以用于地基勘察和工程设计；在环保领域，地质数据可以用于环境监测和评估。

2. 社会效益

1）促进地质科学研究

建立的地质大数据中心为地质科学研究提供丰富的数据资源和分析工具。利用这些数据进行地质构造、地质演化、地质灾害等方面的研究，推动地质科学的发展。对大量地质数据的分析，可以深入了解地球内部结构和地质过程，为地质理论的创新和完善提供依据。

2）支持政府决策和社会管理

地质数据在政府决策和社会管理中具有重要作用。在城市规划和建设中，地质数据可以用于评估地质灾害风险、确定地下空间开发利用方案等；在国土资源管理中，地质数据可以用于矿产资源评估、土地利用规划等。为政府部门提供准确、及时的地质数据和分析报告，支持政府决策和社会管理。通过对地质数据的实时监测和分析，可以及时发现地质灾害隐患，采取有效的预防和应对措施，保障公共安全。例如，在地震、滑坡、泥石流等地质灾害发生前，可以通过地质数据监测预警系统提前发出警报，组织人

员疏散和救援，减少人员伤亡和财产损失。

3）提高公众地质科学素养

通过建立地质科普平台，向公众普及地质科学知识。展示地质模型、地质标本、地质图片等，让公众了解地球的地质构造和地质过程，向公众传播地质科学文化，以及了解地质环境的重要性，增强公众的环保意识。让公众了解地下水的形成和保护、矿产资源的合理开发和利用等知识，引导公众积极参与环境保护行动。

临空经济区（廊坊）一屏统览平台

王更　石磊　解孝砚　崔占海　高继胜

北京大兴国际机场临空经济区（廊坊）管理委员会
河北临空集团　临空经济区（廊坊）城市运营中心
廊坊新智数智未来智能城市有限公司

一、建设背景

以习近平新时代中国特色社会主义思想为指导，全面贯彻党的十九大和十九届二中、三中全会精神，坚持新发展理念，全面落实建设网络强国、数字中国、智慧社会等国家战略和省委、省政府建设“数字河北”、加快推进新型智慧城市的部署要求，积极响应河北省《数字河北行动方案（2023—2027 年）》、廊坊市《数字经济发展“十四五”规划》等政策要求，推动廊坊临空经济区形成以数字服务业为代表的发展新动能。

当前，廊坊临空经济区物理城市正加快建设，在产业载体、民生服务、基础设施等方面已形成规模，对数智能力的要求也在同步提升；廊坊临空经济区数智能力也正同步建设，旨在搭建产业智能生态运营平台，构建城市智能体，打造全球临空经济区一流标杆城市。为积极推动廊坊临空经济区高质量发展，启动一屏统览项目建设，打造整合各类治理资源、融合各种治理功能、协同各方治理力量的智能平台，将推动廊坊临空经济区加快形成“共建、共治、共享”的城市治理新格局。

二、建设内容

1. 总体框架

临空经济区一屏统览构建了“1+2+N”总体框架，即 1 套支撑体系：复用数据中心和基础平台，新建可视化支撑平台及指标体系；2 个入口首页：PC 端首页和 App 端首页，既是临空经济区城市综合体征的展示，也是各业务板块集成入口；N 个业务领域：包括城市治理、城市安全、基础设施、公共服务等专题，以及城市生命线、智慧防汛、自然资源监管、工程建设监管、智慧消防等业务领域（图 1）。

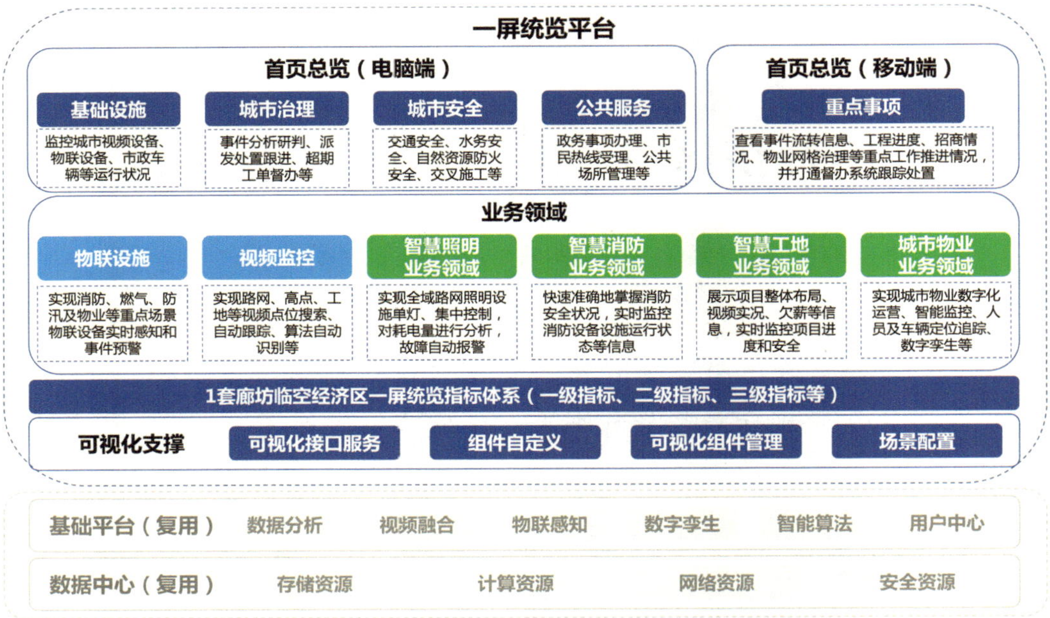

图 1　总体架构

2. 数据架构

依托临空数智底座能力，打通智慧防汛、智慧照明、智慧工地、森林防火、临空政务微信用户数据，招商管理、工程管理等各应用领域数据入湖，经过数据分析生成指标库，物联中台、算法中台识别感知事件并智能告警上报一网统管，一屏统览汇总各类数据指标，并结合空间地图予以展现（图 2）。

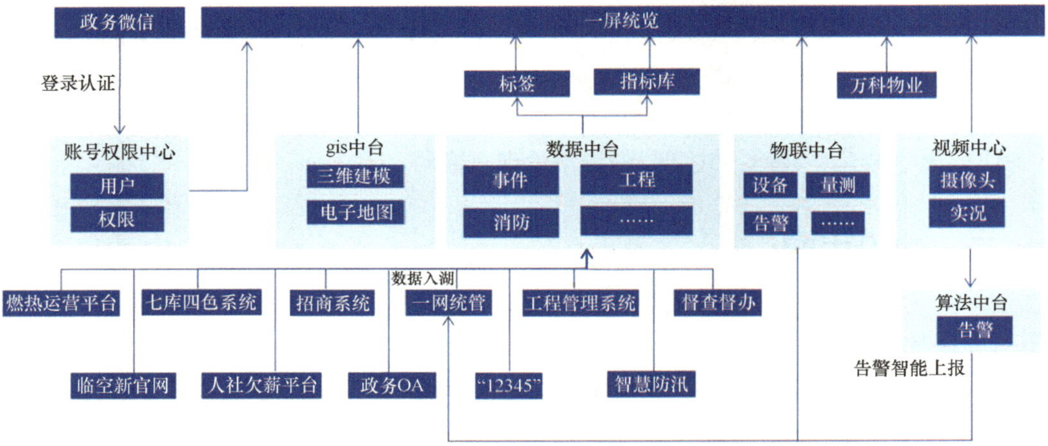

图 2　数据架构

3. 当前建设成果

基于临空特色智慧城市运行指标为核心顶层框架，目前实现了城市 34 个网格、8 类市政设施、11 类物联监测、3929 路视频监控等关键要素上图，数据融合。打通市民“12345”、随手拍、城市网格上报等社会多元共治加速融合。实现面向 12 个主管部门、5 个集团分公司、41 个施工单位的智能化服务，并对 11 个业务系统协同接入。同步在智慧社区、城市网格、工地安全等场景领域，探索政企协同模式。已经形成 12 个一级指标内容梳理及总页面开发，重点围绕城市治理、公共安全、产业经济板块进行深化设计。

智慧防汛场景接入物联设备举例如下，防汛场景物联设备通过物联中台数据同步到一屏统览，可以显示设备位置、撒点及设备的实时数据（图 3）。

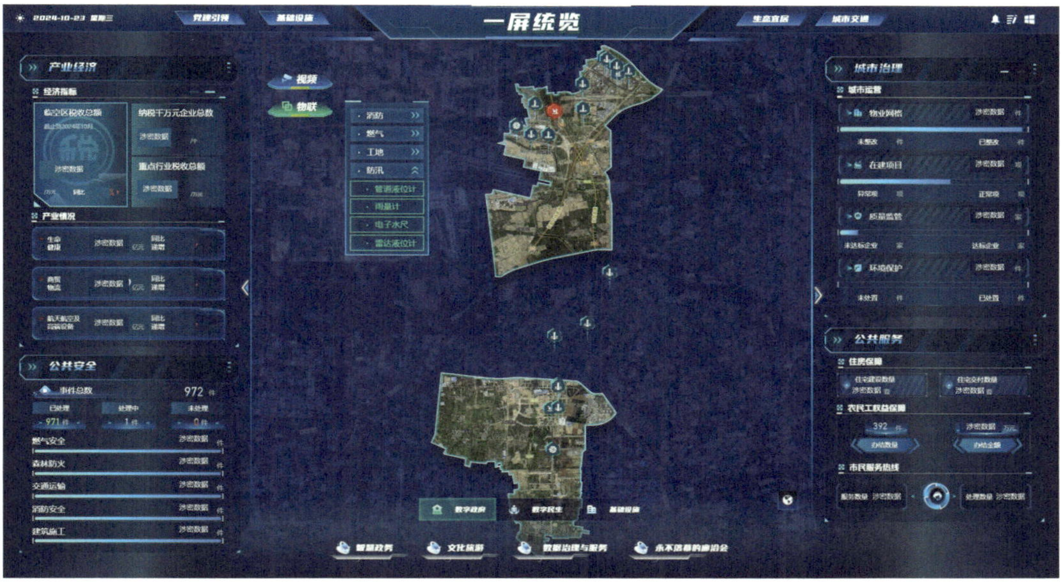

图 3　防汛场景接入物联设备效果

4. 典型场景举例

1) 城市治理事件联动跟踪处置闭环

一屏统览平台与一网统管系统进行打通，针对城市中的日常事件进行跟踪管理。可在一屏统览地图中点击事件撒点弹出事件基本信息进行展示，并可点击动态跟踪按钮对事件的处置流程与当前阶段进行详细展示，从而实现事件闭环管理。当事件逾期时会自动进入到督办阶段，如用户需增加督办人员或对事件进行紧急督办时，可点击督办按钮并选择相关负责人员进行事件督办处理。

用户还可以运用系统中的周边分析功能，在选择分析范围后可调取事发周边物联设备信息，点击设备的撒点进行信息展示，周边调出的监控设备与扬尘监测设备（图 4）。此功能可辅助管理人员针对发生的危险事件进行周边分析，以保障居民安全（图 5）。

图 4　城市治理事件联动跟踪处置闭环效果（一）

图 5　城市治理事件联动跟踪处置闭环效果（二）

2）辅助临空施工管理整体把控与调度

手机端页面展示效果（图 6）。为直观地呈现临空经济区重点工程的整体布局，实时监控工程的施工进度和安全管理情况，对工程总览、工程状态、工程进度、质量安全、欠薪情况等方面进行分析展示，以辅助对临空经济区施工状况进行整体把控与调度。

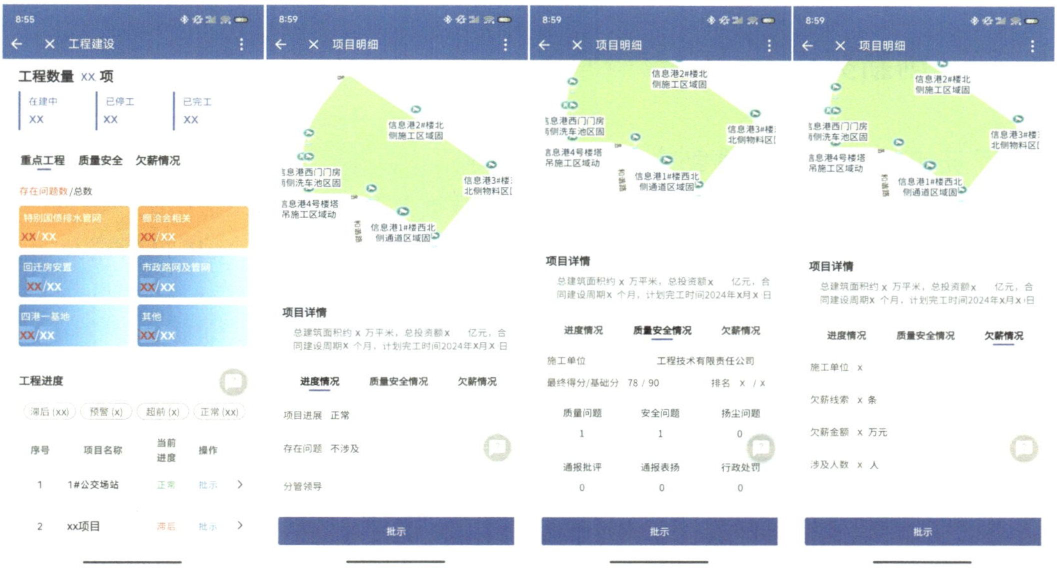

图 6　施工管理效果

3）以临空 CIM 平台为支撑，实现地下管线精准管理

一屏统览系统通过融合城市 CIM 平台，进行高精度数据采集、三维建模软件以及地理信息系统（GIS）的集成应用，实现了地下管线从二维图纸向三维立体模型的跨越，为城市基础设施的智能化管理开辟了新路径。对管线将其在空间位置进行精准定位，并对其埋深、管材、压力等重要指标进行可视化展示，为城市地下空间管理、施工多方联动预警报警、管线日常维护等方面提供了精准的数据服务，提高了工作效率（图 7）。

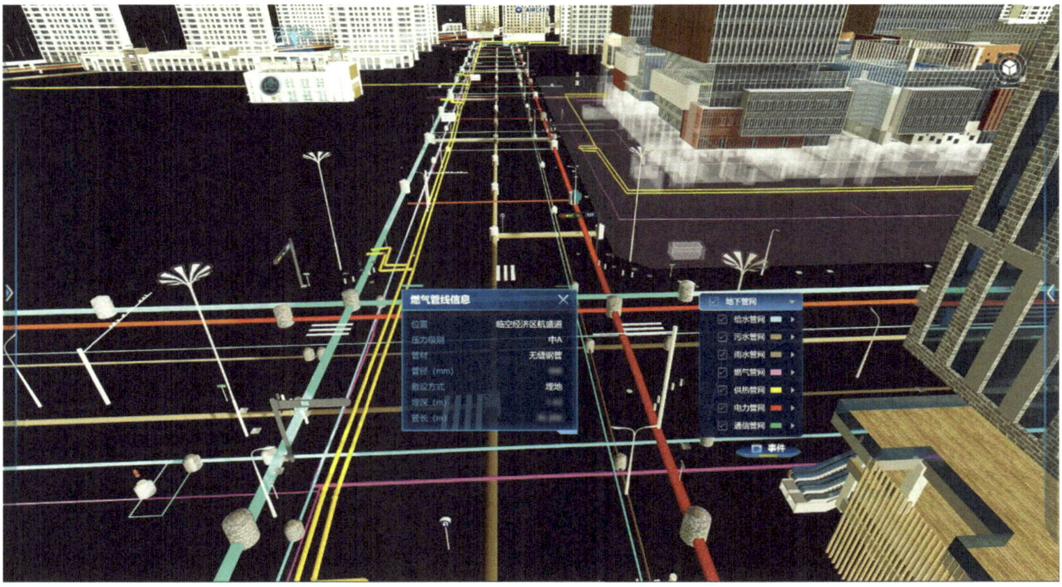

图 7　地下管线三维建模效果

三、创新亮点

1. 亮点一：加速构建智慧应用数据共享

构建防汛数据的资源池，与市级平台级联，数据上下贯通；多维数据统一编目、统一管理、数据统一存储，加速临空经济区的智慧城市应用落地，集中投资避免重复建设。

2. 亮点二：科学合理的城市运行指标体系

为建设临空特色新型智慧城市，深化临空城市全域数字化转型工作推进，我们与相关委办局共同梳理现有政务服务事项 227 个，线上办理率达 61%。其中，服务企业的服务事项共 180 个，服务居民的服务事项共 47 个。目前相关事项的梳理还在持续完善中。

基于梳理出的临空实际需求，在参考国家智慧城市运营指标体系 10 个一级指标的基础上，通过与各委办局充分沟通，将党建引领、永不落幕的廊洽会作为特色指标，已经形成临空特色的 12 个一级指标、67 个二级指标、180 余个三级指标在内的临空特色智慧城市指标体系总体框架，系统呈现了临空智慧城市建设的重点关键维度与方向，辅助领导高效、精准决策，为实现精准定位、精准治理、精准调控提供标尺表达式的有效工具（图 8）。

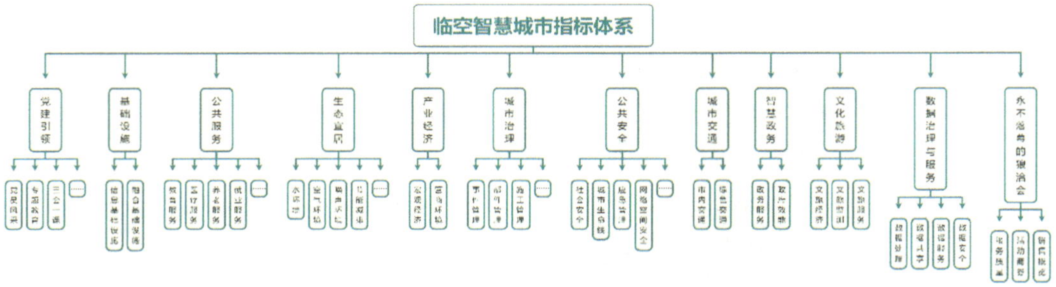

图 8　临空城市运行指标体系

3. 亮点三：顶层整体设计形成城市级智慧平台

一屏统览平台按梳理出的智慧城市指标体系进行整体的框架设计，在调研收集各政府部门与各行各业的日常事项后，梳理出可智慧化应用的场景，将场景进行融合后进行整体设计，最终打造成城市级一体化的系统，避免了各部门行业在智慧化的道路上各自为战，最终形成数据孤岛。如无论是小到路灯维修还是大到火情预警，在系统中都作为事件管理中的一类，但是应急响应程度和后续处理流程却不相同，从而实现各部门联动配合达到城市一体化智慧管理。

4. 亮点四：灵活便捷的个性化定制支持

一屏统览提供内容制作工具、智能分析工具和应用集成工具，业务人员能够结合需求快速定制化，并且支持 PC 端、移动端等多类终端智能适配，在不同使用环境下使用不同终端均能获得优良的数据支持服务。

以产业招商专题为例，展示平台多端共享（图 9）。

图 9　产业招商多端共享效果

四、推广价值

1. 社会效益

1）有利于及时发现城市运行堵点，快速解决问题

通过汇总临空区各委办局数据，构建运行监测指标体系，及时发现城市运行中产业发展、公共服务、城市治理、智慧政府建设过程的堵点，通过跟踪、督办及时解决问题，提升城市治理水平。

2）有利于促进业务协同，提高行政效率

通过本项目建设实现临空经济区各部门、上下级部门之间的互联互通、资源共享，从而避免各个部门重复采集数据、重复录入，提高行政效率，有助于实现协同办公。

3）有利于加强联合监管，提高管理水平

各个委办局通过共享其他部门的信息，全面、及时、准确地掌握管理对象的情况，有助于实现精细化管理；信息共享可有效避免信息不对称造成的监管漏洞，有利于开展多个部门的联合监管。

4）有利于提高公共服务水平，构建服务型政府

临空经济区获取企业法人单位信息及其他部门的共享信息，可开展主动服务并提供更人性化的服务，进一步方便居民和企业办事，促进服务型政府构建。

2. 经济效益

1）一屏统览通过集约化、规模化建设，利用已建的数智底座，避免重复建设、重复投资，节省财政投资

已建的大数据平台、IoT 平台、CIM 平台等软硬件支撑平台和基于低代码开发平台的技术架构体系，避免本项目建设过程中重复购买服务器硬件设备和支撑软件、重复开发接口程序，并且避免由此造成的接口复杂、管理困难、维护成本高等问题。

2）通过数据的共享、查漏补缺、模型分析，破解政府治理难题

首先，可通过构建数据指标，发现临空经济区城市运行中的问题，如产业链发展，通过分析产业链上下游企业，进一步引导招商目标，增强、补齐临空产业链短板；其次，可对突发事件进行及时有效的预测预警，通过事前防治，将潜在影响消除在萌芽状态或通过采取相关应对措施有效地减少损失。

3）依托大数据提升政府今后对经济走势的分析、识别和掌控能力

通过将具体行业、企业的经济情况与整个宏观经济面进行融合分析，进一步加强政府决策的针对性和实际效应，并进一步引入大数据分析，对接局委办、企业等其他部门和机构的数据资源，使政府能够实时准确地监测经济现状，分析评估当前经济现状，预测未来经济走向，进行科学规划。

合肥市店埠河流域水环境治理工程

贺宇　陈洋洋　卢成志

中建三局智能技术有限公司

一、建设背景

店埠河属长江流域巢湖水系，为南淝河一级支流，也是南淝河最大的支流。河道全长 51 千米（其中，三岔河到众兴水库坝下 42.1 千米），流域面积为 557.8 平方千米。根据水质监测资料，店埠河 2019—2020 年的水质为Ⅴ类至劣Ⅴ类，主要超标因子为氨氮和总磷。

根据《合肥市城镇污水处理提质增效三年行动实施方案（2019—2021 年）》要求，2020 年基本查清建成区雨污混接现象，大力推进整治，取得明显成效，2021 年城市建成区基本无生活污水直排口，基本消除城中村、老旧城区和城乡接合部生活污水收集处理设施空白区，城市生活污水集中收集率不低于 80%，城市污水处理厂进水生化需氧量（BOD）浓度比 2018 年全年平均浓度提高 10%。

为切实改善店埠河流域水环境质量，落实肥东县污水处理系统提质增效和城镇生活污水处理设施补短板强弱项的要求，提高污水收集率和处理率。2020 年 6 月，肥东县启动店埠河流域水环境治理项目。

店埠河流域智慧排水管理系统项目作为店埠河流域水环境治理工程项目的一个子项。项目围绕店埠河流域智慧排水管理的目标需求，融合倾斜摄影、三维 GIS、BIM、物联网、移动互联网、城市排水系统数字模型等数据及技术，打造新型的、高精度的、全要素、智能分析的全过程管控的地上地下一体化的排水管理系统，实现数字化、精细化和智慧化管理。

二、建设内容

智慧排水管理系统服务于店埠河流域整体水环境的运行管理，近期以肥东县城区排水系统的运维养护、提质增效管理为主，通过建立三维可视化的地理环境模型（倾斜摄影）以及地下管网模型，形成涵盖“源-网-站-厂-河（湖）”的排水设施数据中心及

图1　店埠河流域范围

监测体系，分别对重点排水户、雨污管网（含截流点、泵站和入河雨水排口）、污水处理厂、泵站和地表水进行水量、流量、水质、溯源等综合监测，结合排水户、排水设施及河湖之间的空间关系，完成对排水系统健康状况的动态评估，为排水系统的运行维护提供决策依据，为城市排水系统提质增效的长效管理提供技术支撑。同时，基于排水设施数据，提供巡检养护、防汛调度、排水户管理等日常管理的应用模块。

合肥市店埠河流域水环境治理工程通过物联网、大数据、云计算、人工智能等新一代信息技术，对城市供水、排水、污水处理、水质监测等水务系统进行智能化管理和优化。

本次工程监测设备布点主要分布在店埠镇、经开区、东部新市政、撮镇等区域，共布置管网监测点82处，另涉及18座污水厂、11座泵站数据对接和1套水质全特征分析仪安装。通过以上设备实时监控城市的排水状况，通过智能化分析为城市管理者提供决策支持，确保水资源的有效利用和环境的可持续发展。监控系统组网架构如下。

图 2　店埠河流域水环境治理工程实景

1. 管网在线监测子系统

店埠河流域水环境治理工程管网在线监测子系统针对雨、污水排水全流程进行监控管理，及时预警内涝，科学排水调度，诊断排水管网健康状况，帮助排水管理部门掌握一手排水数据，为评估店埠河流域排水能力、防范内涝提供科学依据，提升排水行业现代化管理水平，推动流域内的水安全。

2. 污水厂、泵站数据对接

通过智慧水务平台，对接污水厂、泵站，获取相应数据后，以一套表、一套标准拉通分散流域范围的雨污水管道、河道等数据，实现对大规模污水处理厂的集约化管理。

3. 模型支撑平台建设

采用 SWMM 模型与 BIM 模型联合的方式，开发一套模型支撑平台。SWMM 建模范围广，数据多、精度要求高。建模范围为肥东县污水处理厂、撮镇污水处理厂和循环园污水处理厂服务范围。收集内容为排水管网数据（管径、管材、埋深、检查井、经纬度、排口等）、地表水文、流域等相关数据。以城区排水管线数据为基础，结合地形、地貌、高程，包含管网等自然和人工实施等诸多因素，利用数值模拟手段，合理模拟城市暴雨降雨的汇水积水情况、降雨径流情况及城市排水管网的水力汇流状况，从而为管

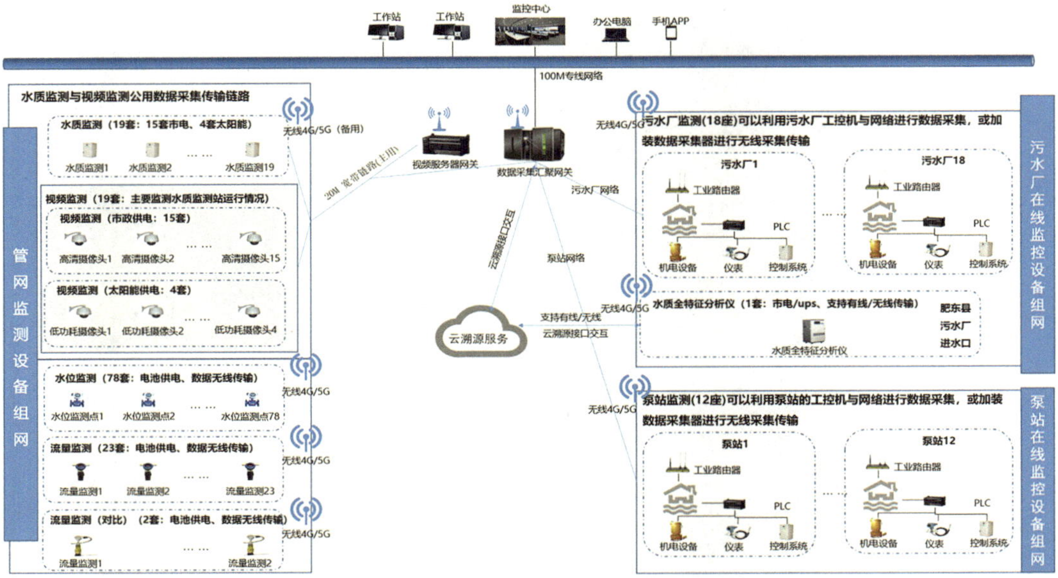

图 3　在线监控系统组网架构

网溢流、管网改造、管网的风险评估提供决策支持，高效改善城市排水设施的设计、建设与管理水平，提高城市防汛辅助决策能力。

BIM 建模三维实景模型 160 平方千米，提升泵站 11 座、调蓄池 4 座、污水处理厂 2 座、排水管网 160 平方千米。

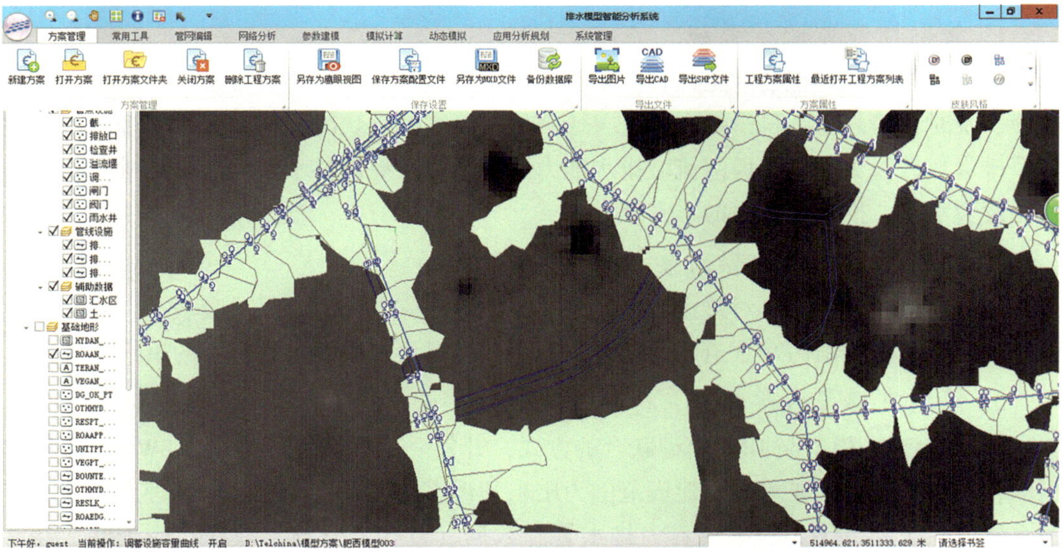

图 4　模型支撑平台建设示意

4. 智慧水务平台开发

店埠河流域水环境治理工程智慧水务平台基于互联网思维，整合云计算、物联网、移动通信技术、传感物联网技术、软件技术构架，是集地理信息、数据采集、设备控制于一体的智慧水务管控平台。

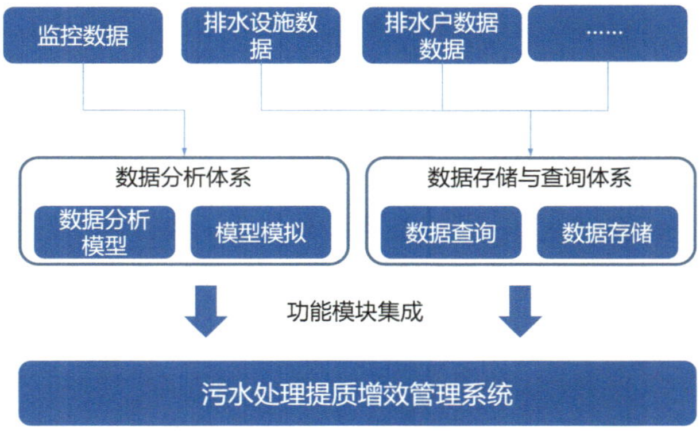

图 5　店埠河流域水环境治理工程智慧水务平台示意

5. 业务系统开发

店埠河流域水环境治理工程为排水管理部门提供一套全流程、精细化、标准化的巡查养护业务管理模式，支持移动端应用。打造业务支撑工具，服务管网雨污改造工程工作展开和评估。基于排水管网模型，在集成与整合数据，建立城市内涝演进模拟模型和风险评价系统，为城市防汛排水监控与指挥调度提供信息服务。围绕防汛调度形成现场感知、在线指挥、决策分析管理体系。

专业数据通过可视化的手段集中展现，结合业务管理需求，提炼关键因素、重要信息，为行政领导掌握区域水环境综合治理现状、防灾减灾场景下的决策调度等提供简洁明了、清晰易控的核心信息。

三、创新亮点

店埠河流域水环境治理工程通过数据驱动的决策支持、智能化的监测与控制、用户参与和个性化服务以及智慧水务平台的建设，实现了水资源管理和水体治理等的智能化。主要有以下亮点。

1. 构造“排水体系健康评估体系”

打通 SWMM 软件与智慧平台数据接口，以城市地理信息及排水设施数据为基础，结合管网监测数据以及气象、雨情数据，采用专业排水模型，通过对雨污水管网水质水量的模拟，实现对管网缺陷智能识别、污染溯源、健康评估、智能预警、智能指挥调度、改造效果预测与评估等功能，达到辅助决策、智能预警的目标。

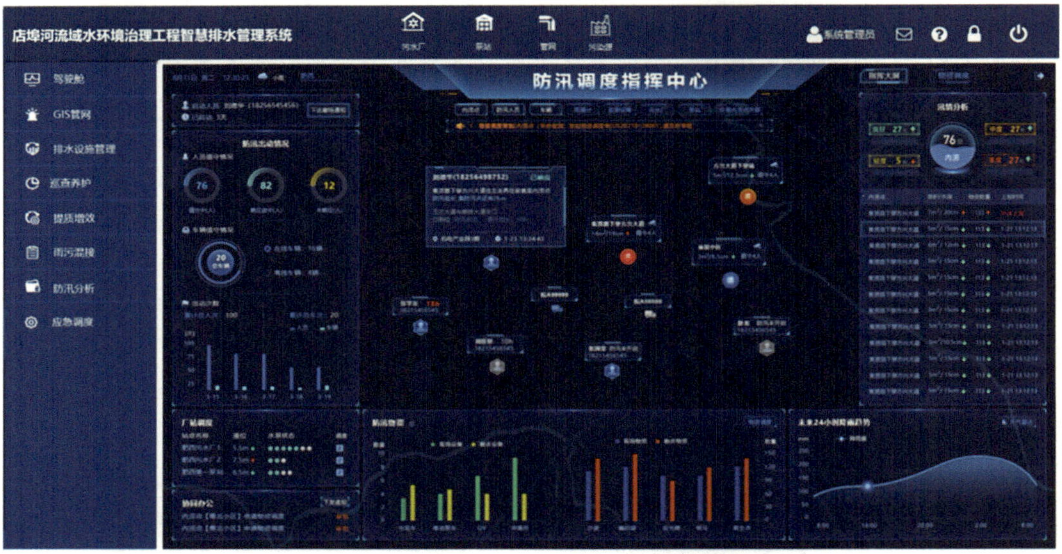

图 6　店埠河流域水环境治理工程智慧水务平台

2. 建立污水处理提质增效的长效机制

在二三维 GIS、大数据分析、排水专业模型、智能算法的支持下，以排水片区为评估对象，从排水户接入情况、管网负荷情况、管网缺陷情况、排水养护管理情况等方面对排水系统运行情况进行综合评估，对影响排水效率的因素进行追踪溯源，实时判断排水体系的不足，为污水处理提质增效提供重要的决策依据。

3. 提升“可视化预警-分析-应急响应”联动能力

通过集成管网运行、水质水量、泵站运行、雨量等实时数据，全面支撑肥东县水环境提质增效业务工作，通过实时监测、研判分析、智慧巡检、远程调控等功能，建立流域水环境相关数据的更新机制，实现水环境监测信息的动态管理，提高流域水环境管理工作效率。

基于大数据、物联网等技术，将店埠河流域水质、水量数据进行深度分析和可视化展示，形成“可视化预警-分析-应急响应”联动能力，实现当流域出现环境风险、水质水量异常变化等情况时，可快速追溯问题源头、落实属地责任、提供应急办法，提升管理工作效能。

四、推广价值

1. 环境效益和相应推广价值

店埠河流域水环境治理工程全面、实时、准确掌握城市排水设施运行、调度方面的信息，监控排水设施的有效运行，保障城市排水系统的运行效果，为店埠河水环境的持续改善提供支撑。

智慧排水管理信息平台的建设将加强排水系统的应急监管能力建设，从而改善环境质量，防范环境风险，优化经济发展，推动建设资源节约型、环境友好型城市。

2. 经济效益和相应推广价值

构建集综合信息管理与共享、环境动态监控系统、环境评估与预测预警系统等为一体的监控平台，在试点区内进行平台的优化，使分散、局域性的监控、管理等问题的解决更趋于系统性、整体性、有效性和协调性，增加日常管理工作的便捷性和时效性。

通过本系统，相关部门可从多角度全面真实地分析各排水系统的运行情况，准确地了解其不规范和不足之处并及时地给予支持，通过这一举措持续提升城市排水设施的运行水平、提升运营效果。

3. 社会效益和相应推广价值

店埠河流域水环境治理工程在保障城市排水系统的安全、稳定、高效运行的同时，也提高了合肥市的城市形象和城市竞争力，为城市的投资环境和人文生活环境的改善起到巨大的作用。

通过智慧排水系统运行调度的有效监管，积极预防、缓解水资源污染和保护、改善水环境，从而加快补齐污水处理设施短板，尽快实现城市建成区污水管网全覆盖、全收集、全处理，巩固合肥市水环境治理成效，提升人民群众的获得感和幸福感。

时空信息赋能的首都国土空间“两违”治理关键技术与实践

孔令彦　任海英　曾庆丰

北京市测绘设计研究院

一、建设背景

为落实习近平总书记对城市减量发展的指示精神，并为贯彻落实好市委、市政府对扎实做好治理北京市违法用地、违法建设（以下简称“两违”）工作的指示精神，亟须对城市空间、违法建设治理的关键技术与核心问题开展探索。治理“两违”工作的首要任务是全面发现和监测既有违法建设和新生违法建设基本情况，如果不能第一时间发现违法建设的存在并监测其进程，那么如何治理也无从谈起。“发现与监测”的能力对于治理“两违”工作至关重要，是一切治理工作的基础。因此需要综合利用多种测绘地理信息技术手段来提高此项能力。同时，要将治理违法建设与城市减量发展结合起来，对每一块违法建设拆后用地的基本情况、拆除情况和使用情况等进行有效监管，避免违法建设复建的情况出现，做到对全市违法建设和违法用地的“底数清、底数准、底数实”，为提供下一步落实城乡规划、建设项目科学合理选址和城市建设用地减量发展提供基础数据和工作保障，实现治理“两违”工作的精细化、精准化，以及治理效果评价的客观和公正。

本项目面向减量发展背景下首都超大城市空间治理需求，综合运用空间大数据技术，重点围绕城市违法用地、违法建设治理，构建了城市空间治理智能监测与评估技术体系，并在超大城市空间治理多个应用场景开展了一系列定量分析评估和典型应用，形成了北京市严厉打击违法用地、违法建设专项行动成功案例，并已在全市 17 个区 330 个街乡镇进行了广泛的应用实践，对城市精细化管理的实践和推广有着重大的意义。

二、建设内容

研究针对首都国土空间“两违”治理需求，综合运用时空信息技术，构建了“两违”空间治理智能监测与评估的关键技术与平台，形成了面向首都的“两违”治理管理流程，成果可广泛应用于城市规划、城市建设、城市管理、国土空间治理等领域，为超大城市高质量发展、可持续发展提供有力的支撑。具体技术框架如图 1 所示。

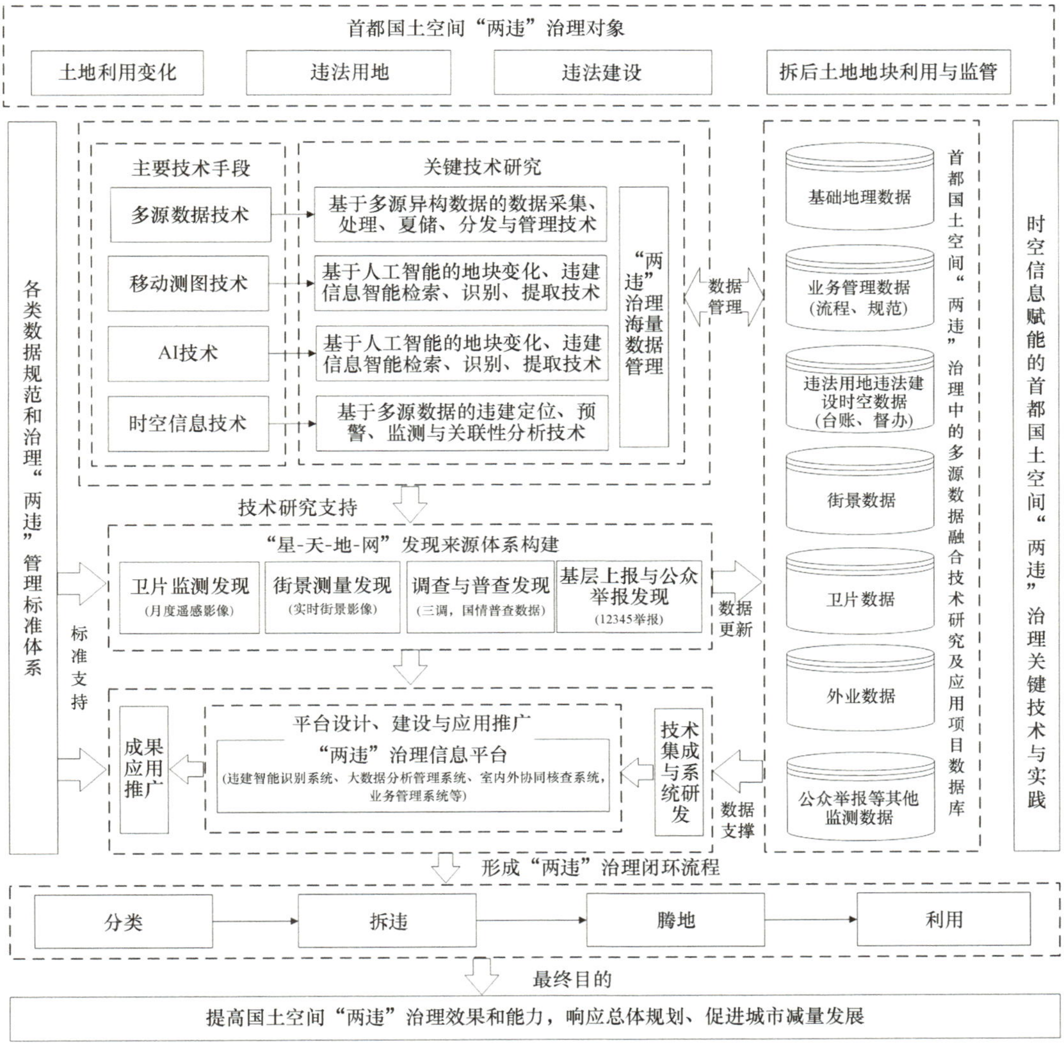

图 1　技术框架

1. 拆违腾地模块建设

拆违腾地模块主要提供街乡镇上账、区确认上账、第三方上账外业核验、街乡镇销账、区确认销账、第三方销账外业核验等功能，实现了“历史违法建设逐步拆除，新生违法建设严管严控，动态零增长真正落实”的目标，“两违”治理平台也借此成为全市违建治理的中枢。街乡镇上账页面如图 2 所示。

2. 分类治理模块建设

分类治理模块主要提供街乡镇分类、主责部门审核、区级部门审核确认以及监管部

图2　街乡镇上账页面

门监管等功能，实现了存量违法建设的持续消减，建立和完善了有利于推进存量违法建设治理管控的标准体系和规范机制，为全市创无违建工作的完成提供了有力的支撑。街乡镇分类上报页面如图3所示。

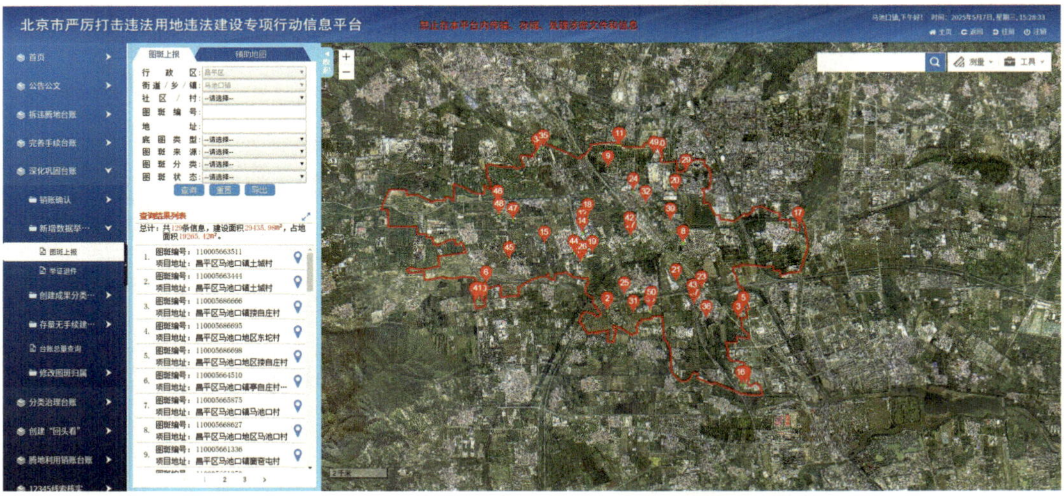

图3　街乡镇分类上报页面

3. 拆后利用模块建设

拆后利用模块主要提供分局填报、区级审核、第三方技术审核、主责处室审核等功能，推动了全市拆违腾退土地的落点落图，梳理出一批规划成熟、区位条件好、已初步确定实施主体和资金来源等具备优先利用条件的潜力资源地块，形成腾地利用重点管理"流量池"，做好了治理违法建设的"后半篇文章"，避免了拆违腾退土地资源"睡大觉”，助力了首都高质量发展。拆后利用填报页面如图 4 所示。

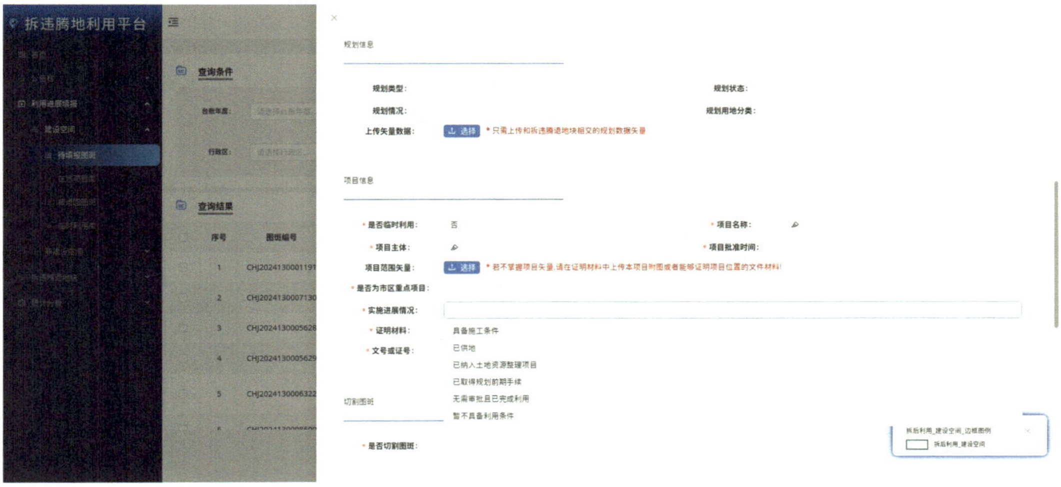

图 4　拆后利用填报页面

三、创新亮点

项目建设的“两违”治理平台在 30 余项工程、全市 20 多个委办局、17 个区 330 多个街乡镇的 500 多单位用户进行了应用和推广，在北京市“疏解整治促提升”行动等城市治理与和谐发展工作中得到深度应用。“两违”治理平台成为北京市治违工作的业务系统，提升了“两违”管理的精细化、智能化水平，有力支撑了城市治理的政府决策，主要创新亮点如下。

1. 面向“两违”治理的“分类–拆违–腾地–利用”闭环流程

针对首都两违治理业务衔接性弱、规范性差，缺乏“两违”治理闭环流程，为了实现超大城市中“两违”精细化治理，突破现有的治理思路，本项目采用了全部违建图斑精准空间化，并建立基于精准矢量化的“两违”图斑从准确分类、精准拆除、腾地利用的“分类、拆违、腾地、利用”治理闭环技术流程，实现违建治理北京市全域国土空间“全覆盖”，违建治理“全过程”，智能监测与评估“全链条”，深化创新发展，构建有效的首都国土空间治理体系。“分类–拆违–腾地–利用”闭环流程如图 5 所示。

2. 形成城市“两违”治理的分类体系

项目针对北京市“两违”的特点，基于北京市地理国情普查数据，结合北京市分区规划、“两线三区”等国土空间规划情况，经过反复的验证和推敲，因地制宜地制定了一套科学的分类体系，将“两违”分为了 7 个一级类、17 个二级类以及 74 个三级类，在此基础上开展分类治违工作，大大提升了治违的效率。“两违”分系体系如图 6

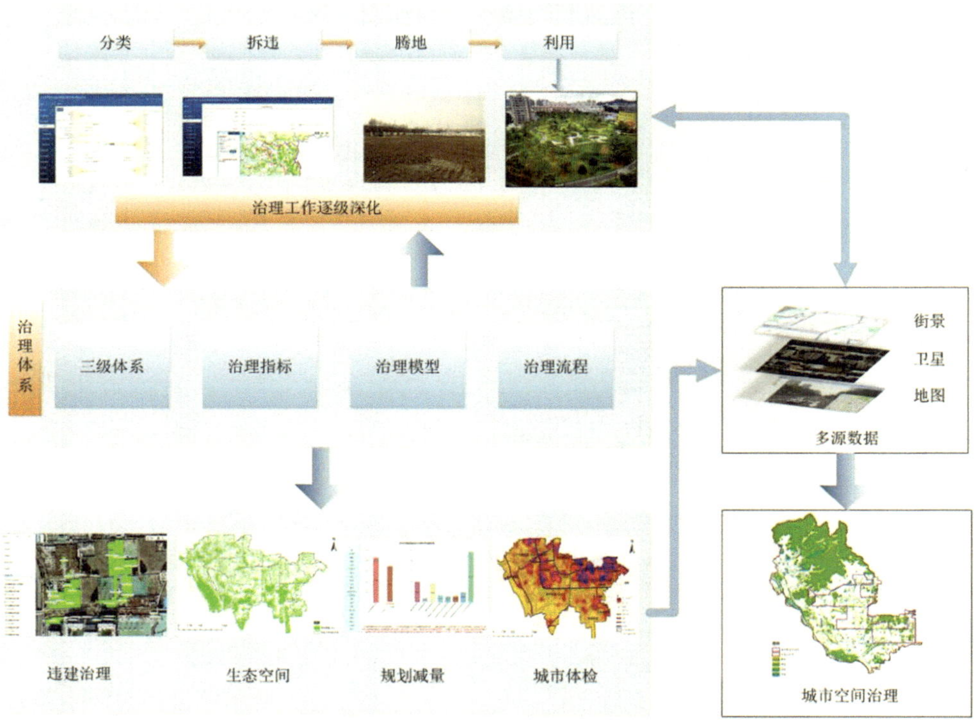

图 5 “分类–拆违–腾地–利用”闭环流程

所示。

3. 通过平台建设实现“市–区–街乡镇”三级管理体系

通过“两违”治理平台，将相应的政策语言转化为业务流程，建立了“查违三级管理体系”，实现违法建设信息“市、区、街道（社区）”三级联动共享机制，推动北京市各区各街镇积极开展“两违”治理工作，并对利用结果进行监测、评估、分析，通过信息化和智能化的手段提升了违法建设的基层治理能力，打通了城市治理的“最后一公里”。查违三级管理体系示意如图 7 所示。

四、推广价值

1. 违建查处与空间治理方面的推广

本项目形成的“两违”治理平台，已经在市指挥部办公室相关的 20 多个委办局、全市 17 个区牵头单位、全市 330 多个街乡镇进行了广泛应用，成为北京市拆违控违的中枢系统，并支持各区开展违法建设查处工作，实现了“底数清、情况明”的政府管理目标。

“两违”治理平台构建的“指挥调度”相关功能模块，以领导者角度统筹全市数

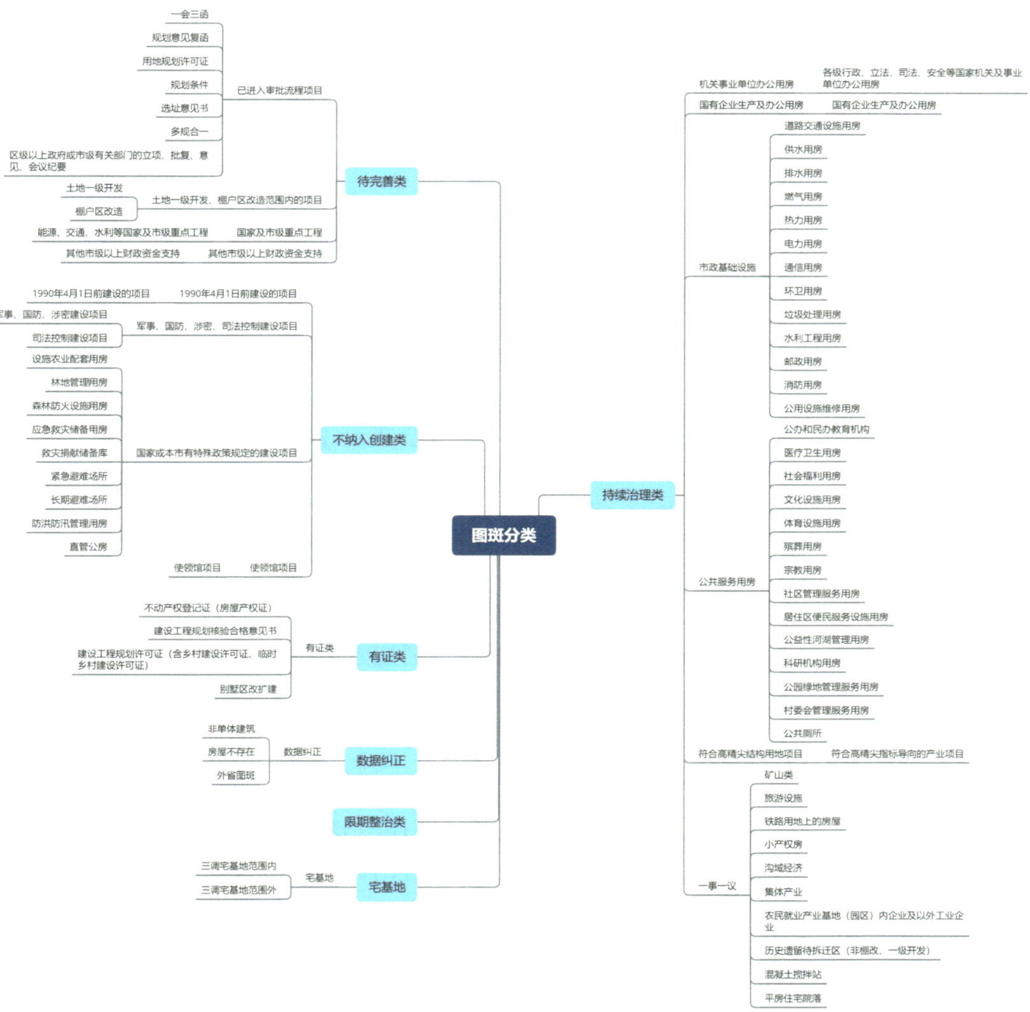

图 6　“两违”分类体系

据，实时动态展示全市数据变化，可从不同角度考察各区违建处理量，对不满足当前节点要求的区进行精准通报，为全市违建精准治理提供有力保障。针对市、区、街乡镇三级管理体系中的不同定位，构建了市级、区级、街乡镇级相应的违建治理态势图，可使管理者和领导者实时了解北京市“两违”工作的开展情况，精准定位现存问题，及时整改到位。

2. 规划编制与减量发展方面的推广

通过规划引领与“两违”治理平台，实现针对所有的违法建设图斑进行空间矢量分析，自动套合赋予规划属性，包括分区规划、生态保护红线、两线三区等规划图层，实现有序拆除违反规划的违法建设，落实规划引领拆违，提高街道的拆除质量，实现在“规划引领”下的“两违”治理工作。结合《北京城市总体规划》（2016—2035 年）中

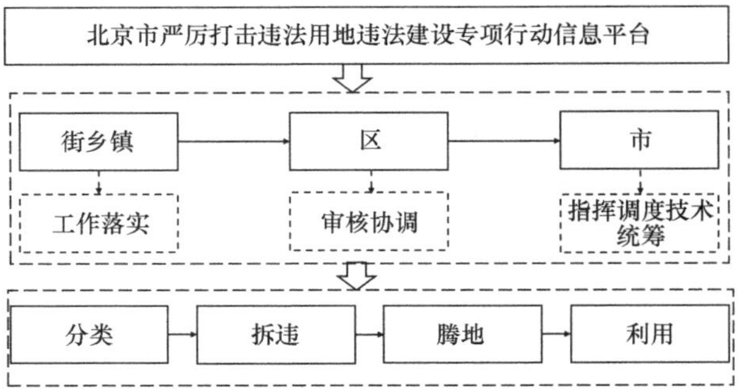

图 7　查违三级管理体系示意

各区建筑规模总量要求，实时计算出各区当前剩余指标总量，科学精准地实现减量发展。

3. 公众反馈问题治理方面的推广

“两违”治理平台结合北京市“接诉即办”基层治理，解决公众反馈的“急难愁盼”问题，实现“民有所呼，我有所应”。通过优化“12345”平台的工单派单机制，基于语义分析的分类标准体系及判断方法，形成一套违建类投诉工单快速获取、内业汇总分析、外业调查抽检、及时预警的工作方法和流程，为北京市常态化长效化治理违法建设提供数据支撑与领导决策依据，打造“两违”治理全民参与的新模式。

4. 城市体检方面的推广

通过“两违”治理平台可以定期监测全市“两违”情况及减量评估，利用平台中违法用地、违法建设空间与属性数据、各类规划普查与调查空间数据、实时查处数据等时空数据，建立违建时空数据库，深入数据挖掘，进行大数据分析，进行拆后监管与城市体检，实现违法建设治理与北京城市总体规划相结合，辅助推进城市总体规划实施，支撑和完善了“一年一体检、五年一评估”工作的开展。

天津市地质灾害风险预警系统建设项目

吴荣泽　葛亮　孙晓玮　杨文博

天津市地质环境监测总站　天津市测绘院有限公司

星际空间（天津）科技发展有限公司

一、建设背景

地质灾害是近年来威胁人民财产和社会经济发展的重要问题。天津市地处华北平原东北部的海河流域下游，北依燕山，东临渤海，地势北高南低。北部地区有低山丘陵分布，南部以平原和洼地为主，地质条件较复杂，人类工程活动强烈。加之近年来极端天气气候事件频发，在自然条件和人为因素的共同作用下，天津市北部山区崩塌、滑坡、泥石流等地质灾害仍呈突发多发态势，南部平原区发育地面沉降、地裂缝等缓变性地质灾害，严重影响人民群众生命财产安全。

为深入贯彻落实习近平总书记关于防灾工作提出的“人民至上、生命至上”“两个坚持”“三个转变”重要指示精神，国家相继出台《地质灾害防治条例》《国务院关于加强地质灾害防治工作的决定》《全国地质灾害防治“十四五”规划》等多项政策和规划，强调要依托地质灾害信息系统，建设分布式网络基础设施，健全完善“国家-省-市-县”四级地质灾害数据库，建设多层级、多部门互联互通的全国地质灾害信息平台。天津市积极贯彻落实中央指示精神，制定《天津市地质灾害防治规划（2021—2025年）》，并明确提出进一步提升地质灾害风险管控能力，实现地质灾害智慧化风险管控。

本项目积极响应国家对于减灾和防灾的要求，通过建设地质灾害数据底座和中台、监测网络台站、地质灾害预警和分析模型、地质灾害风险预警平台、地质灾害预警预报保障体系等内容，提升天津市地质灾害自动化监测能力，提高地质灾害风险预警准确性，不断完善“人防+技防”地质灾害监测预警体系，提升地质灾害易发区内的市级、区级地质灾害气象风险预警预报能力，防范和化解地质灾害风险，推动地质灾害防治工作再上新台阶，为社会提供更好的公共安全服务。

二、建设内容

1. 建设思路

本次天津市地质灾害风险预警系统建设项目以天津市北部山区突发性地质灾害风险预警为主体，涵盖从北部山区到平原区再到海岸带的全部天津市范围。项目总体建设思路如图 1 所示，通过地质灾害风险预警数据资源体系建设，集成预警模型和软硬件环境，基于微服务架构实现系统一体化、数据集成化、成果可视化，实现基础地质环境信息管理、地质灾害自动化监测预警、地质灾害气象风险预警、预警产品制作、预警成果发布、预警模型管理、预警指挥调度等基本预警业务功能，实现国家、市、区地质灾害预警业务各层级节点互联互通。项目建成后主要服务于自然资源部、天津市政府、天津市规划和自然资源局及各分局、地质灾害防治管理部门。

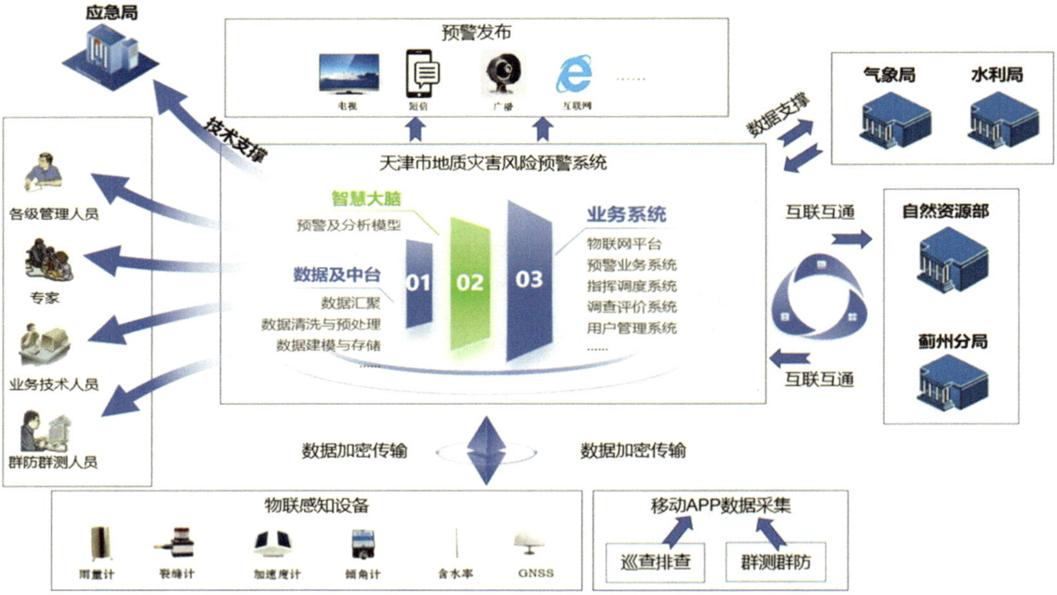

图 1　建设思路

2. 主要内容

本项目建设内容如图 2 所示，主要包括地质灾害数据底座和数据中台建设、地质灾害预警和分析模型建设、地质灾害风险预警应用系统建设、地质灾害预警预报保障体系建设和区域地质灾害气象风险预警监测网络站点建设等。具体内容如下。

（1）建设涵盖地理数据、遥感数据、地质灾害自动化监测数据、地质灾害相关地质环境数据、气象数据、钻孔数据等内容的天津市地质灾害风险预警数据资源体系，形成一套完整的集数据汇集、存储、查询、展示、分析应用于一体的数据中台管理系统。

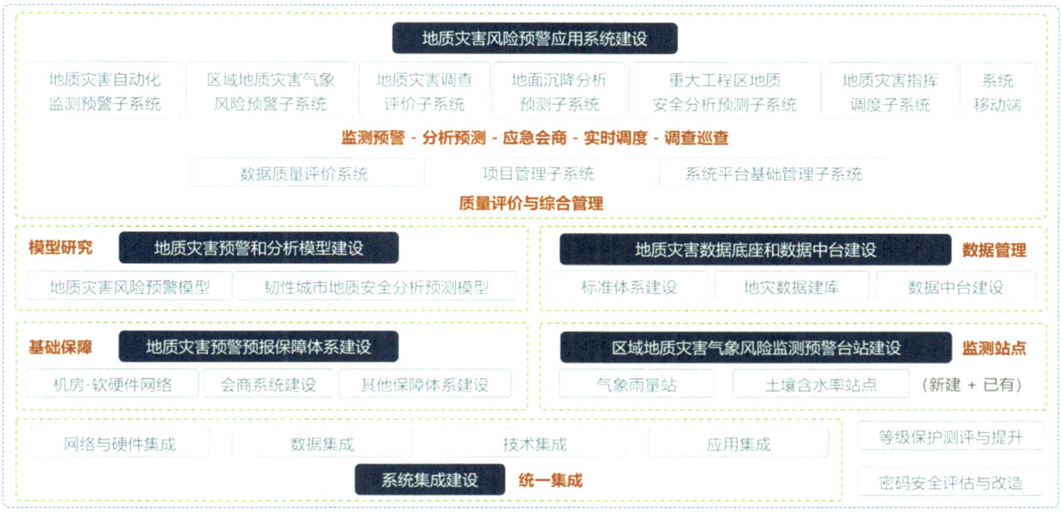

图 2　系统架构

（2）建设天津市北部山区自动化监测预警模型、区域地质灾害气象风险预警模型，实现地质灾害隐患点的基础模型配置和优化机制，实现精细化、智能化的区域地质灾害气象风险预警智慧中枢；进行韧性城市地质安全分析预测模型的研究，从地面沉降和重大工程地质安全两个方面深入分析致灾孕灾的机理，建设支撑韧性城市地质安全的预测分析智慧中枢。

（3）从市、区两个层面的应用需求出发建设天津市地质灾害风险预警业务系统，实现地质灾害自动化监测预警、区域地质灾害气象风险预警、地质灾害指挥调度、地质灾害调查评价、地质灾害数据质量评价、韧性城市地质安全分析预测等系统业务功能；实现一个平台不同层级系统使用权限的用户管理系统；实现地质灾害相关项目管理系统；实现系统移动端建设。

（4）建设支撑地质灾害风险预警预测数据资源体系、地质灾害数据中台和业务系统、地质灾害预警预测模型计算分析的软硬件、地质灾害数据中心机房环境、预警会商等保障体系和制度机制。

（5）建设包括 15 个气象雨量站和 8 个土壤含水率站的区域地质灾害气象风险预警相关监测站点，实现精细化的区域地质灾害气象风险预警业务功能。

3. 典型应用场景

1）区域地质灾害气象风险预警

建设区域地质灾害气象风险预测子系统，通过地质灾害区域气象风险预警数据一体化管理、预警模型配置、预警计算与成果编辑，实现预警成果生成和发布。预警发布支持自动临灾叫应，并可结合隐患点预警成果进行点面双控的预警成果分析和编辑，形成最终预警产品，并联合多部门进行预警会商、预警签批等，发布最终预警成果，如图 3 所示。

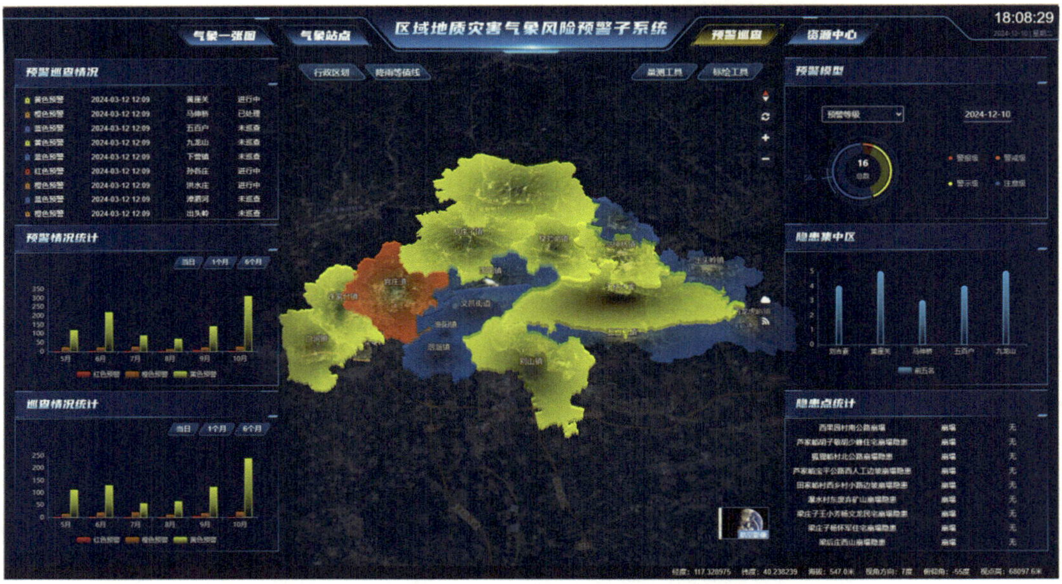

图 3　区域地质灾害气象风险预测子系统

2）地质灾害自动化监测预警

建设地质灾害自动化监测预警子系统，实现对设备与监测点的一体化管理、对监测数据全面、实时地展示与预警。同时，集成单点预警模型，结合监测点情况自定义设置阈值，建立“一点一模型”，形成基于隐患点的监测预警功能。系统实现了群测群防初步预警、隐患点自动化监测预警及区域风险预警多种渠道预警方式与预警成果，支持动态更新区域风险预警，实现点面展示、预警处置联动，为防灾减灾提供数据服务支撑，如图 4 所示。

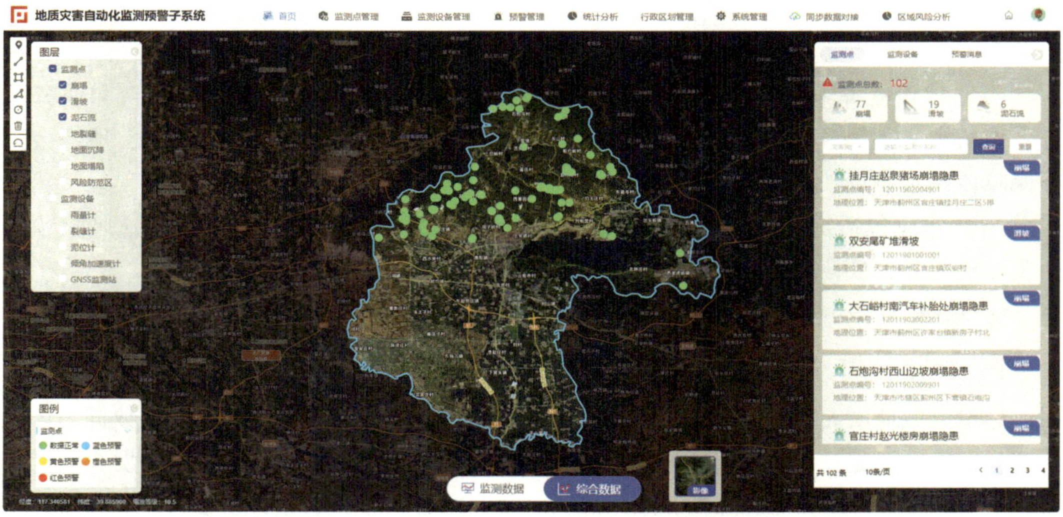

图 4　地质灾害自动化监测预警子系统

3）地质灾害应急指挥调度

建设地质灾害指挥调度子系统，融合基础地理数据、地质灾害数据、业务数据等，实现对地质灾害相关信息的一张图展示、灾情信息管理，临灾及突发状况时可与一线人员实现实时视频通信，可进行调度指挥、搬迁避让、应急值守、风险管控、桌面推演、任务派发等业务的集中管理，并提供会商与灾情模拟功能，辅助相关部门进行指挥决策，为突发地质灾害事件会商研判、指挥调度和应急决策提供系统支撑，满足汛期地质灾害防御需求，如图 5 所示。

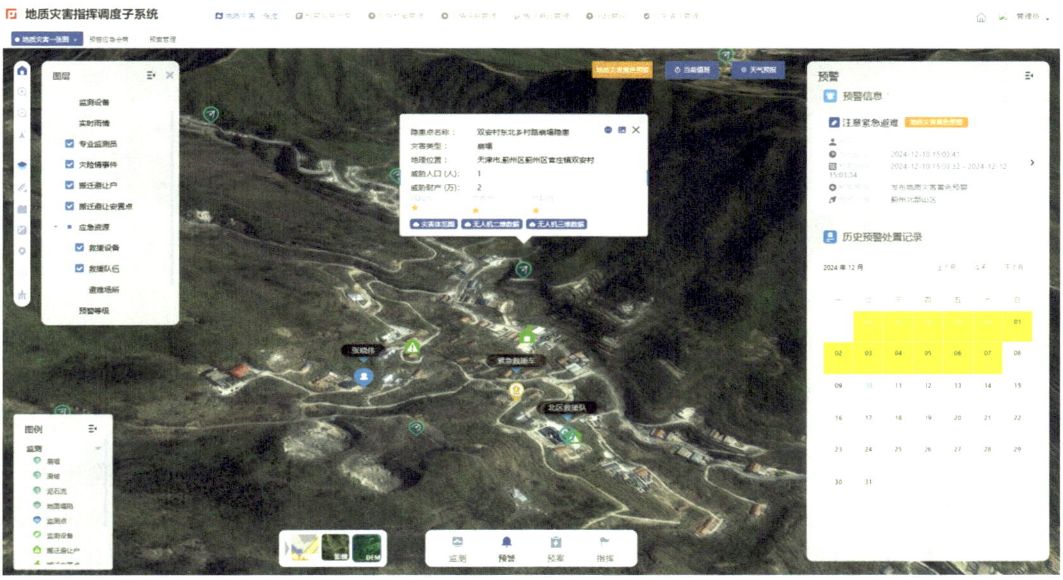

图 5　地质灾害指挥调度子系统

4）地质灾害风险预警时空大数据管理

建设地质灾害数据中台，利用时空大数据技术，汇聚监测、气象、风险调查、无人机、地质等多源、多尺度、多时态数据，实现自动化的数据接入与一体化存储管理，结合 BI 报表、工作流引擎、规则引擎等工具，对采集的数据进行清洗、转换、融合等治理，提高数据质量，为数据价值的挖掘提供支撑，为系统提供坚实的数据基础，如图 6 所示。

三、创新亮点

1. 构建北部山区“点面双控”地质灾害监测预警体系

天津市蓟州区北部山区地质灾害预警，目前缺少精细化的地质灾害隐患点监测预警模型和区域地质灾害气象风险预警模型。本项目针对每个隐患点不同的预警参数组合形

图 6　地质灾害风险预警时空大数据管理

式和判据阈值进行复核和优化，建设隐患点自动化监测预警模型和地质灾害自动化监测预警系统，实现地质灾害隐患点的“一点一阈值/模型”基础配置和优化机制；同时考虑气象诱发因素叠合地质灾害区域环境条件，建设区域地质灾害、区域气象风险预警模型和区域地质灾害气象风险预测系统，实现精细化、智能化的区域地质灾害气象风险预警智慧中枢。通过群测群防初步预警、隐患点自动化监测预警以及气象预警风险分区预警，构建“隐患点+风险区”点面双控体系，实现点面双控预警预报、预警成果展示发布、预警处置联动，为防灾减灾提供数据服务支撑。

2. 形成平原地区“韧性城市”地质安全分析预测体系

针对天津市南部平原区地质灾害特征，通过探索“互联网+韧性城市地质安全管理”模式，研究韧性城市地质安全分析预测模型，系统解析地面沉降与重大工程地质安全两类核心致灾与孕灾机制，实现对地质安全相关影响因子的统一管理、分析和预测，能够在城市规划、城市开发建设、重大工程选址和建设方面进行辅助的决策分析，为天津市地下水资源开发利用、地下空间开发利用等规划提供必要的技术支撑，逐步提升天津市韧性安全智慧化治理能力。

3. 建成地质灾害“大数据底座”数据资源体系

天津市在地质灾害数据资源建设方面已积累了海量的数据，但各类数据的建立未使用统一标准，分布较为分散。为支撑地质灾害风险预警需求，本项目面向地质灾害风险预警业务应用，通过建设数据标准体系、地质灾害风险预警数据库和数据中台，构建地质灾害数据资源体系，汇聚基础地理数据、地质环境数据、地质灾害数据库（灾情数据、隐患/风险数据、监测数据等）、气象数据、预警结果等数据，形成统一的数据存储、管理、应用和服务平台，实现数据整合与集成、统一存储与管理、共享与协同，打破数据孤岛，提高数据综合利用率和价值，更加全面支撑地质灾害风险预警工作，为决策制定和灾害预警提供有力支持。

四、推广价值

本项目通过建设地质灾害数据底座和中台、监测网络台站、地质灾害预警和分析模型、地质灾害风险预警平台、地质灾害预警预报保障体系等内容，不断完善“人防+技防”地质灾害监测预警体系，有助于提高天津市地质灾害风险预警的精准性和实时性，提升地质灾害易发区内的市级、区级地质灾害气象风险预警预报能力，提高地质灾害预警服务的质量和效能，防范和化解地质灾害风险，减轻地质灾害隐患带来的危害，保障人民生命财产安全，促进社区和区域的可持续发展推动地质灾害防治工作再上新台阶。

面向生态和低碳融合的城市景观构建智慧决策系统

吴晨曦　王凯　刘耕源

北京市勘察设计研究院有限公司　北京师范大学

一、建设背景

当前，全球气候变化和城市化进程加速，城市景观设计不仅关乎城市规划与建设，更是直接影响着城市居民的生活品质和环境健康。因此，如何将生态和低碳理念融入城市景观构建，成为一项迫切需要解决的问题。随着绿色低碳循环发展和碳达峰碳中和目标的提出，城市景观设计面临着新的挑战和机遇。

在这一背景下，研制开发面向生态和低碳融合的城市景观构建智慧决策系统，建立适宜的植被组合模式设计，构建适用的植被固碳量核算模型，优化景观资源配置。不仅可以提供三维可视化的优势，辅助设计过程，更能够结合科学精准的指标计算方式，为设计决策提供更加科学和有效的支持。通过基于多个计算指标实现三维场景下的景观设计，设计者可以更加全面地考虑植物种类和布设方式的选择，最大程度减少对环境的影响和资源的消耗。

二、建设内容

1. 主要研究内容

（1）建立面向生态和低碳融合目标的城市植被组合模式设计。实现乔木、灌木和草本的各种组合方式，通过模板中乔木、灌木和草本预设的点位来放置植物，实现植被的模板化放置和大量植物组合摆放方式。通过对乔木、灌木、草本等进行多种形式的组合设计实现城市植被景观的设计与三维展现，以满足不同场景下的植被设计需求。

（2）构建植被固碳量核算模型。首先，通过植被静态、动态固碳量核算功能，分析了该区域内植被组合模式下的近 5 年内固碳量曲线变化与固碳量总和，同时可根据植被组合模式调整，输出该类植被组合模式下的生态效益及成本价格；其次，通过植被去除空气污染物核算公式计算相应区域内植被去除空气污染物（CO，PM10，PM2.5）的吸收量；再次，根据年均降水量计算植被对降水的截留量；从次，根据夏季绿地植被降温吸收热量（THQ）计算公式，分析植被夏季降温效益和年节约能源效益值；最后，根据苗木价格网站实时数据抓取，计算绿化面积内各植被总的苗木价值。

（3）搭建二三维一体化的城市景观构建智慧决策系统。将城市建筑物的二三维整体信息进行整合和管理，构建智慧决策支持系统，为城市景观设计的生态化和低碳化提供有力支撑，确保设计符合生态和低碳的目标。

（4）将城市景观设计的各类数据进行集成与管理，实现设计信息的全面共享和高效利用。这有助于提高设计效率、减少设计变更，并为生态环境影响评估提供全面准确的数据支持。

（5）实现城市景观构建模拟分析，评估设计方案的环境影响。同时，通过优化算法的应用，可以对景观布局、植被配置等进行优化调整，提高了设计的生态性和低碳融合性。

针对生态和低碳融合的城市景观构建智慧决策进行业务研发，满足了设计人员进行植被模型独立添加，植被模型批量添加，植被模型库管理等功能，为设计人员提供方便快捷的可视化、高效率的过程管理工具。

2. 总体设计

1）设计原则

城市景观在进行构建时，需要综合考虑城市绿化需求与植被固碳量等相关因素，情况复杂，要求在设计城市景观时既保证植被组合模式的多样性，又要能够提供相对准确的植被经济、绿化、环境优化方面的效益。因此，结合城市景观构建的实际需求，结合相关标准要求，构建适用的植被组合布设模式，同时通过植被静态固碳模型、动态固碳模型、植被对降水的截留量等相关核算模型，打造对不同的植被组合布设的城市景观植被的预期经济和社会效益计算模型。优化景观资源配置，提高资产的利用效率，为城市经济发展注入新的动力，为未来景观建设和维护决策提供可靠数据支持。

2）设计框架

基于标准规范体系、安全保障体系，进行植被固碳量核算评估模型设计和二三维一体化的面向生态和低碳融合的城市景观构建智慧决策系统的建设。

总体框架如图1所示。

3. 系统建设

面向生态和低碳融合的城市景观，构建智慧决策系统，实现单个或批量植被固碳效益的计算，以列表、图表为查询、统计分析载体，实现依属性的各项操作。为城市景观构建提供决策支持。

1）模型库管理

系统内置模型库管理模块，包含了71种乔木、41种灌木、14种草本模型，支持对

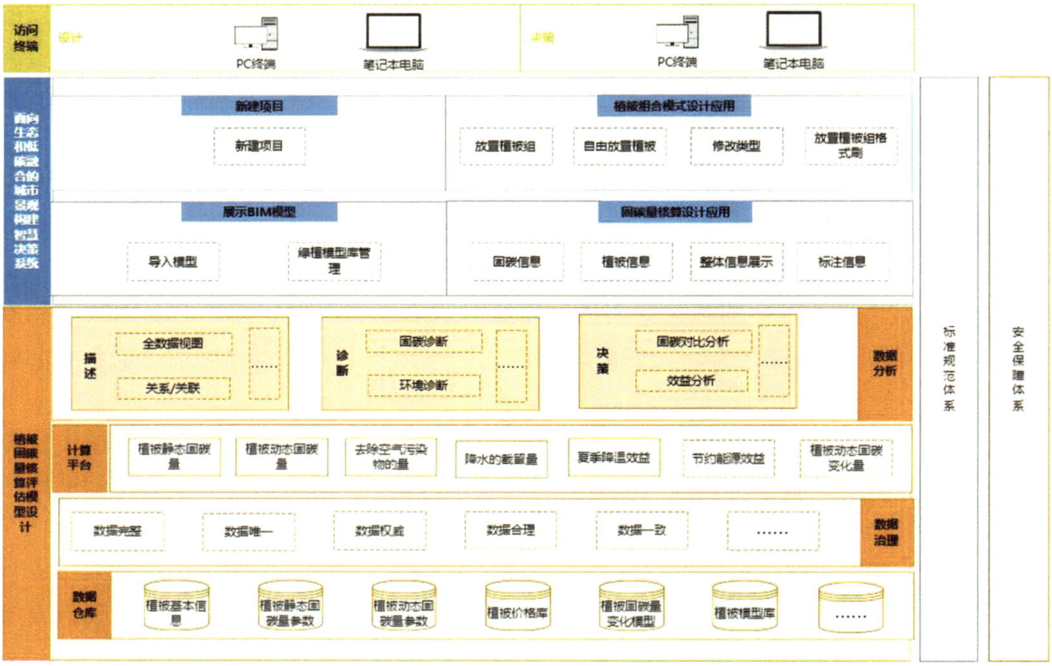

图 1　总体框架

模型库进行模型新增、模型删除等操作。简便快捷的交互界面，可大幅度提升模型库管理工作效率，模型库管理如图 2 所示。

图 2　模型库管理

2）植被组合设计实现

基于植被组合理论模型，形成了 23 种组合模式。通过放置植被组合模块，选择对应的植被组合方式及植被类型，对城市景观进行快速的构建，为城市景观提供技术支撑。植被组合模式设计如图 3 所示。

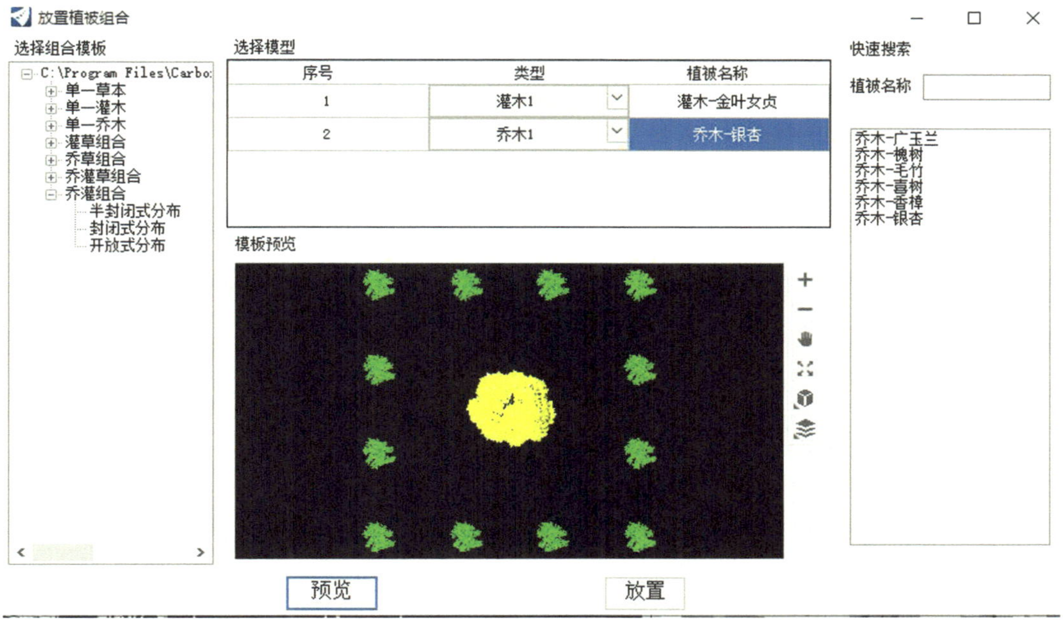

图 3　植被组合模式设计

3）生态效益核算

生态效益核算包括固碳信息、植被信息、标注信息。

固碳信息通过选择 1 个或多个植被组合模型，统计组合模型中所有植被的棵数、区域面积等参数，进行固碳量计算，并以图表方式对固碳数据进行展示。固碳信息查询功能方便快捷，可任意组合进行统计展示。固碳量计算直接对接云计算，方便进行统一更新与维护管理，也确保固碳计算成果的可靠性和精确度。固碳信息如图 4 所示。

植被信息主要方便用户进行植物基本属性的了解，提供植被信息展示的功能，主要展示植物的科属及生长类型。

标注信息主要对模型中所有绿化区域分别进行信息标注，标注内容包括植被类型、绿化面积、固碳能力、经济投入等指标。

4）二三维一体化景观场景构建

面向生态和低碳融合的城市景观构建智慧决策系统实现了二三维一体化景观场景构建功能，精准覆盖从初始化场景的基础搭建，到植被组科学布置，再到完整景观呈现的全流程，为城市景观的绿色低碳转型提供“一站式”、精细化解决方案。二三维一体化如图 5 所示。

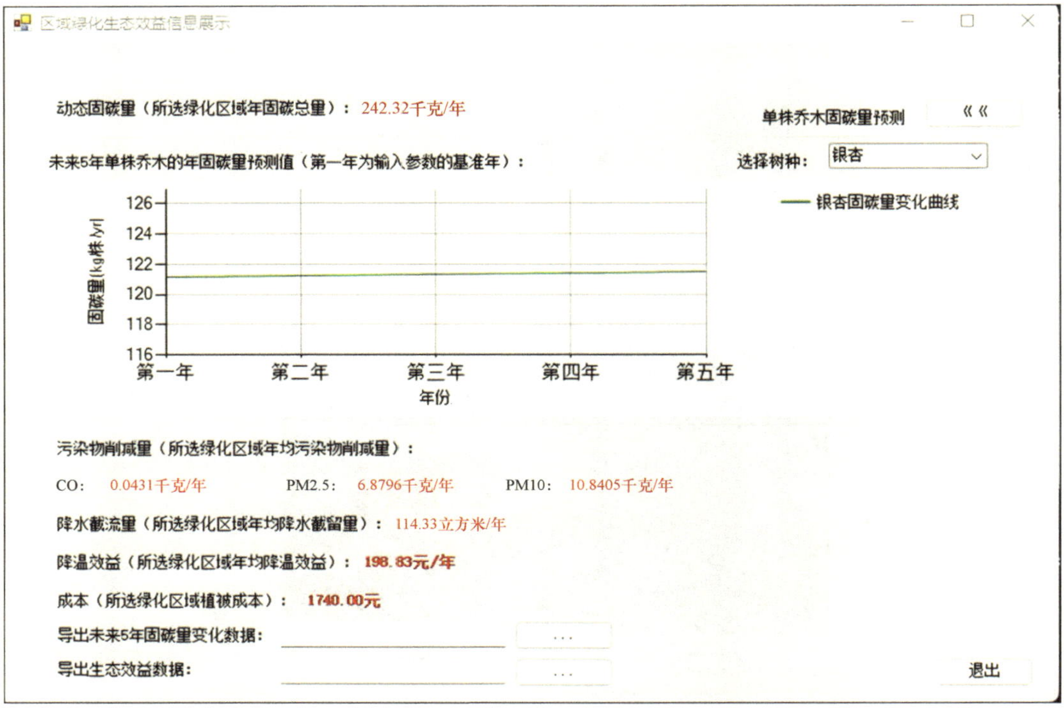

图 4　固碳信息

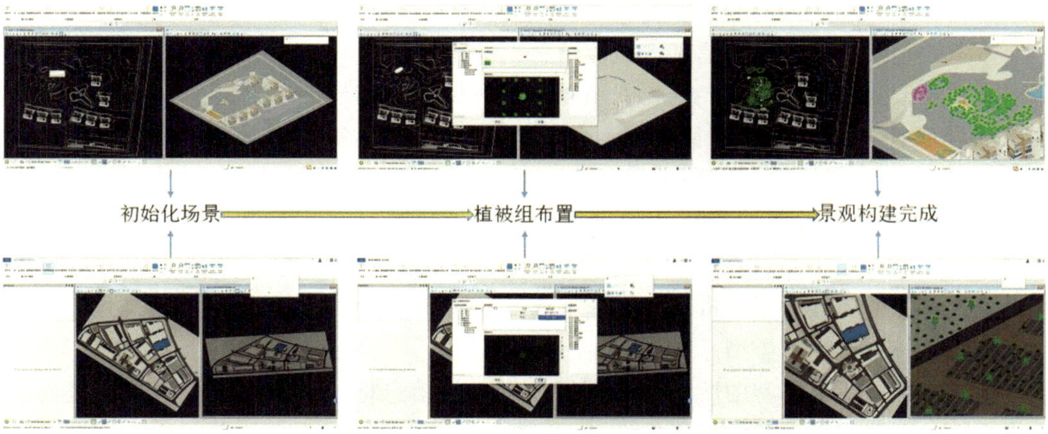

图 5　二三维一体化

三、创新亮点

1. 植被组合模板库设计

构建了不同组合植被设计模式的植被组合模板库，形成了单一乔木、单一灌木、单一草本、乔灌组合、灌草组合、乔草组合、乔灌草组合为大类的23种组合模式，并实现了各类组合的高效灵活配置。

2. 植被单元库设计

提出了单个植被模型为共享单元和多种植被模型组成单元库的设计方法，实现了植被设计模型与植被单元库的自动精准链接，提升了城市景观场景模型构建的效率。

3. 植被固碳量核算评估模型设计

建立了综合植被静/动态固碳量、去除空气污染量、降水截留量、夏季降温效益和节约能源效益的植被固碳量核算评估模型，研发了二三维一体化的城市社区景观构建智慧决策系统，实现了城市景观设计的智慧决策。

四、推广价值

面向生态和低碳融合目标的城市社区景观构建智慧决策系统对植物的三维模型进行管理，为植被的三维设计提供了基础。通过科学把控和规范植被的组合模式，配合各项指标，提高植被设计的科学合理性，予以设计和规划人员更多的便利，实现智慧化的辅助设计功能。

鄂尔多斯市燃气安全监测预警平台建设项目

余永崇　李军　智明　万鹏辉　李娥　唐家伟

鄂尔多斯市住房和城乡建设局

北京辰安科技股份有限公司

一、建设背景

党和国家对燃气安全高度重视。习近平总书记在党的十九大报告中作出重要指示：树立安全发展理念，弘扬生命至上、安全第一的思想，健全公共安全体系，完善安全生产责任制，坚决遏制重特大安全事故，提升防灾减灾救灾能力。

2022 年 7 月 1 日，住房和城乡建设部印发通知《关于开展城市基础设施安全运行监测试点的通知》（建办督函〔2022〕239 号），要求在 22 个市（区）开展城市基础设施安全运行监测试点工作，推动各地提高城市基础设施安全运行监测水平，有效防范安全事故，维护人民群众生命和财产安全。鄂尔多斯市作为城市基础设施安全运行监测试点工作的城市，率先探索完成了鄂尔多斯市燃气安全监测的建设，为内蒙古自治区试点工作提供市级样板支撑。

2023 年 4 月 4 日内蒙古自治区住房和城乡建设厅关于印发《内蒙古自治区城市生命线安全工程建设工作方案》的通知，其中重点任务中要求建立城市生命线安全工程信息数据库、建设地下管网前端感知系统及建设城市生命线安全监测平台。

二、建设内容

1. 总体架构

平台整体采用感、传、知、用的技术架构。其中，“感”为前端感知层，侧重前端感知系统的搭建和现有感知系统的对接；“传”为网络传输层，侧重感知数据的多渠道、多手段安全传输网络建设；“知”为数据服务层，主要是燃气安全大数据服务工程；“用”为应用软件层，主要包括燃气安全专项应用系统和应用支撑系统，侧重于构建满足燃气监测预警、协同联动全流程业务系统，如图 1 所示。

2. 系统和平台

为落实国务院安委办、住建部及内蒙古自治区住建厅相关要求，以“急用先行，突

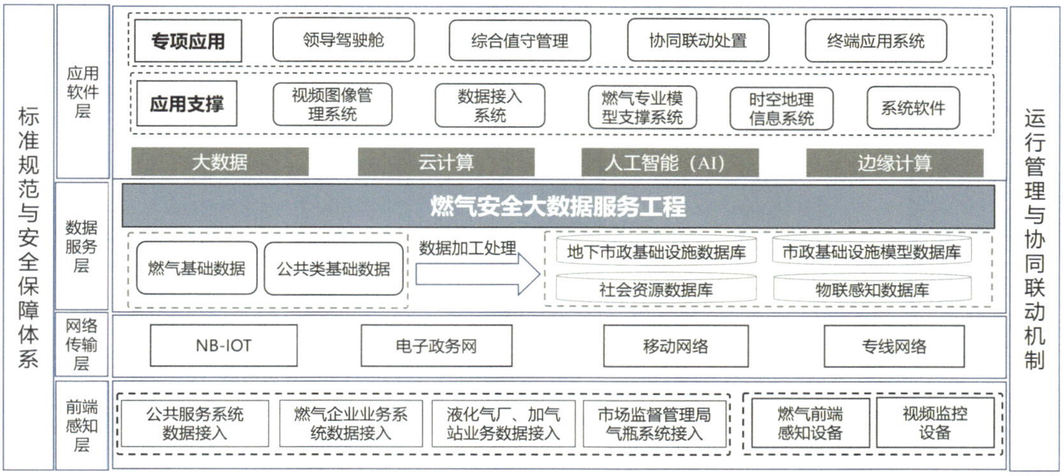

图 1　总体架构

出重点”思路打造燃气安全监测预警平台，覆盖鄂尔多斯市本级、东胜区、康巴什区、伊金霍洛旗及相关企业，从信息化建设中辅助完善燃气行业安全长效机制、强化监管。燃气感知设备覆盖 3 个旗区重点高泄漏风险区域燃气管网相邻空间，保障平台对燃气安全风险及时感知、早期预测预警，如图 2 所示。

图 2　鄂尔多斯市燃气安全预警平台

以鄂尔多斯城市地下管网数据为基础，根据城市燃气管网相邻地下空间爆炸事故演化过程，结合公共安全“三角形理论模型”，对燃气管网相邻地下管网空间进行风险评估并分级，从而确定了监测范围，如图 3 所示。

基于沼气与燃气在实时动态变化过程中所展现出的显著特征差异，全力构建先进的

图 3　燃气风险四色

燃气与沼气辨识技术，进而使城市级大规模燃气管网周边的地下空间实现高度精准的监测成为切实可行的现实可能，如图 4 所示。

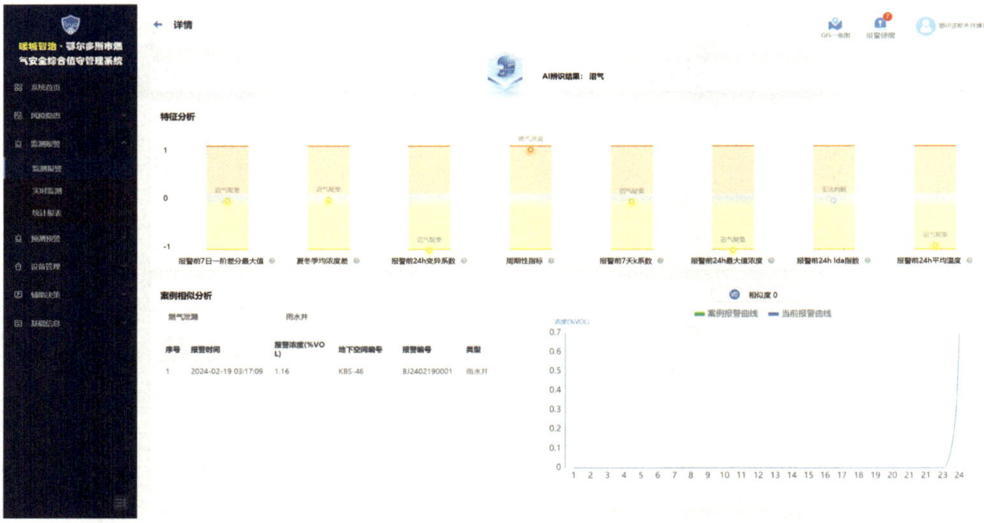

图 4　燃气与沼气辨识技术

3. 典型应用场景

1）场景一：燃气管网监测预警

构建燃气管网监测预警系统，在东、伊、康三区高风险燃气管网相邻空间部署 291 套可燃气体监测设备，实时监测预警燃气浓度。系统抓取物联网监测数据，实现对燃气管网安全的不间断动态监控，提高监测预警时效性和工作质量。当燃气浓度数据超标时，系统运用专业模型技术研判分析燃气泄漏情况，研究可能的泄漏管线，预测泄漏扩散范围，模拟可能造成的人员伤亡，为应急管理提供信息支撑，保障应急指挥决策科学高效，如图 5 所示。

图 5　燃气管网监测预警

2）场景二：液化石油气安全监管

构建液化石油气及加气站安全管理系统，对东、伊、康的相关单位进行综合监管，涵盖近 9 万个液化石油气瓶、21 家充能单位、32 个加气站及 5 个液化石油气厂。系统实现气瓶全过程安全监督管理，通过统一展示多项内容，对加气站和液化石油气厂进行安全监控，及时发现违法经营和安全隐患，促进燃气安全各方面全面提升，如图 6 所示。

图 6　瓶装液化气安全监管

3）场景三：协同联动处置

协同联动处置系统构建了从燃气泄漏预警发生、预警分级，到协同权属单位、监管单位公共处置的业务闭环，辅助多个单位协同高效地处置燃气事故。主要用于应对燃气泄漏事件的发生，在燃气安全协同联动机制的保障下，可以实现各协同部门之间的信息共享，做到高效的协同联动、应急处置，如图 7 所示。

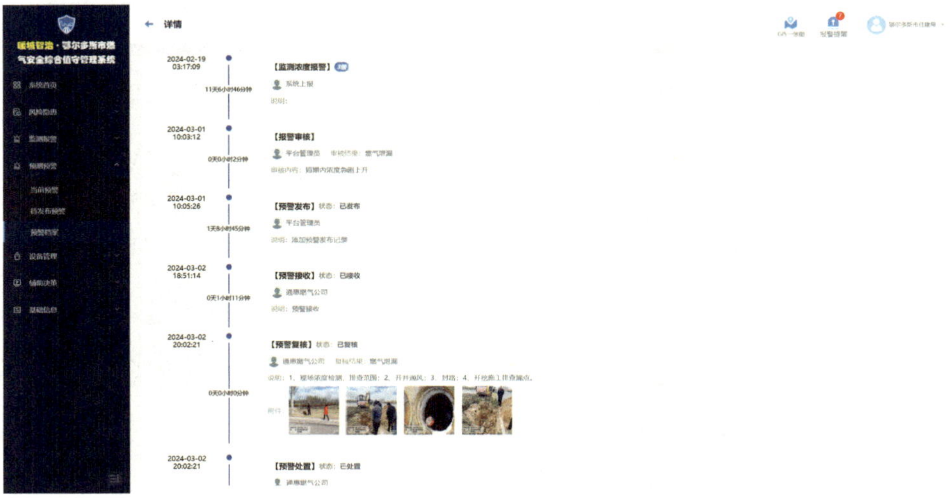

图 7　协同联动处置

三、创新亮点

鄂尔多斯市燃气安全监测预警平台是城市安全管理体系的基石，走在风险隐患源头治理前沿，预防重大安全事故。平台以构建全方位、智能化、高效的燃气安全运行管理体系为使命，集成全球领先科技与创新管理机制，编织 24 小时无休、全方位覆盖的安全监测网络。

平台建设是科技与机制深度融合的典范，推动燃气安全领域标准统一、监管强化与服务优化，实现对燃气设施全面感知、无缝对接、精准监控与即时预警，增强公众安全感与信任度。

在管理上，平台引领从粗放向精细、从被动向主动的管理革命。通过先进技术与模型，精准洞察燃气安全风险，为管理者提供决策依据，使管理从“看不见、摸不着”转变为“清晰可见、可预测、可预防”，构建主动防控体系。

这为鄂尔多斯市构建韧性安全城市注入科技动能与智慧力量，使城市燃气系统更坚韧，抵御安全威胁与挑战，确保能源供应稳定安全，为城市可持续发展提供保障，为居民安全生活与福祉增添色彩。

1. 监测预警联动机制创新，实现精细化安全管理

为保障项目建设成果的高效应用，成立了城市运行监测中心，制定城市安全监测运

营服务机制，鄂尔多斯市住房和城乡建设局统筹建立统一监测服务的运行机制。通过7×24 小时监测值守和数据分析，自动将预警信息分为一、二、三级，第一时间点对点分层加推到燃气企业，同步推送到辖区政府，联动处置预警信息，如图 8 所示。

图 8　预警分级响应机制

2. 监测系统运行效果显著，全面提升城市安全韧性

平台自上线运行以来，已经成功预警并处置 28 起燃气报警事件，实现燃气安全全面实时感知、全程实时分析、全域实时处置，形成“监测预警、协同处置”燃气安全主动防控新模式，有效提升鄂尔多斯市城市安全韧性，如图 9 所示。

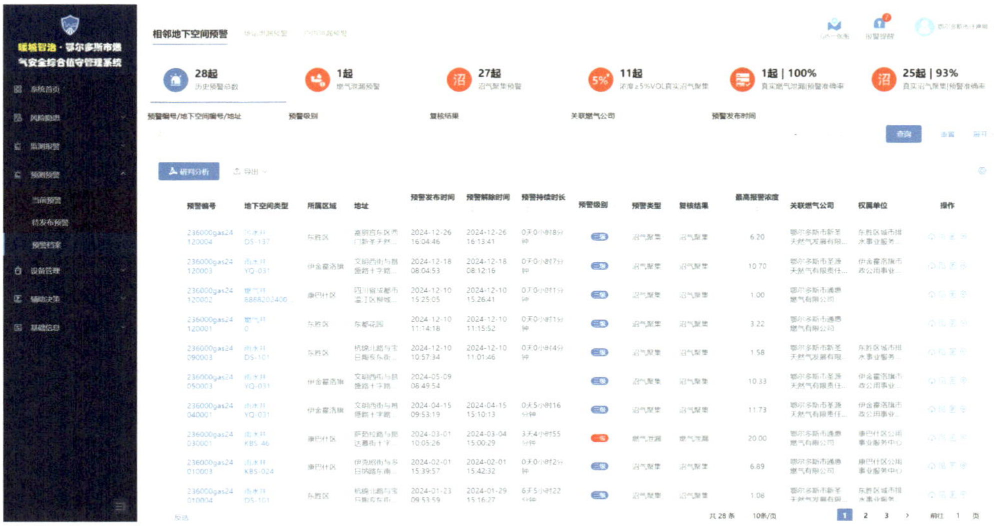

图 9　预警事件展示

3. 打造鄂尔多斯市样板，打开内蒙古自治区燃气安全新局面

构建燃气安全运行监测预警平台是复杂系统工程，跨越部门与行业界限，融合多学科、多专业智慧与力量。本项目成功建设与高效运转，树立内蒙古自治区燃气安全领域标杆，为城市安全发展添彩，引领其他盟市、旗县迈向燃气安全治理新征程。

该平台通过前端感知技术实现全方位、深层次监测，借助风险定位机制迅速锁定潜在威胁，依托预警研判体系提前预判风险趋势，构建协同联动处置机制，促进部门、行业紧密合作与高效协同。

鄂尔多斯市创新实践为自治区燃气安全提供有力保障，为城市安全治理探索新路径。启示我们坚持科技创新与机制创新双轮驱动，提升城市安全治理现代化水平；加强跨部门、跨行业协同合作，形成安全治理强大合力。未来，更多盟市、旗县借鉴推广新模式，内蒙古自治区城市安全治理水平将迈上新台阶。

四、推广价值

1. 社会效应

本项目通过对燃气安全风险的及时感知、早期预警和高效应对，全面提升燃气安全源头的治理能力，减少或避免重特大燃气爆炸事故的发生，助力鄂尔多斯市城市安全发展。2023 年 9 月，鄂尔多斯市燃气安全监测预警平台作为“暖城芳华”中智慧管理守护“城市生命线”最重要的一环，在全自治区精细化管理现场会上首次亮相，获得了全自治区住建系统各级领导一致认可并在鄂尔多斯市得到广泛宣传。

2. 经济效应

通过鄂尔多斯市燃气安全监测预警平台建设，形成较为完善的燃气安全信息化基础设施和公共信息平台，整合各单位现有的基础设施和信息化资源，打通行业壁垒，实现信息互联互通，避免重复建设，提高监管效率，降低运行成本。

同时，项目建设结束后，将会为鄂尔多斯市燃气安全建立良好的环境，减少和避免突发事件和各种燃气次生事故的发生，有效地降低事故灾害造成的人员伤亡和经济损失。

3. 推广价值

本项目标志着燃气安全管理模式的转型。平台以物联监测、智能预警和精细化治理为核心，促进燃气行业智能化升级，构建与各职能部门紧密衔接的安全保障机制，织就覆盖广泛、反应迅速的保护网，实现城市燃气安全体系全方位、立体化建设，将管理模式从被动应付推向主动预防新高度。

主动预防保障安全：平台利用物联网等技术实现燃气安全风险实时监测、预警与评估，转变管理模式，降低事故发生率，保障市民生命财产安全和城市运行稳定。

智能化管理提升效率：平台集成智能监测与预警系统，提高管理效率和准确性，通

过数据驱动决策支持，促进精细化管理。

跨部门协同强化应急响应：平台促进管理体制健全，实现跨部门协同合作，在突发事件发生时迅速启动应急预案，提高应急处置效率和成功率。

推动技术创新引领行业发展：平台以技术创新为引领，融合前沿技术，推动科技进步和产业升级，为全国提供经验和模式，引领行业发展方向。

提升城市形象增强居民安全感：鄂尔多斯作为“暖城”与“平安中国建设示范市”，平台成功建设与高效运行提升城市形象和居民安全感，为市民创造安全和谐生活环境，增强市民对城市管理能力的信任和满意度。

暖城“根数据库”一表通表单服务系统

马千里　冯善龙　潘兴子　燕波　郎国起　雷燕　杨春生

鄂尔多斯市政务服务中心（市大数据中心）

一、建设背景

2024年3月，习近平总书记在湖南调研时指出：党中央明确要求为基层减负，坚决整治形式主义、官僚主义问题，要精兵简政，继续把这项工作抓下去。基层是国家治理的最末端、服务群众的最前沿。基层干事创业的氛围如何，干部工作状态如何，关乎党中央决策部署的落地落实。深化整治形式主义为基层减负，就是要为基层卸下不必要的负担，推动广大基层干部有更多的时间和精力抓落实，以好的作风振奋精神、激发斗志、树立形象、赢得民心。2024年7月30日，中共中央政治局召开会议，重点审议了《整治形式主义为基层减负若干规定》，会议指出，形式主义、官僚主义是顽瘴痼疾，必须下大力气坚决纠治。

2022年6月，国务院印发的《关于加强数字政府建设的指导意见》指出，持续提升干部队伍数字思维、数字技能和数字素养。基层社会治理涉及人、地、事、物、情、组织等诸多复杂要素，会产生海量数据信息，其治理难度与民众诉求交织叠加，这就需要运用现代技术力量，实时掌握和分析基层社会运行规律与需求、政府治理举措与成效、社会矛盾与风险，并进行可量化可观测的管理与回应。提升数字素养，增强干部队伍数字治理能力，有助于推动数字应用场景平台构建，帮助基层减负增智，提升公共服务质量，从而加快基层治理现代化进程，使之与经济社会发展总体要求相适应。

鄂尔多斯市深入贯彻落实《整治形式主义为基层减负若干规定》和国家数字化战略，将数字化转型与基层减负任务有机结合。2023年4月，内蒙古自治区党委书记孙绍骋调研鄂尔多斯市城市基层治理工作时强调要把信息化建设作为关键来抓，提出了打造基层“根数据库”。根数据库是一种为基层减负而研发的系统，旨在通过信息化手段提升党建引领基层治理效能。根数据库以乡镇街道、社区基层报表填报为入口，采用一个端口采集、一个系统管理、统一数据标准、统一格式规范、统一字段标签的方式，涉及人、房、企、事等高频事项相关内容的基础数据库。数据采集与管理：根数据库通过一个端口采集数据，统一管理，规范数据内容，实现街道、部门按需查询，高频数据一键提取，报表自动生成等功能。数据共享与互联：根数据库与多个部门互联互通，数据实时更新、高效精准。通过数字机器人、OCR 等智能手段，实现数据自动填报和快速采集，减轻基层干部填表报数负担的工作要求。

为践行以人民为中心的发展理念，贯彻落实内蒙古自治区党委、鄂尔多斯市委对“根数据库”推广应用的有关批示精神，鄂尔多斯市于 2023 年 5 月率先启动“根数据库”和“一表通”应用平台的建设工作。通过成立市、旗区“根数据库”专项工作组，由鄂尔多斯市委组织部牵头抓总，鄂尔多斯市政务服务中心（市大数据中心）提供技术支持，各部门联合推动，全力打造这一具有创新性和实用性的数字治理平台。

二、建设内容

平台以“一网、一中心、一平台、五核、N 应用”为架构，如图 1 所示，通过整合多源数据，构建起高效的数据中枢系统，有力推动基层工作的数据化变革，实现横向与纵向数据的全面贯通，显著提升基层工作效率与治理能力，为区县基层治理现代化提供了坚实的数据支撑与创新动力。

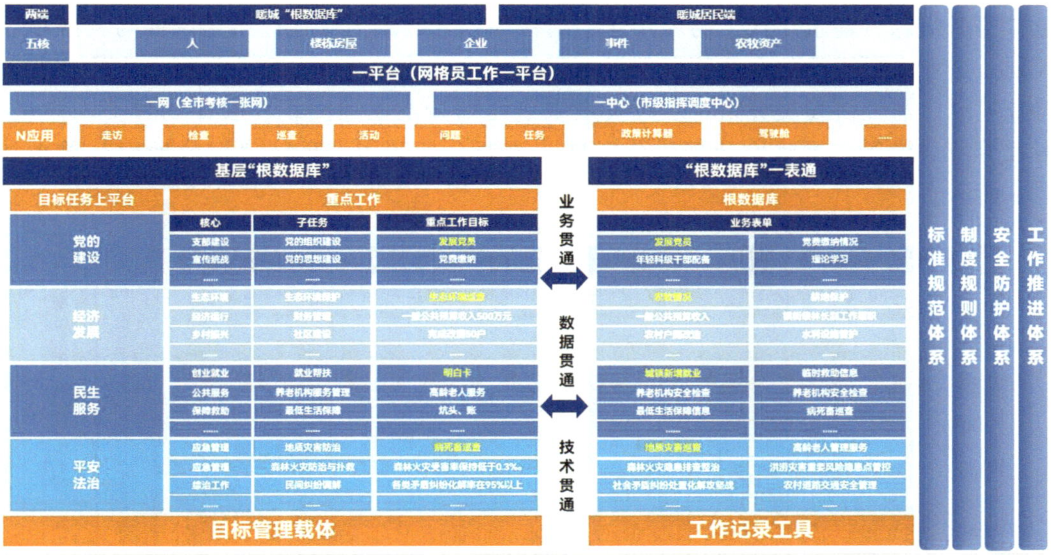

图 1　暖城“根数据库”一表通业务架构

1. 一网：全市考核一张网

全市考核一张网作为平台的重要组成部分，构建了统一的考核标准与数据收集体系。将区县各级部门的工作目标与考核指标进行标准化整合，确保数据来源的一致性与准确性。基层干部使用“根数据库”一表通平台进行走访录入，实现了工作数据实时留痕，系统通过精准设定评价算法，一键抽取基层干部工作数据，一键导出每位基层干部考核分数，实时展现排名情况，实现考核从线下到线上、从定性到定量、从结果到过程的转变。

2. 鄂尔多斯市指挥调度中心

指挥调度中心具备卓越的数据整合能力，能够实时接收来自全市考核一张网以及各个基层数据采集终端的海量信息。网格员在日常巡查中上报的社区动态、民生诉求、安全隐患等鲜活数据，市直部门业务系统中的专业数据，在此汇聚。通过数据清洗、转换与融合技术，将这些多源异构的数据整合为统一、规范且相互关联的信息资源池，为深度分析与精准决策奠定坚实基础。为了便于决策者与工作人员直观、全面地了解基层治理的各项情况，通过展示平台，以地图、图表、报表等多种直观的可视化形式呈现各类数据信息。

3. 一平台：暖城“根数据库”平台

1）暖城“根数据库”

暖城“根数据库”围绕人、房、企、农牧资产等主题构建主题库和专题库，具有丰富的建设内容，如图 2 所示。在人口的主题库方面，涵盖人口基本信息、教育背景、就业情况、健康数据等，为城市人口规划、公共服务配置提供精准依据。房屋主题库包含房产信息、建筑年代、房屋用途、居住面积等，助力房地产市场调控与社区建设规划。企业主题库聚焦企业注册信息、经营状况、纳税情况、产业类型，支持产业扶持政策制定与经济发展分析。农牧资产主题库则涉及土地面积、农作物种类与产量、畜牧养殖规模等，推动农业现代化发展与资源合理利用。暖城“根数据库”首页如图 3 所示。

图 2　暖城“根数据库”技术架构

图 3　暖城“根数据库”首页

2）暖城“一表通”

暖城“一表通”架构如图 4 所示。

（1）数据整合体系。

多源数据汇聚：收集市残联、医保局、人社局、民政局、市委组织部、市卫健委、市监局、市委政法委、城综局、住建局、公安局等关键数据及基层社区等多渠道的数据信息，包括但不限于人口信息（如户籍数据、常住人口登记数据、人口普查数据等）、经济数据（企业、产业规模与分布等）、社会事务数据（医保缴纳数据、社会保障发放情况等）、城市建设与管理数据（房屋信息、设施状况等），以及农牧资产数据（土地信息、林草信息、种植数据、养殖数据等）。通过建立统一的数据采集标准和接口，确保各类数据能够准确、高效地汇聚到“一表通”平台。

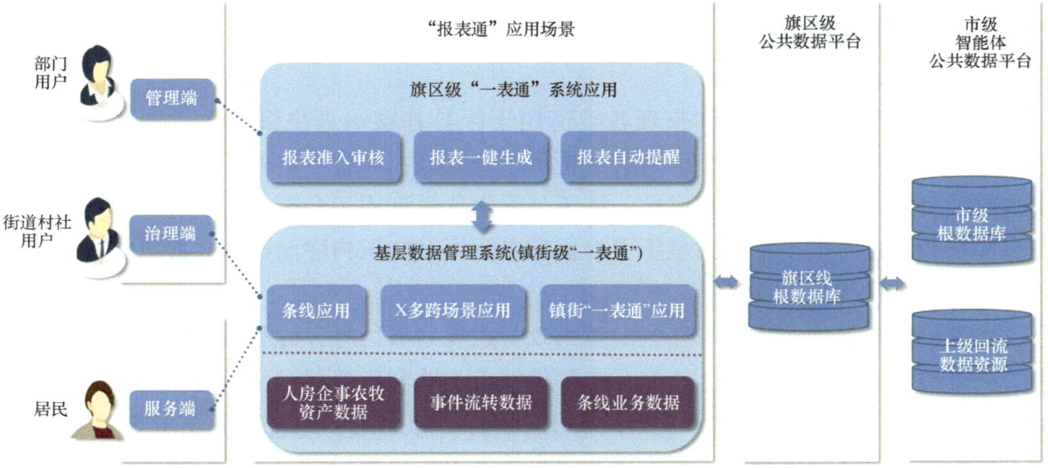

图 4　暖城“一表通”架构

数据清洗与标准化：针对采集到的海量原始数据，运用数据清洗技术，去除重复、错误、不完整的数据记录。依据预先设定的数据可信优先级、数据治理规则，统一数据格式和编码规则，对数据进行标准化处理，使不同来源的数据能够在同一框架下进行整合与分析，提高数据的可用性和一致性。例如，对各类地址信息进行统一格式规范，对不同部门统计口径不一致的经济指标数据进行校准等。

（2）核心数据库构建。

基础数据库：以人、房、企、农牧资产等为核心要素构建基础数据库。“人”的数据库包含个人身份信息、家庭成员关系、就业经历、教育背景、健康状况等详细内容，为人口管理、公共服务提供精准对象信息。“房”数据库涵盖房屋产权信息、建筑结构与面积、地理位置、居住用途等，服务于房产管理、社区规划与住房保障工作。“企”数据库则存储企业注册信息、经营状况、行业分类、纳税情况、信用记录等，助力经济发展分析、市场监管与企业服务。“农牧资产”数据库包含土地性质、面积、用途规划、地理坐标等信息，为城市建设、土地开发利用提供基础数据支持。

专题数据库：根据不同的业务领域和应用需求，建立多个专题数据库。例如，车辆数据库，专门存储空气质量、水质、土壤质量等环境监测数据以及污染源排查与治理信息，为环境保护与生态建设提供数据依据；民生保障专题数据库，整合教育、医疗、养老、就业等民生领域的数据，用于分析民生需求与政策效果评估，以便更好地制定和优化民生政策。

（3）应用平台搭建。

数据管理平台：提供数据录入、编辑、查询、导出等基础功能，方便数据管理员对数据进行日常维护与管理操作。同时，具备数据权限管理功能，可根据不同部门、岗位和业务需求，设置严格的数据访问权限，确保数据的安全性与保密性。例如，只有人口管理部门的特定岗位人员能够对人口数据库中的敏感信息进行修改操作，其他部门仅能在授权范围内进行查询与统计分析。

（4）智能决策支持系统。

决策模型库构建：收集和整理各类适用于区县基层治理决策的数学模型和分析方法，如成本效益分析模型用于评估公共项目投资决策；风险评估模型用于分析重大政策实施或项目建设过程中的潜在风险；资源分配优化模型用于合理分配教育、医疗、公共设施等资源。这些模型基于大量历史数据和专业领域知识构建而成，并能够根据实际应用情况不断进行优化与调整。

决策模拟与评估：决策者在制定重大政策或规划项目时，可利用智能决策支持系统中的决策模型进行模拟分析。例如，在制定城市土地利用规划时，通过土地利用模拟模型，输入不同的规划方案参数（如不同功能区的划分比例、建筑密度设定等），系统基于人口数据、经济发展趋势、环境承载能力等多源数据进行模拟运算，预测不同方案下的城市发展效果（如经济增长预期、人口分布变化、环境质量影响等）。决策者可根据模拟结果对各方案进行比较与评估，从而选择最优方案，提高决策的科学性和前瞻性。

（5）数据安全保障机制。

网络安全防护：采用防火墙、入侵检测系统、加密技术等多种网络安全防护手段，保障“一表通”平台免受外部网络攻击和非法访问。防火墙可设置严格的访问规则，限制外部网络对平台的访问权限，只允许授权的 IP 地址和端口进行数据传输；入侵检测系统实时监测网络流量，及时发现并预警潜在的入侵行为；对数据传输通道进行加密处理，确保数据在网络传输过程中的保密性和完整性，防止数据被窃取或篡改。

数据备份与恢复：建立定期数据备份制度，将平台中的重要数据备份到异地存储设备或云端存储平台。备份数据采用冗余存储技术，确保数据的可靠性和可用性。同时，制订完善的数据恢复计划，在发生数据丢失或损坏的情况下，能够快速、准确地恢复数据，保障平台业务的连续性。例如，每天对核心数据库进行增量备份，每周进行全量备份，并将备份数据存储在不同地理位置的服务器上，以应对自然灾害、硬件故障等突发情况。

数据隐私保护：严格遵循相关法律法规和数据隐私保护政策，对涉及个人隐私、企业商业秘密等敏感数据进行特殊处理和保护。在数据收集过程中，明确告知数据提供者数据的使用目的、范围和保护措施，并获得其同意。在数据存储和使用过程中，采用数据脱敏技术对敏感数据进行匿名化处理，确保在不泄露个人隐私和企业商业秘密的前提下进行数据分析与应用。例如，在进行人口数据分析时，对居民身份证号码、联系方式等敏感信息进行脱敏处理，只保留用于统计分析的必要信息，如年龄、性别、职业等。

2）应用

业务应用平台：针对不同的基层业务条线，开发一系列个性化的业务应用模块。在社区管理方面，有社区居民信息管理系统，方便社区工作人员对居民信息进行登记、更新与查询，同时可用于社区活动组织、矛盾纠纷调解等工作，提高政务服务效率和便捷性，如图 5 所示。

图 5　应用中心

（1）走访。

制订科学合理的走访计划：根据区域特点、人口分布、社区需求等因素，划分走访区域，确定走访周期和频率。例如，针对老旧社区可能需要更密集的走访安排，而新建社区可相对减少初期走访频次但保持定期关注。

任务分配与跟踪：通过信息化系统将走访任务精准分配到具体的网格员或工作人员，并实时跟踪任务进度。走访任务信息包括走访对象范围（如特定街道的居民户、商户等）、预期完成时间、重点走访事项提示等。系统可生成任务清单和进度报表，方便管理人员随时掌握整体走访情况以及个体任务的执行状态。

居民基本信息更新：在走访过程中，核实并更新居民的姓名、年龄、联系方式、家庭人口结构、居住状况等基础信息，确保根数据库中人口数据的准确性和时效性。同时，关注居民家庭的特殊情况，如是否有残疾人、老年人需要特殊照顾，是否有新生婴儿或新迁入人口等信息变动。

民生诉求收集：主动询问居民在生活中遇到的困难和问题，如住房保障需求、就业困难、教育医疗资源分配不均等方面的意见和诉求。详细记录诉求内容、诉求提出时间以及居民期望的解决方式，将这些信息及时录入到相关数据库中，并与后续的问题处理流程进行有效对接，以便相关部门能够及时跟进处理并反馈结果，如图6所示。

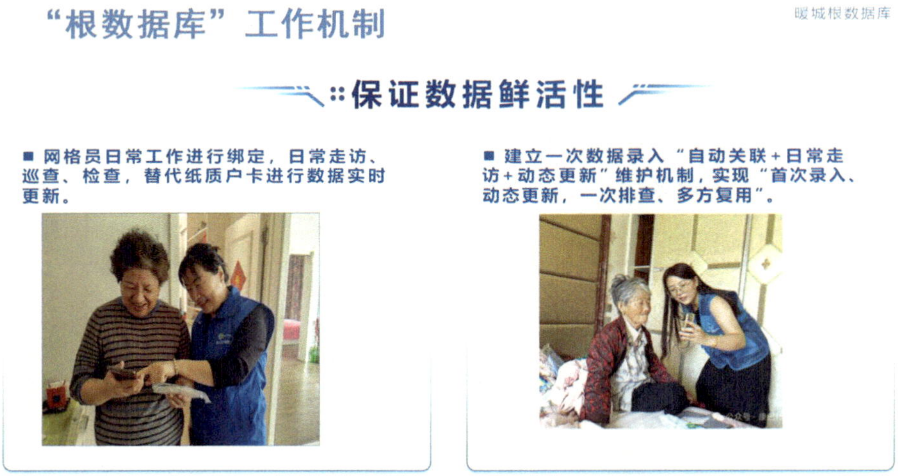

图6 走访

（2）巡查。

制定巡查路线图：依据城市地理信息系统和基层治理重点区域分布，规划出科学合理的巡查路线。确保巡查范围全面覆盖，包括城市主干道、背街小巷、商业区、工业区、居民区等不同功能区域。同时，考虑到不同时间段的人流、车流和治安状况等因素，对巡查路线进行动态优化调整。例如，在早晚高峰时段加强对交通拥堵路段和人员密集场所的巡查，夜间则重点关注治安薄弱区域。

区域划分与责任明确：将整个城市划分为若干个巡查区域，每个区域指定专门的巡查小组或责任人。明确各区域的巡查重点和职责范围，如某些区域可能侧重于环境卫生巡查，而另一些区域则重点关注安全生产或社会治安问题。建立区域巡查档案，记录每次巡查的情况和发现的问题，便于对区域治理情况进行长期跟踪和评估。

城市环境巡查：检查城市道路、街道的环境卫生状况，包括是否有垃圾堆积、乱涂乱画、违规张贴广告等现象；巡查城市绿化情况，查看花草树木是否得到妥善养护，是否存在破坏绿化的行为；监督城市公共设施的运行状态，如公交站台、路灯、排水井盖等是否正常使用，发现损坏或故障及时上报并跟进维修进度。

安全生产巡查：针对各类企业、商户以及建筑工地等开展安全生产检查。检查企业的安全生产制度是否健全并有效执行，消防设施是否配备齐全且能够正常使用，危险化学品的存储和使用是否符合安全规范等。在建筑工地，重点检查施工安全防护措施是否到位，塔吊、脚手架等大型施工设备是否定期维护保养，施工人员是否接受了必要的安全培训等，及时发现并消除安全隐患，预防安全生产事故的发生。

社会治安巡查：加强对社会治安状况的巡查监控，观察是否有违法犯罪活动迹象，如盗窃、抢劫、斗殴等行为。检查公共场所的治安防范设施是否完善，如监控摄像头是否正常运行、门禁系统是否有效等。与社区警务室密切配合，对重点人员和重点场所进行管控，维护社区的和谐稳定。

实时数据记录：巡查人员配备移动终端设备，在巡查过程中能够实时记录发现的问题和相关信息，包括问题的类型、位置、严重程度、现场照片或视频等资料，通过无线网络将数据上传至暖城“根数据库”一表通应用平台。平台自动对数据进行分类整理和存储，方便后续查询和分析。

问题反馈与处理跟进：巡查人员发现问题后，按照规定的流程及时将问题反馈给相关部门或责任人。系统自动生成问题处理工单，明确处理要求和时限，并跟踪处理进度。巡查人员可随时查看问题的处理状态，对处理结果进行现场核实和评价，确保问题得到有效解决。如发现问题未得到妥善处理或处理不及时，可进行二次反馈或升级处理流程，保障巡查工作的实效性和基层治理的高效性。

（3）检查。

行业检查标准：针对不同行业和领域，制定详细的检查标准和规范。例如，在医疗卫生行业，制定医疗机构的诊疗规范、医疗质量控制标准、卫生消毒标准等；在教育行业，制定学校的教学设施配备标准、师资力量评估标准、校园安全管理标准等。这些标准应依据国家相关法律法规、行业最佳实践以及本地实际情况进行制定，确保检查工作有章可循、有据可依。

通用检查规范：除了行业特定标准外，还应建立通用的检查规范，包括检查流程、检查方法、检查人员资质要求等方面的规定。明确检查前的准备工作，如提前通知被检查对象、准备检查所需的文书和工具等；规范检查过程中的操作步骤，如如何进行现场查看、文件查阅、人员访谈等；规定检查人员应具备的专业知识和技能，确保检查工作的专业性和公正性。

定期检查安排：按照既定的检查计划，定期组织开展各类检查工作。检查周期可根据行业特点和风险程度进行确定，如对高风险行业（如危险化学品生产企业）可进行每月一次的检查，而对一些相对稳定的行业（如普通商贸企业）可每季度进行一次检查。在检查前，通过系统通知被检查对象，告知检查时间、检查内容和检查要求，让被检查对象有足够的时间做好准备工作，同时也提高检查工作的透明度和公信力。

专项检查行动：针对特定时期的重点问题或突发事件，组织开展专项检查行动。例如，在食品安全事件频发时期，开展食品安全专项检查，重点检查食品生产加工企业的原材料采购、生产加工过程、产品检验等环节；在重大节假日期间，开展旅游市场专项检查，检查旅游景区的服务质量、安全设施、物价管理等方面的情况。专项检查行动应具有较强的针对性和时效性，能够迅速发现问题并采取有效措施加以解决，保障社会公共利益和人民群众生命财产安全。

检查结果评定：检查结束后，根据检查标准和规范对被检查对象的检查情况进行综合评定。评定结果分为合格、不合格等不同等级，并出具详细的检查报告。检查报告应包括被检查对象的基本信息、检查内容、检查发现的问题、评定结果以及整改建议等内容，为被检查对象提供明确的改进方向和依据。

（4）问题。

建立科学的问题分类体系：根据基层治理的领域和业务范畴，将问题分为若干大类，如城市建设与管理问题、民生保障问题、社会稳定问题、经济发展问题等。在各大类下进一步细分小类，如城市建设与管理问题可细分为环境卫生问题、基础设施损坏问题、违法建设问题等；民生保障问题可细分为教育问题、医疗问题、住房问题、社会保障问题等。

问题编码规则制定：为每个问题类别赋予唯一的编码，编码规则应简洁明了且具有扩展性。例如，采用数字编码方式，城市建设与管理问题大类编码为 1，其下的环境卫生问题小类编码为 101，基础设施损坏问题编码为 102 等。问题编码不仅方便在数据库中对问题进行快速检索和分类统计，还能够在问题流转和处理过程中作为唯一标识，确保信息的准确性和一致性。

多渠道问题录入：提供多种途径方便工作人员和市民录入问题信息。网格员在走访、巡查过程中发现问题后通过移动终端录入。问题录入引导录入者详细描述问题的基本信息，如问题发生的地点、时间、具体情况描述、涉及的人员或单位等，并可上传相关照片等证据材料。

问题存储与管理：所有录入的问题信息均存储在暖城“根数据库”中，按照问题分类和编码进行有序组织。建立问题档案库，对每个问题的录入信息、处理过程、处理结果等进行全程记录，便于追溯和查询。同时，对问题数据进行定期备份，防止数据丢失，并采取必要的安全措施，确保问题数据的保密性和完整性。

（5）活动。

需求调研与主题确定：在策划社区活动前，深入开展需求调研，了解居民的兴趣爱好、文化需求和社区发展需求等。通过问卷调查、居民访谈、社区意见箱等多种方式收集居民的意见和建议，根据调研结果确定活动的主题和内容。例如，如果居民对文化艺术活动需求较高，则可以策划举办社区文化节、书画展览、文艺演出等活动；如果社区面临环境卫生问题，则可以组织环保公益活动，如垃圾分类宣传推广、社区清洁行动等。

活动方案制定：根据确定的活动主题，制定详细的活动方案。活动方案应包括活动时间、地点、参与人员范围、活动流程、组织分工、预算安排等内容。明确各部门或人员在活动组织过程中的职责和任务，确保活动的顺利开展。同时，考虑到可能出现的各种情况，制定相应的应急预案，如天气变化预案、人员安全预案等，保障活动的安全有序进行。

3）“根数据库”规范标准

“根数据库”规范标准建设内容主要涵盖数据采集、清洗、标签设置以及应用与维护安全等方面。在数据采集上，明确采集主体与对象，规范采集方式、流程及数据格式，确保数据来源准确可靠。数据清洗方面，制定详细规则与验证机制，去除重复、错误数据，补充缺失值，保证数据质量。标签设置构建科学体系，依据数据特征分类打标，并明确管理与更新流程，便于数据分类管理与应用。应用与数据维护及安全环节，明确多种应用场景，严格权限管理，依角色分配权限保障数据安全合规应用。同时建立定期更新维护机制，规定更新频率与方式，确保数据时效性与可用性。还依据相关标准制定安全保障措施，包括加密、防护、审计等，防止数据泄露与非法访问，全方位为基层治理提供坚实的数据基础与保障。

通过规范数据采集的各环节，使数据来源可靠，数据清洗规则，去除错误、重复数据并补充缺失值，为基层治理提供高质量数据基础。提升数据管理效率：合理的标签设置便于分类管理和快速检索应用数据；明确的应用场景与权限管理，确保数据在各业务中有序流转，避免混乱与滥用；安全保障措施防止数据泄露，维护数据保密性、完整性和可用性；定期更新维护机制让数据与时俱进，持续为基层工作提供有效支持。“根数据库”标准规范如图 7 所示。

图 7 “根数据库”标准规范

三、创新亮点

1. 数据来源

1）汇聚海量数据资源

通过从基层常用数据填报系统收集，共治理入库人口数据 226.2 万条（去重后）、房屋数据 114.2 万条、企业和沿街店铺等场所数据 13.3 万条，完成了 51 个苏木镇部分农牧资产数据治理，入库牲畜存栏 585.7 万头，草地面积 2651.5 万亩，耕地 135.4 万亩，林地 406.2 万亩，农作物种植 191.9 万亩；市直部门归集 8 个部门 33 类数据共计 4513.9 万条数据；与自治区户籍人口等 4 类数据通过接口回流约 4689.3 万条数据，以及全员人口库 1050 万条和法人库 55.1 万条数据等全市基础数据库和主题数据库共享途径，共汇聚人、房、企、事、物等基层常用数据，通过数据清洗、比对、治理、入库，形成了以人、房、企为基础，涵盖市级、旗区、街道、社区共建共享共用共治的四级全口径“根数据库”，最终实现跨部门、跨层级的数据共享和利用，开启了全市数据资源共享新局面。

2）搭建共享应用平台

在汇聚大量有用数据和统一字段、标签的基础上，在政务外网安全环境下建成了“一表通”应用平台，基层和部门工作人员可以根据权限登录 PC 端、手机客户端，进入暖城“一表通”小程序，设置信息采集、走访巡查、问题反馈等板块，基层工作者可在日常工作中通过图文识别、智能匹配等技术，将人、房、企、事等信息一键录入“根数据库”，并及时维护和更新社区居民标签和数据字段，如图 8 所示。

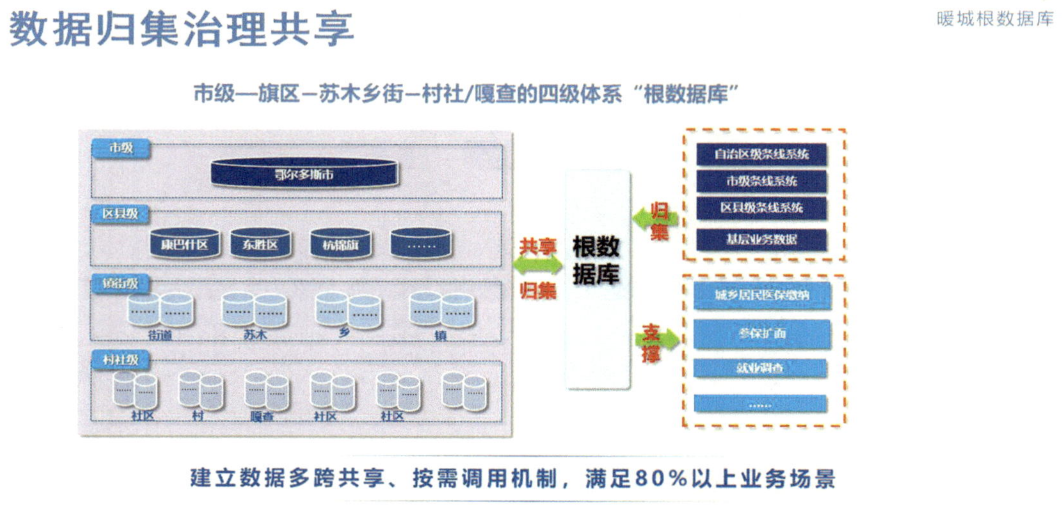

图 8 “根数据库”数据归集治理共享

2. 创新亮点

1）遵循因地制宜原则，区分城乡不同场景

在基层治理过程中，鄂尔多斯市有自身典型的地域特点，有人口较为集中的中心城镇社区，有外来人口居多的工矿厂区、园区，也有地广人稀的农村牧区，需要区分不同场景，结合各自特色，搭建符合实际需求的数据库。一是在街道社区。人员流动性较大，居民文化层次相对较高，信访矛盾较少，基层治理的工作重心是城市服务、物业管理、车辆管理、为老服务、学生入学、消防安全、重点人员管控等。街道社区根数据库“一表通”系统重点围绕“人”进行数据采集、字段分类。二是在农村。人口、住房相对固定，人员以老年人为主，基层治理的工作重心是生产要素管理、土地纠纷、村集体经济普查、涉农补贴、低保救助补贴等。农村“根数据库”一表通系统重点围绕“生产要素”进行数据采集、字段分类。三是在牧区。人口居住比较分散，土地相对固定，矛盾纠纷较少，基层治理的工作重心是草牧场管理、牲畜统计、涉牧补贴等。牧区根数据库“一表通”系统重点围绕“畜牧业发展”进行数据采集、字段分类。四是在工矿厂区（园区）。外来人口较多，人口流动性较大，征地拆迁矛盾集中，基层治理的工作重心是流动人口管理、治安管控、安全生产、信访人员管控等。工矿厂区园区“根数据库”一表通系统也重点围绕“生产要素”进行数据采集、字段分类。

2）加强数据安全与隐私保护

在数字化时代，数据安全与隐私保护不仅是技术挑战，更是社会责任。鄂尔多斯市应秉持“安全为先，隐私至上”的原则，持续强化数据安全防护体系。鄂尔多斯市可以在现有加密机制的基础上，进一步加强数据安全防护措施，如采用更先进的加密算法、加强数据访问控制等，确保数据在录入、传输、存储、使用等各环节的安全性和可靠性。同时，建立健全数据访问权限管理制度，实施精细化权限控制，确保数据仅在授权范围内被访问和使用。此外，加强数据生命周期管理，从数据的收集、处理、存储到销毁，每一个环节都设置严格的安全措施，确保数据全生命周期的安全与隐私保护。

3）优化数据标准和字段标签

在鄂尔多斯市数字化转型的浪潮中，优化数据标准和字段标签成为提升数据价值、促进业务协同的关键一环。随着基层业务场景的不断拓展与深化，数据标准需紧跟时代步伐，不仅要在现有基础上进行迭代升级，更要前瞻性地预见未来业务需求。通过组建跨部门的专项小组，深入调研各业务领域的高频数据与独特需求，定制化设计数据标准与字段标签体系，确保数据的规范化、一致性和可溯源性。同时，引入智能化工具辅助数据治理，如自动化校验、智能标签推荐等，提升数据准备的效率与质量，为数据的准确性与时效性提供坚实保障。

四、推广价值

形式主义、官僚主义之弊非一日之寒，从根本上减轻基层负担也非一日之功。鄂尔多斯在乡村全域探索推广“根数据库”一表通平台意义重大，明显改善了基层干部的工作现状，提高了基层公共服务质量，从而产生了显著的社会效益。一是减轻基层干部负担。通过“一表通”赋能，实现了相关行业领域数据全口径归集利用，基层高频报表可一次录入、一键生成、随用随取，破解了长久以来基层表格多、维护系统多、数据难赋能等问题，切实让基层工作者从重复填报同类型报表中解脱出来。涉及安全生产、创城创卫、新时代文明实践、平安建设、林草保护等工作领域的台账记录，苏木乡镇、街道可一键生成各类工作台账、活动记录，直接报送相关部门。二是提高部门工作质效。从不同途径汇入“根数据库”的海量数据，通过大数据、人工智能等手段，自动比对、自动关联和纠错相关信息，数据实现常用常新。以民政、人社、残联等部门为例，通过平台按需查询信息、一键定制“表单”，数据统计时间平均缩短 95%，工作效率、数据准确率明显提升。同时，部门可根据信息数据比对精准识别服务对象，开展矛盾排查化解、养老医疗、减税降费、困难救助等工作，有效提高工作质效。三是提升服务群众水平。“根数据库”一表通平台的实体化运行，实现各类证明事项一次采集、在线出具、多方共认，大幅缩减居民高频事项办理时限，高龄津贴、残疾人补助认证、失业保险等事项办理实现“零次跑”，各类涉民生补贴审核发放周期由过去的 72 小时缩短为 3 小时以内。“根数据库”一表通平台已成为推动基层减负，实现数智赋能的强大利器，如图 9 所示。

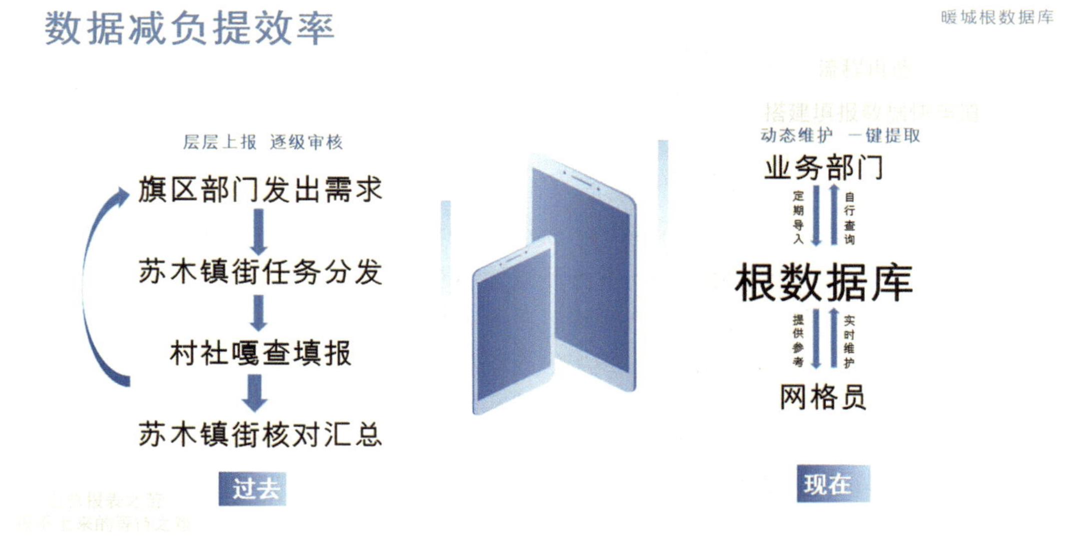

图 9　成效工作对比

1. 应用场景一

“自动生成”功能有效提高工作质效。在康巴什区残联，工作人员准备发放全市肢体残疾三级困难补贴，以前在发放过程中，需要社区、嘎查村入户排查、审核，苏木乡镇街道汇总复核最终报送旗区残联，至少需要3~5个工作日才能完成，使用了“根数据库”一表通平台后，通过融合了市残联、旗区残联和各部门以及乡镇全人口信息系统，打破了数据之间的壁垒，可以实时地查询、提取、导出和使用数据，此项业务工作缩短到2~3小时，在为基层减轻负担的同时，可将补贴及时发放到补贴对象手中，确保政策及时落地，保障了残疾人的基本权益。

2. 应用场景二

“短信通”功能实现目标人群精准推送。在开展征兵工作时，东胜区铜川镇的工作人员通过根数据库标签筛选，不到1分钟，111名18~24周岁男性青年全部精准找到，选择“短信通”功能，轻点鼠标，便快速完成了征兵宣传通知工作，既提高了工作效率，也为工作人员留出更多时间 ，为群众提供更好的服务。而在往年，类似的工作需要手动筛查，消息也只能普发，耗时费力效率低下。在杭锦旗伊和乌素苏木，苏木工作人员准备为高龄人员发放补贴，过去需要村社干部逐户排查统计高龄人员信息，还需要与乡镇派出所核对死亡注销信息，并入户进行政策宣传。现在通过使用“根数据库”一表通平台，可以通过平台迅速检索到744名可以享受高龄津贴的人员姓名、联系方式等信息，以“短信通”的形式将补贴政策、补贴金额等关键信息一次性通知到位，极大地提高了基层工作效率。

3. 应用场景三

数据回流和协同功能提高参保扩面范围。在“根数据库”一表通平台建成之前，人社和医保部门掌握着参保信息，乡镇掌握辖区内全量人员信息，但因数据接口未打通，数据不能共享，无法通过数据比对筛选出未参保人员信息，只能由网格员逐个电话询问，费时费力。现在，“根数据库”回流整合了人社、医保部门参保信息以及乡镇的人口数据，全面助力居民医保精准施策。在今年居民医疗保险参保工作中，医保部门以“根数据库”中的全量人口信息为底数，通过与实时参保数据比对、去重，精准筛选出应参未参人员，基层工作者利用“根数据库”的数据协同功能，精准定位辖区内应参未参人员，重点关怀“一老一小”等特殊人群，并通过“根数据库”中的短信群发功能，实现一键精准提醒目标人群，进一步提高政策触达的准确性和时效性。截至目前，“根数据库”共筛选出应参未参人员19.2万人，发送短信40多万条，居民参保率比去年同期提高30%以上。通过数据比对可以轻易筛选出未参保人员，网格员只需要针对这部分人群做重点宣传即可，如图10所示。

4. 应用场景四

检索查询功能分分钟搞定临时报送的简单数据。前几天的晚上，一位政府办同事来电话，他在为领导准备材料时需要我们提供市政府所在辖区居住的陕西籍居民数量。以往收到这样的任务，旗区需要通知各个村社区的书记上报相关数据并汇总反馈政府办。

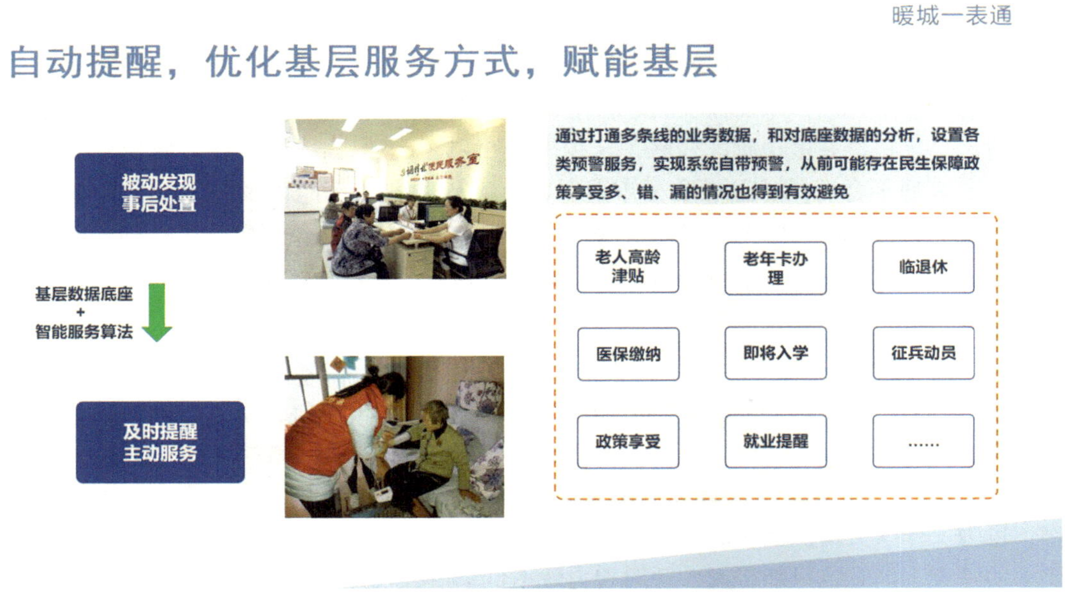

图 10　主动提醒场景

而对村社区书记来说，由于陕西籍居民的数字不在他们日常掌握范围之内，他们就得给网格员逐一打电话统计数据，然后逐级上报汇总反馈至政府办，整个过程需要打几十个电话，最快需要两小时的时间完成。但有了“根数据库”一表通平台，现在只需在“根数据库”的手机端检索查询，分分钟就能搞定，不仅大幅缩短了时间，高效辅助了部门的工作，更重要的是大晚上的没用再惊动一兵一卒。

宜昌市乡镇（街道）综合服务信息化平台

宜昌市委社会工作部　宜昌市数据局
北京博图纵横科技有限责任公司

一、建设背景

随着智慧城市、数字政府建设的不断深化，城乡基层作为国家治理的最末端、服务群众的最前沿，建立了数个信息化平台来辅助工作，但各个信息化平台的系统标准不一、端口不一、规范不一，数据不共享、难交换、不归集，使得基层工作仍然面临着“数据烟囱”“信息孤岛”的问题，“基层统计任务多、重复多头填报、上下部门数据共享难”成为基层工作中不可忽视的负担，极大地影响了工作效率。

为破解上述问题，宜昌市基于共同缔造理念，探索推动“一套基础表建设”改革试点任务，以方便群众办事和基层干部赋能减负为目标，统筹线上线下业务办理，建立乡镇（街道）综合服务信息化平台，如图 1 所示，以数字化支撑乡镇（街道）做实枢纽地位和服务管理功能。

图 1　乡镇（街道）综合服务信息化平台首页

二、建设内容

平台按照“资源下沉、服务下沉、平台下沉”要求，由全市统建，市、县、乡、村4级可分级分权限使用，将居民与基层干部两类用户、服务平台和工作平台集成融合“在一起”，主要具备乡镇/村社概览、待办任务、办证办事、统数查数、问事说事、报事管事6类功能。其中，居民端以“宜格服务”小程序为承载平台，打造移动便捷、智能开放的各类综合服务场景；工作人员端以电脑端应用系统为核心，通过数据共享、业务贯通，形成功能多样、场景融合的工作平台，满足各类办证办事、统数查数等多样工作需求，系统总体架构如图2所示。

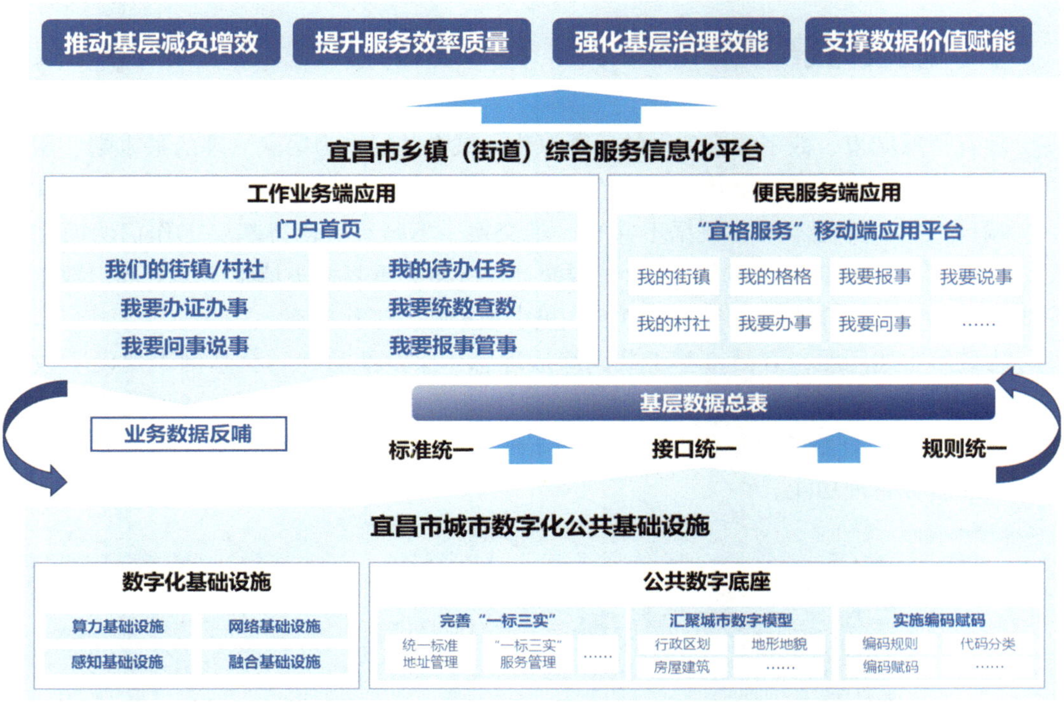

图2　平台总体架构

1. 构建基层数据总表，“一站式”统数查数为基层“松绑”

依托宜昌市城市数字公共基础设施基础平台，打造全市一体化数据资源体系，建立乡镇（街道）、村（社区）数据资源池，梳理构建一套基础表，高效支撑工作人员的报表填报、数据摸排、信息查询等业务场景。

1）存量数据汇聚＋数据标签应用

整合汇聚城市大脑基础数据、部门表单数据、中台标签数据等各类数据资源，构建统一的人口库、户室库、单位库及数据标签信息等数据库表，形成“1+13+15+1638”

数据资源管理体系（即 1 个全市大数据中心、13 个县市区数据分中心、15 个重点市直部门数据分中心、1638 个社区微脑数据中心），实现数据上下联动、互联互通。如图 3 所示，通过数据融合构建的不同层级辖区概览，辅助基层工作开展和决策。

图 3　辖区数据概览

同时开发数据标签应用体系，汇聚民政、人社、卫健、医保、住建、市监等部门业务数据，在人口、房屋、单位等基础数据字段基础上，开展数据标签化治理工作，根据不同部门的业务需求，对人口、房屋、单位等对象数据进行横向拓展，不断完善扩展信息，打造全面的人员、户室、单位档案，支持对各类信息进行细分，形成专题台账，满足用户在不同场景下的业务需求，为基层服务开展、领导决策提供有力的数据支持。

2）业务表单筛选梳理 + 指标规范建立

将基层“高频、重复、多报、量大、重要”的表单进行梳理整合、集成优化，依据“两清单一目录”及社区工作事务清单，选取属于基层职责内且常用的业务表单纳入一套表范围。在梳理的一套表基础上，进一步分析表单指标字段，合并不同报表中“相同、相近、同类”指标，结合宜昌市数字公共基础设施和“一标三实”数据标准规范，统一表单指标数据规范，识别长期不变指标，确定动态更新指标，实现数据的集中管理和统一规范。导入历史数据后，形成 52 套基础数据库，如图 4 所示，并按“六办三中心”职能进行划分，基层仅需进行维护，职能部门在线提取即可，大幅度减少基层工作量。

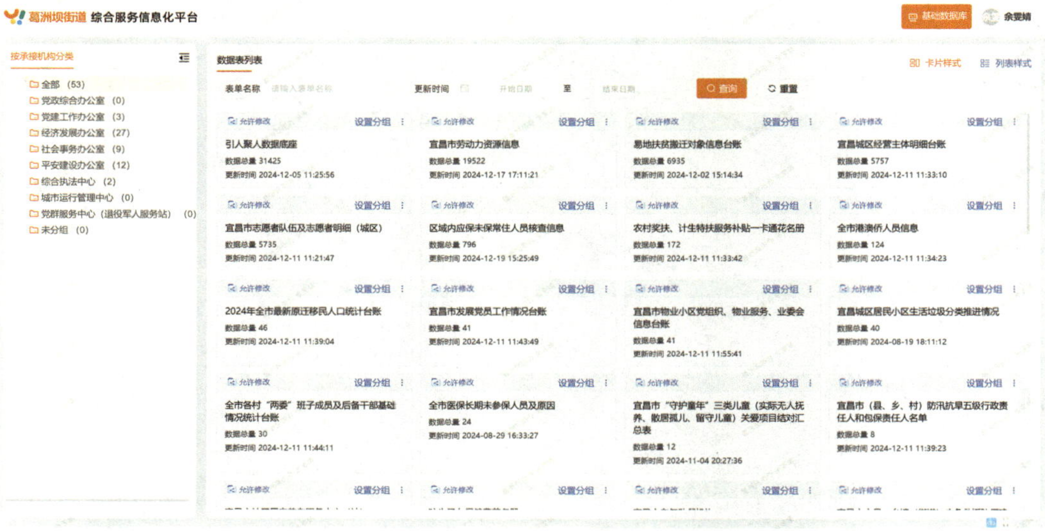

图 4　部门数据表单

3）任务一键摸排 + 数据灵活查询

对于紧急临时性的统计工作，建立临时数据摸排任务制度，支持任务快速创建、审批、一键下派，提升紧急摸排工作效率，如图 5 所示。同时开发基层数据查询功能，如图 6 所示，将孕产妇、特困人员、空巢老人、低保对象、养老医保等 15 类高频数据进行标签化处理，并按辖区分权限下放给乡镇（街道）、村（社区），基层干部能够以按年龄、性别、学历等常用字段为条件进行单项或多项组合筛选，生成符合条件的居民报表，大幅度提升业务工作效率，通过每位居民的人口画像专题页，还可查看居民的多维度信息，方便基层干部开展社会治理。

2. 统一线上服务窗口，推进政务服务“一件事一次办”

以乡镇（街道）为枢纽，将原有碎片化、零散分布的政务服务、公共服务、网格服务渠道进行整合，形成统一的网上便民服务和业务办理窗口，如图 7 所示，推进服务流程简化、优化，进一步提升群众的满意度、获得感和幸福感。

图 5　临时统计任务

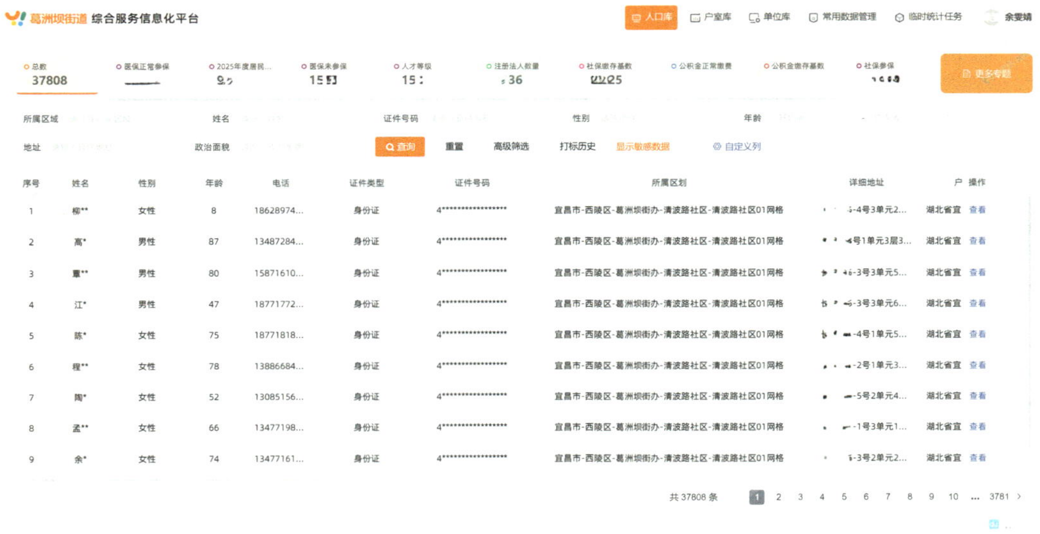

图 6　人口数据查询

1）我要办证办事

在居民端，将居民常办的 8 类事项（出生、育儿、入学、参保、救助、退休、养老、身故）进行整合，变多部门跑的事项为一次提交一次办结，同时将可在乡镇（街道）办理的 60 类事项全部集成，进一步方便群众办事。在工作端，将基层常用业务系统整合到应用中心，通过统一用户体系和 RPA 机器人对接，整合街道常用的 20 多个业务系统，按照“六办三中心”分类赋权，基层干部只需要提前配置好所有系统的账号

图 7　服务高效办

密码，就能实现一键登录，提高了基层的工作效率，如图 8 所示。

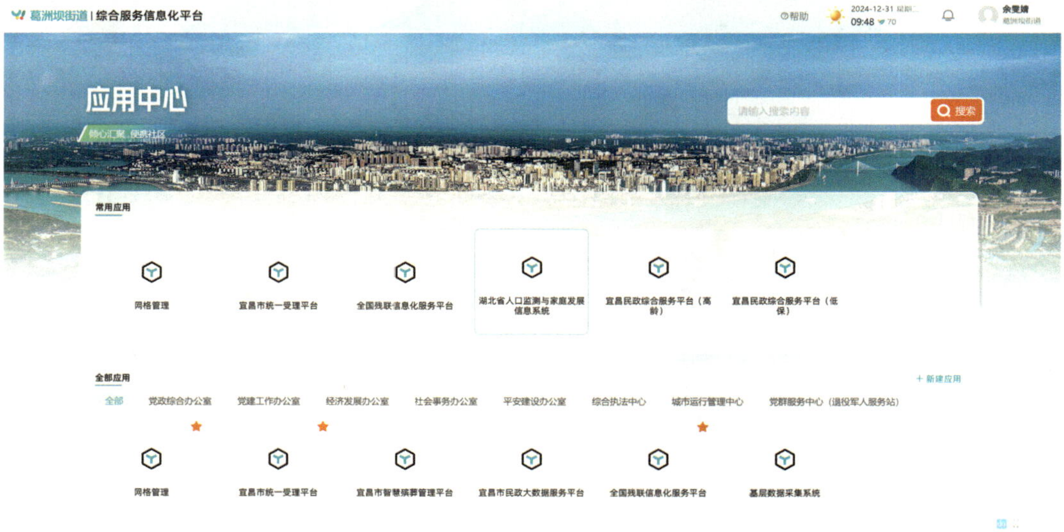

图 8　应用中心

2）我要问事说事

利用智能机器人和政策知识库，居民可随时查询各类政策和身边事，如政策性补贴、高龄津贴、违章查询等，不能查询到的还可以通过电话或留言转到社区干部或民警进行人工咨询；同时，居民还根据社区发布的身边事进行讨论和意见征集，充分尊重群众的主观意愿，共同建设美好家园。在工作端，工作人员对居民提出的问题及时回复，也可针对邻里纠纷、物业管理、小区秩序等群众身边事发布讨论议题，掌握居民意向，更利于社区的共同治理。

3）我要报事管事

通过对接“12345”市民服务热线平台，实现诉求上报和诉求办理“一站式”操作。在居民端，居民可在手机上填报诉求和定位，精准报送诉求；在工作端，工作人员无须重复登录，即可进入“宜接就办”进行诉求的处置、回复。

三、创新亮点

宜昌市乡镇（街道）综合服务信息化平台的建设实施，探索了数字技术赋能基层减负的应用实践，通过发挥数字平台多元场景、海量数据汇聚的优势，对内从政府侧探索基层减负的有效路径、对外从群众侧强化服务供给机制，识别基层痛点，把握发展态势，体现出了新时期数字化平台在便民服务、提质增效、全域数治等方面的先进性。

1. 从“数据难用”到“鲜活好用”

依托基层数据库和一套表的支撑，通过智能识别、文本纠错、自动校验等功能，实现各职能部门业务数据的快速汇聚，保障了基层“有数可用”。当需要重新摸排数据时，通过自定义任务方式，下发采集任务至村（社区）工作人员，走街串巷摸排核查到的业务数据会自动入库，填充进一套表，实现数据“一次采集、多方利用”。

2. 从“找基层要数据”到“在系统取数据”

平台“部门一套表”提升了表格填报智能化和自动化，使基层工作人员切实从重复性工作中解脱出来。城乡低保人员核查、高龄津贴、残疾人“两项补贴”、城乡特困救助等基层工作常态化报表可进行预制，当需要上报时，一键点击报表即可自动计算更新数据，实现快速上报。针对上级部门下发的临时报表，“部门一套表”可直接调用基层数据库的“鲜活”数据，精准获取人、房、单位等全量数据，通过简单几步操作，就可以按照匹配规则自动对表格进行批量填充、智能填报。

3. 从“人找服务”到“服务找人”

系统实现了大数据精准服务群体。例如，通过比对低保对象标准条件数据和辖区户籍数据，自动形成补贴发放清单，社区/村工作人员进行线下核对后，将符合条件人员及时上报，辅助民政部门及时将救助人员纳入保障中，解决了上门摸排多跑腿、动态管理不及时等问题，通过数据助力使基层精准管理工作效能提升。

四、推广价值

1. 社会经济效益及推广价值

通过系统常态化运行，平台将原来 310 多种表格，梳理提炼为 52 个常用数据库，变过去向基层派发填报表格为自动生成智能报表台账，累计为基层减少超80%的台账报表。同时，通过对接市直主管单位，将各类表单进行整合清理，基本实现“一方采集，多方利用”，体现了较高的社会效益、经济效益和推广价值。目前，平台工作端已经覆盖110个乡镇（街道）、1639个村（社区），开放账户10 350个，居民端注册用户226万人。

2. 项目实施路径

项目实施按照“小切口解决大问题”的工作思路，应结合工作实际，试点先行，持续优化设计，充分发挥乡镇（街道）的枢纽作用，以街镇为管理和应用主体，村社为更新主体，推进数据互融互通，以算力换人力，以智能增效能，让基层治理更智慧高效。项目实施路径总结为以下几点。

一是集约建设，采用市级统建、市-县（市、区）-乡镇（街道）-村（社区）4级分级分权限使用，充分发挥集约化建设的优势，实现全市数据高度统筹、建设成本可控。

二是数据融通，充分运用现有数字公共基础设施平台地理空间能力和“一标三实”等基础数据建设成果，全面支撑各领域业务。

三是利旧整合，将已有的政务服务体系、公众诉求体系、各业务流转体系进行整合，在不改变原有系统情况下实现各板块业务的互联互通。

池州市“智慧贵池”高新区智慧产业园区建设实践

房秉毅　高长伟　李宏发　明浩

池州市贵池区数据资源管理局　联通数字科技有限公司

一、建设背景

促进实体经济和数字经济深度融合，建设数字中国，是党和国家的重要决策部署。《“十四五”数字经济发展规划》指出，要全面深化重点产业数字化转型，推动产业园区和产业集群数字化转型。安徽省发改委、省科技厅、省商务厅发布《关于印发安徽省创新型智慧园区建设方案的通知》（皖发改地区函〔2020〕40 号），提出分批有序推进创新型智慧园区建设。

池州市贵池区委、区政府高度重视智慧城市与产业园区发展工作，以“设施信息化、管理智能化、服务精细化、产业数字化”为建设愿景，推动新一代信息技术手段与管理服务深度融合，推动业务流程再造和效能提升，在池州高新区以园区智慧应用场景为突破口，实现创新型智慧园区与新型智慧城市的高度融合。增强高新区管理能力、服务能力、运营能力、集聚能力，优化营商环境。

二、建设内容

1. 建设目标

根据高新区的要求，“提高政府治理能力、产业聚集发展、服务改善民生”，产业园区公共服务平台将立足贵池区，放眼全国，围绕提升贵池区工业企业核心竞争力，加快产业数字化转型升级，推动贵池区企业高质量发展，全力打造同时兼备政府监管与企业服务的具有科学性、前瞻性、专业化、系统化的“智慧贵池”区域工业互联网公共服务平台。

平台充分运用当下主流信息化手段，结合云大物移智等关键技术，依托贵池区优势特色产业链部署创新链，围绕创新链布局产业链，打造具有贵池特色的产业园区智慧管理平台，重点围绕新材料产业行业大脑、政策资讯、企业应用能力 3 个方向展开，着重提升贵池区新材料行业网络化、智能化、数字化水平，以企业赋能为核心根本，以助力区域发展为终极目标，以“平台建设+企业数字化转型”模式，共同推进贵池区高质量发展，为贵池区本地企业提供数字转型有力支撑。

1）产业发展智能化

以政府数据和第三方数据为基础，以行业大脑和产业分析为抓手，深入分析园区产业发展趋势，以“强链、补链、延链”为导向指导辅助精准招商。

2）建设管理精细化

从循环化示范园区建设出发，建设多目标精细化模式。建成横向到边、纵向到底的园区管理平台，全面增强高新区对园区的实时监控和动态管理能力，进一步提升园区精细化管理水平和辅助决策效率。

3）服务功能专业化

借助信息化智能化手段，为园区企业提供打造不见面审批、免审即享等政务服务；依托工业互联网提供政策咨询、供需平台、企业金融、数字化诊断等企业数字化升级服务。

2. 总体架构

根据省、市、区一体化建设要求，打通皖事通办系统，构建数据统一、权限统一、地图统一、视频统一、物联统一的智慧园区综合系统，总体架构如图 1 所示。

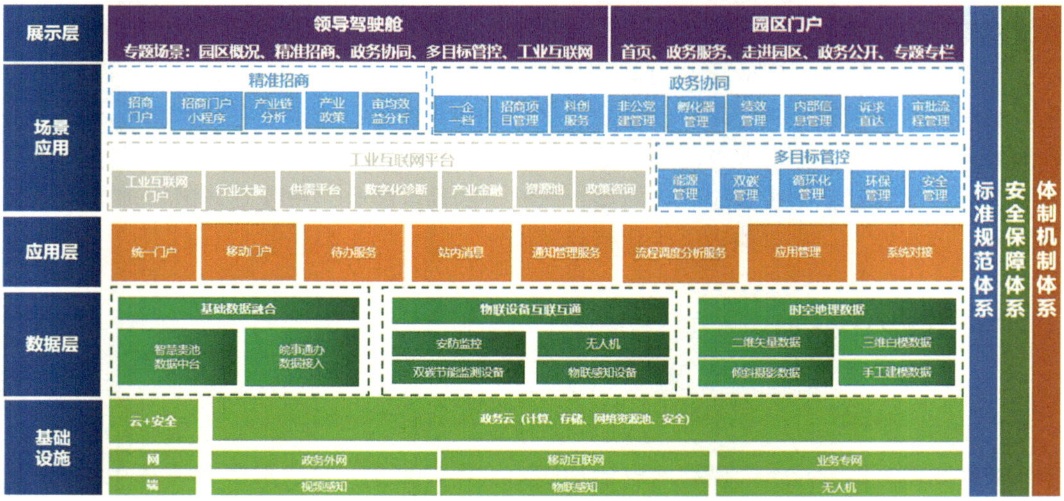

图 1　总体架构

基础设施层：是智慧园区的网络基础和硬件基础，包括政务外网、政务云资源、无人机及视频监控等。

数据层：主要负责收集、存储、对接和管理园区各种数据，包括人员信息、企业信息、设备信息、安防感知信息、数据中台对接及皖事通办数据接入，数据通过大数据技术和云计算技术进行处理分析，为上层应用提供数据支撑。

应用层：主要包括统一门户、移动门户、待办服务、通知消息管理、流程调度分析服务等。

场景应用层：包括精准招商、政务协同办公、工业互联网平台及多目标管控平台。

展示层：主要是一主屏四个主题子屏的领导驾驶舱，以及园区统一对外门户网站。

3. 业务架构

智慧园区是一个实现园区数据智慧应用的平台，聚合园区各个角落的数据，包括政府的数据、企业的数据、社会的数据，依赖统一的信息基础设施体系、大数据、人工智能、物联网、数字孪生等支撑能力，生长出面向管理决策者、政府部门、企业和市民百姓的各项智慧专项决策、管理及应用平台，并且支撑跨部门跨层级跨行业的全局协同。项目业务架构如图 2 所示。

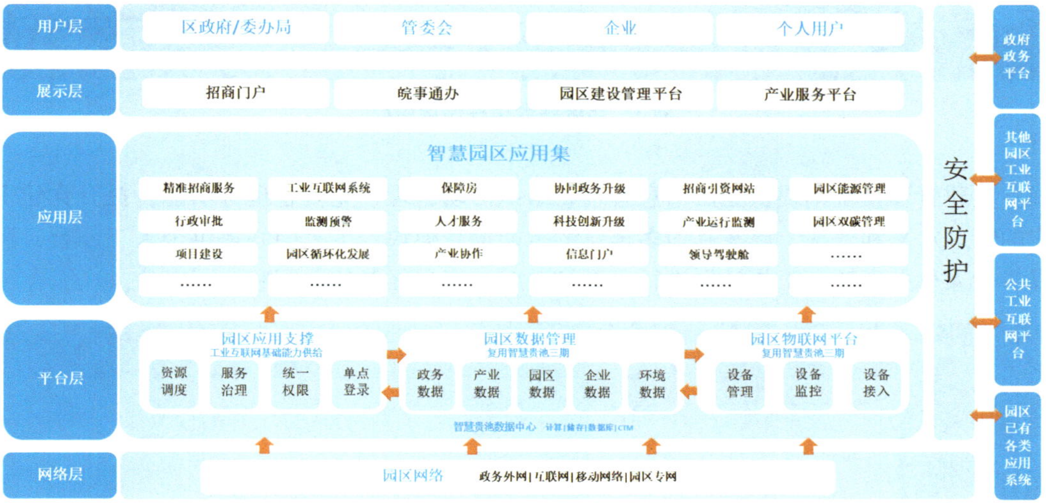

图 2　业务架构

4. 建设内容

1）园区综合指挥调度中心

以园区各系统平台数据、业务指标指数为基础，以调度中心为载体，融合数字孪生、大屏可视化等技术，构建园区总览可视化数字驾驶舱，如图 3 所示。通过数据可视化和智能分析，决策及管理人员可以随时了解园区的运营状况、产业发展情况、资源利用情况等关键指标，帮助决策及管理人员及时把握园区的发展动态，作出准确的决策和规划。

2）政务协同

围绕管委会提升核心管理业务，实现园区管委会职能部门政务协同办公，实现各部门之间的信息共享和协同办公、提高政务服务效率和质量，如图 4 所示。资产管理模块可以对固定资产进行全流程管理，包括采购、领用、维修等，实现园区资产的规范化管

图 3　园区综合指挥调度中心

理。党建管理模块则提供党员信息管理、组织活动管理、党费管理等功能，提升党建工作的管理水平和效率，以及其他多样化的智能场景模块。个人中心提供个人工作台，可以对个人待办事项、工作计划进行管理和跟踪，实现任务的分配和协同办公。

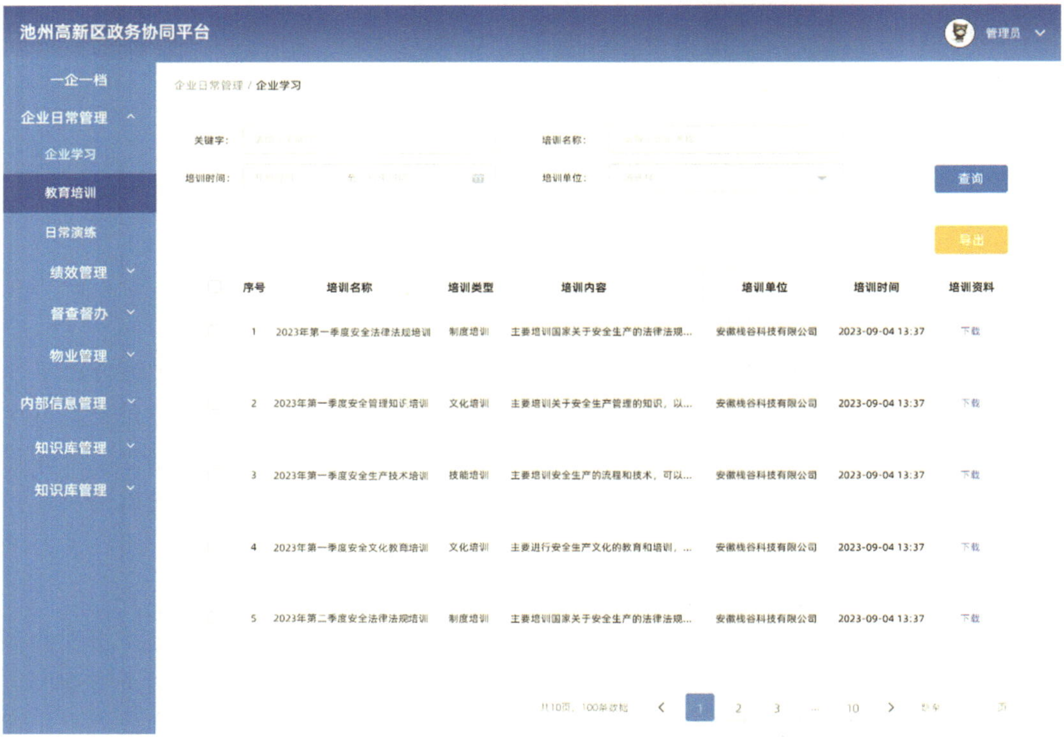

图 4　政务协同办公平台

3) 工业互联网门户

工业互联网平台门户作为贵池工业互联网平台宣传入口，如图 5 所示，整合平台产品、解决方案、供需对接、产融服务等能力，重点围绕走进贵池工业互联网平台、平台各模块能力介绍、平台智能服务等维度构建，作为对外宣传展示的窗口，全方位展现贵池工业互联网平台能力。

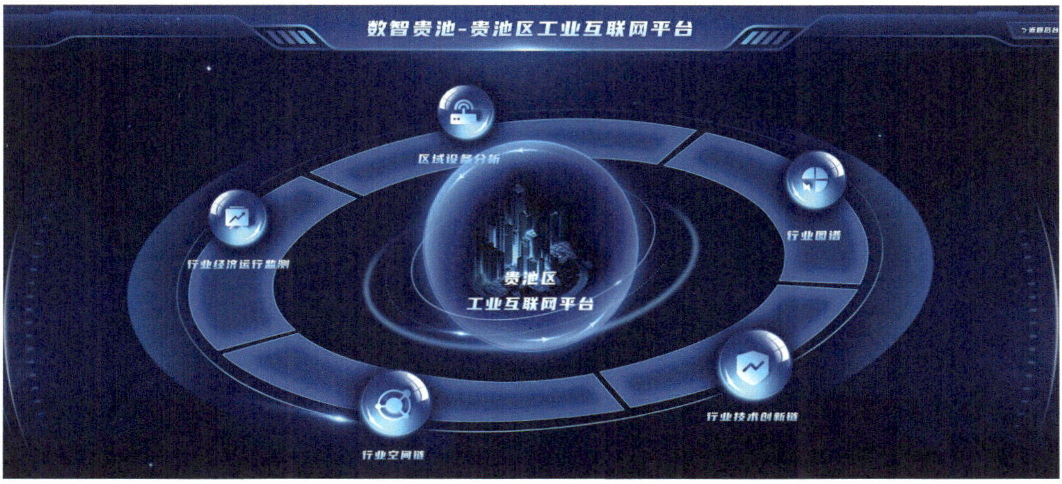

图 5 工业互联网平台门户

4) 新材料行业大脑

围绕贵池区新材料行业产业上中下游产业链节点，打造贵池区铜基新材料、铝基新材料的链主企业带动的产业链，涉及采矿采选、原材料冶炼、原材料生产、辅材生产、铜基铝基新材料行业应用（如电力、建筑、通信、电子、新能源等），形成行业图谱，如图 6 所示，构建产业画像、企业画像、园区经济画像，积累产业核心指标及模型，分析产业节点、诊断产业结构，为产业链强链、固链、补链等区域治理提供有力抓手。

5) 精准招商

对园区主要产业进行大数据分析，利用分析结果进行招商决策，推动产业优化工作，加快园区产业发展，包括全国企业搜索、企业画像详情、园区产业链图谱、园区产业总览、园区产业发展研判、“强链、延链、补链”企业推荐、产业研报、产业政策、重点企业、产业动态等。

5. 取得成效

智慧园区运营管理平台为池州高新区带来了丰富的应用价值，通过打造园区门户和招商门户，进一步增强园区的吸引力和竞争力，吸引更多的企业入驻园区。同时，推动了园区产业升级和发展，通过精准招商引入具有先进技术和管理经验的企业，推动园区内企业的技术创新和管理创新，还可以为园区提供更多的技术和管理支持。此外，园区

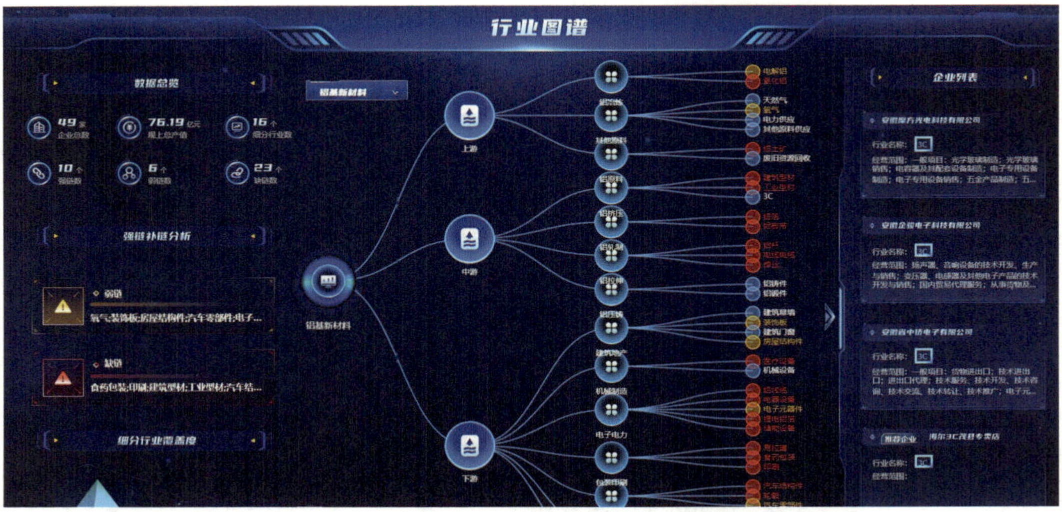

图 6　新材料行业大脑

高度重视双碳领域发展，提高能源效率，通过对多目标管控数据分析和算法优化，实现园区资源的合理配置和能源的高效利用，减少能源浪费和碳排放。

通过量身定制的智慧园区运营管理平台，池州高新区获得了更全面的数据支持、更高效的管理机制和更优质的创新资源，成功打造了智慧化运营管理的新模式，推动了高新区的高质量发展，进一步提升了区域的竞争力和影响力。

三、创新亮点

1. 政务协同：融通全数据，贯通全流程

充分落实省、市、区一体化要求，打通皖事通办和皖事通服务，整合园区各项办事入口，形成统一的企业服务端，加强各事项办理流转的透明度，提升工作效率，更好地为企业提供服务，业务流转复用数据局“互联网+”政务服务平台，节省成本，避免重复建设。

2. 精准招商：数智强延补，闭环产业链

归纳政府数据和采购第三方优质数据，充分利用智慧园区建设的各项能力，从招前、招中、招后将各环节业务贯穿，整个业务流程中形成完整闭环，助力招商的高效和精准。招前产业服务围绕园区主导或特色产业，聚焦园区产业发展，以“强链、延链、补链”为目标，提供智能化产业经济治理服务。实时监测企业主体、产业经济、产业招商、科技创新等领域动态，用大数据开展产业经济分析和决策。

3. 平台复用：前端微服务，数据重安全

满足政务信息系统国产化要求的前提下，利用主流前端微服务架构，实现快速迭代

和持续更新发展，依托国家电子政务建设的环境、技术、信息、安全、数据交换标准等信息技术标准，结合电子政务应用的特点，强化信息安全建设。

四、推广价值

1. 经济效益

通过推进池州高新区省级数字化转型示范园区建设，建设新材料产业行业大脑，构建“工业互联网+智能制造”产业生态。通过对平台的升级优化，提升业务人员工作效率的同时，以数据对接的方式减少大量人工操作，极大降低了工作开展的成本。建成后接入企业达 110 家，其中，81 家企业已实现了 100%全域设备数据采集，5 家头部企业打造了行业示范标杆，20 家企业完成了一项数字化创新应用，35 家中小企业实现上云上平台，管理与协同效率分别提升 32%和 28%，有力推动产业数字化转型，加快形成传统产业、战略性新兴产业和未来产业发展的雁形阵列，为高新区高质量发展蓄势赋能。

2. 社会效益

通过本项目建设，全面推进传统产业数字化和数字产业化的实践，解决了各部门的“数据孤岛”问题，促进各部门业务协同能力和办事效率，对重大事务决策、重大事件提供以数据为驱动的宏观决策支持辅助，全面提升各类风险监测、评估与预警能力，提高区域内风险防控和突发事件应急指挥调度能力。

基于“数字总承包”的智慧医院建设——以中建三局武汉中心医院为例

白云　李磊　余偲　康锋

中建三局数字工程有限公司

一、建设背景

1. 医院高质量发展成为主旋律

随着国家医疗信息化政策的不断深化，2021 年 6 月 4 日国务院办公厅发布《关于推动公立医院高质量发展的意见》，推进“三位一体”的智慧医院建设和医院信息标准化建设，推动线上化发展——大力发展远程医疗和互联网诊疗，推动智慧化发展——推动手术机器人等智能医疗设备和智能辅助诊疗系统的研发与应用。

根据国家最新“十五五”规划，医疗领域数字化建设和智慧医疗建设成为“十五五”时期的重要任务。国家对医疗信息化的支持政策经历了从“适当推进”到“加快发展”再到“积极全面推进”的变化。近年来，在若干政策指引下，医院信息化管理系统、电子病历系统、区域医疗信息互联互通等重点工作逐步得到完善，相关指导文件为医院信息化建设提供了系统化指导，涵盖业务应用、信息平台、基础设施、安全防护等方面，进一步规范了医院信息化建设路径，推动医疗资源共享与智慧服务升级。

2. 新技术带来智慧医院建设发展新动能

伴随 5G、物联网（IoT）、人工智能（AI）等新技术的应用，新技术正为智慧医院建设注入强劲动能。5G 的高速低延迟助力远程医疗、云诊断，提升医疗协作效率；IoT 实现医疗设备智能互联，优化资源管理与患者监测；AI 则赋能精准医疗、智能诊断与辅助决策，提高诊疗质量与效率。这些技术协同推动医院数字化、智能化发展，促进医疗服务模式创新，实现精准、高效、安全的智慧医疗体系，提升老百姓看病就医的获得感，助力医疗行业迈向高质量发展新阶段，如图 1 所示。

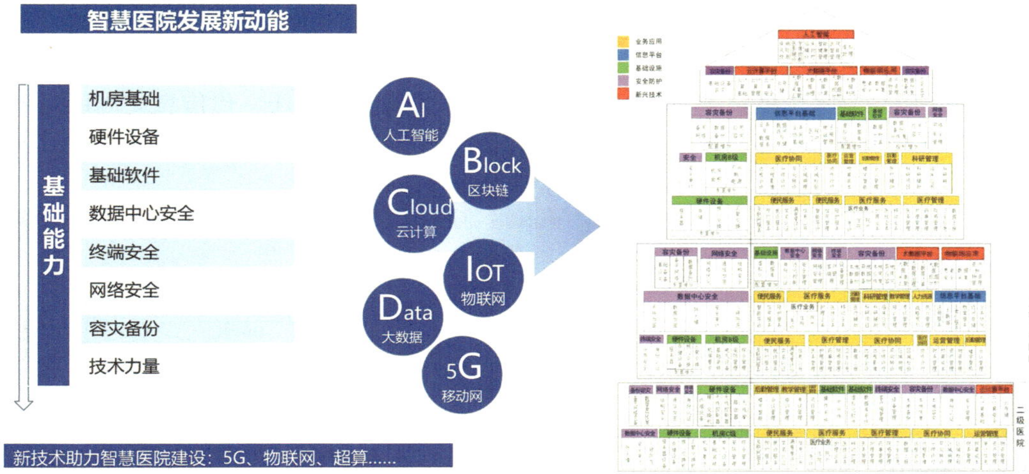

图 1　智慧医院发展新动能

二、建设内容

1. 项目概况

中国建筑第三工程局武汉中心医院位于湖北省武汉市洪山区，总建筑面积约 4.1 万平方米，建设内容为地下 3 层、地上 14 层、集门诊住院功能于一体的医院综合楼。医院规划包含智慧医疗、智慧服务、智慧运营、智慧互联系统的各类智慧系统，建立全新的、技术领先的、符合新医改和医院评审标准要求，满足医院业务运行实际需求。打造新一代智慧医院，即为患者和家属营造一个舒适、快捷、人性的就医环境，为医生和护士营造一个便捷、可视、安全的工作环境，为经营管理层营造一个智能、精细、低耗的运营环境。项目鸟瞰图如图 2 所示。

图 2　项目鸟瞰图

2. 整体设计

中建三局武汉中心医院本次规划，拟以信息化评级目标电子病历四级、互联互通四乙、二甲医院为参考依据，基于先进而成熟的技术架构，构筑新一代信息化应用体系，涵盖智慧管理、智慧服务、智慧医疗3个方面的智慧医院系统，如图3所示。

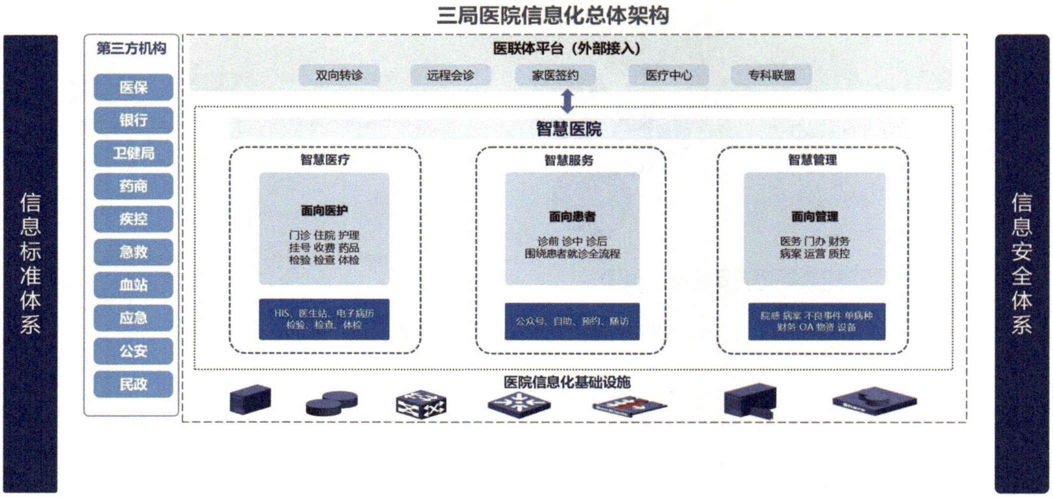

图3 智慧医院信息化应用体系

采用一体化的顶层规划，更好地促进集团一体化、精细化管理；基于医院信息系统，对各业务流程进行全面集成，实现业务的全流程闭环管理；建设信息集成平台，通过服务集成实现不同领域间进行业务协同的信息枢纽中心，支持医院临床业务系统的集成和整合，支持医院内部不同业务领域之间信息共享与交互，支持多机构数据互通。

将各个业务系统产生的数据，按照实际业务需求通过大数据手段进行归集、加工整合，并围绕数据标准化、数据质量等方面进行数据治理，构建数据中心，基于数据中心构建各类医疗数据模型、医疗数据指标、医疗智能模型，满足医院在医疗、服务、管理、绩效考核的全方位要求，支撑医院未来发展。

3. 智慧医院整体解决方案

智慧医院全面解决方案以病人为中心，以医疗信息为主线，为医院提供专业化、智能化、集成化、一体化的临床诊疗服务；同时依托运营管理与医疗管理两大主线，以提高医院经济、社区效益为基本点，优化工作流程、提升工作效率，提高医疗质量及病人满意度，实现医院在医疗和运营两个层面的高效协同、科学决策以及持续改进。

1）智慧门诊场景

本项目从人性化角度，充分考虑医生、患者就诊动线及习惯，梳理智慧门诊就诊全流程，力求全方位提升并优化门诊患者就诊体验，提升医疗质量和医疗安全。重点应用范围包括门诊在线预约挂号、门诊各科室挂号报到、门诊各科室在线缴费（含医保），以及门诊患者病历报告在线查看。智慧门诊业务流程如图 4 所示。

（1）丰富线下门诊智慧服务场景。

依托微信、自助机的全面预约服务，全面推行分时段预约挂号、检查，实现检查项目自动统一预约时间，提升患者就诊效率。实现智能机器人单据解读功能及院内导航，丰富线下智慧服务场景，进一步实现了错峰就医、有序就诊。

（2）优化线上互联网门诊服务流程。

依托小程序开展互联网诊疗服务，提供初诊患者在线咨询，复诊患者在线复诊、检查检验开单预约、线上续方等线上诊疗方式，打造供覆盖诊前、诊中、诊后的全流程线上线下连续性服务，为患者健康保驾护航。

（3）强化信息化服务和技术支撑。

做好智慧门诊配套技术支持，提升患者端就医体验，提高医生端诊疗效率。优化使用结构化电子病历，应用 CA 电子签名。实现电子医保就医凭证就诊，推动实现门诊诊疗过程中智能临床决策支持的应用。逐步构建起面向患者服务、面向临床医护和医院管理者的线上线下一体化智慧门诊诊疗服务模式。

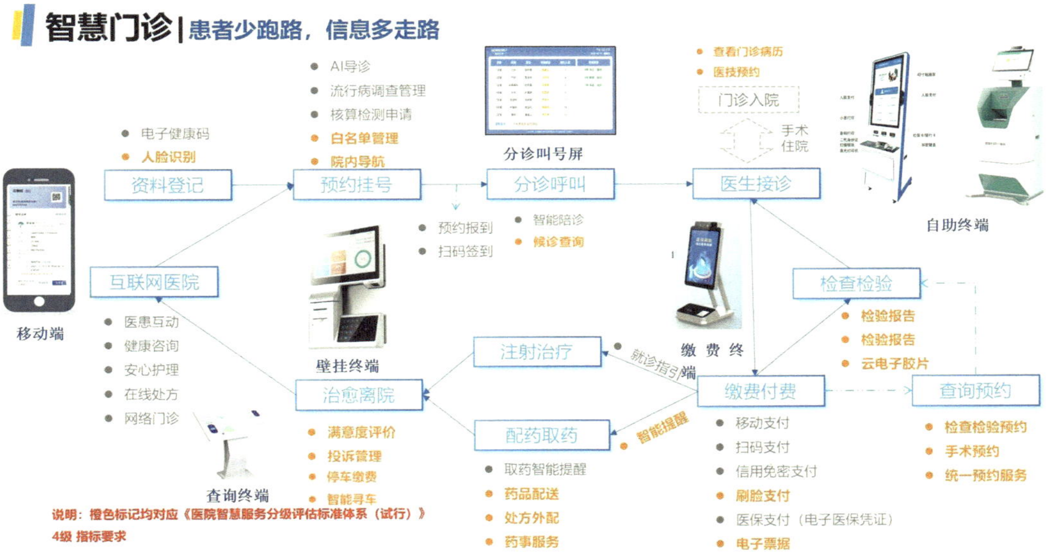

图 4　智慧门诊业务流程

2）智慧病房场景

智慧病区系统是通过“互联网+”智慧病区大数据平台为患者、医务人员提供智慧患者服务、智慧信息可视化、智慧医护服务、智慧运营分析、“物联网+”“互联网+”等智慧医疗服务。系统建设以“改善患者就医体验、提升医院服务质量”为核心，以精细化管理为导向，以智慧病区系统为基础，构建了面向医疗业务、医院管理、患者服务，内外互联互通的信息化环境，真正实现医疗服务与运营管理的科学化、智能化和人性化。智慧病区的全流程智能化将建立“四有工程”，形成医院的全闭环式管理，即病区工作有指引、住院患者有服务、临床医护有推送、运营管理有数据。在充分保证医院网络安全、患者隐私性的前提下，通过病区场景控制单元，实现病区信息流转、集中护理管理，帮助医院推进以患者为中心的智慧病区建设，让护士工作由繁化简，可以将更多的精力和时间用于服务患者，从而提供优质的医疗服务，有效提升患者在院满意度和护士工作效率，如图 5 所示。

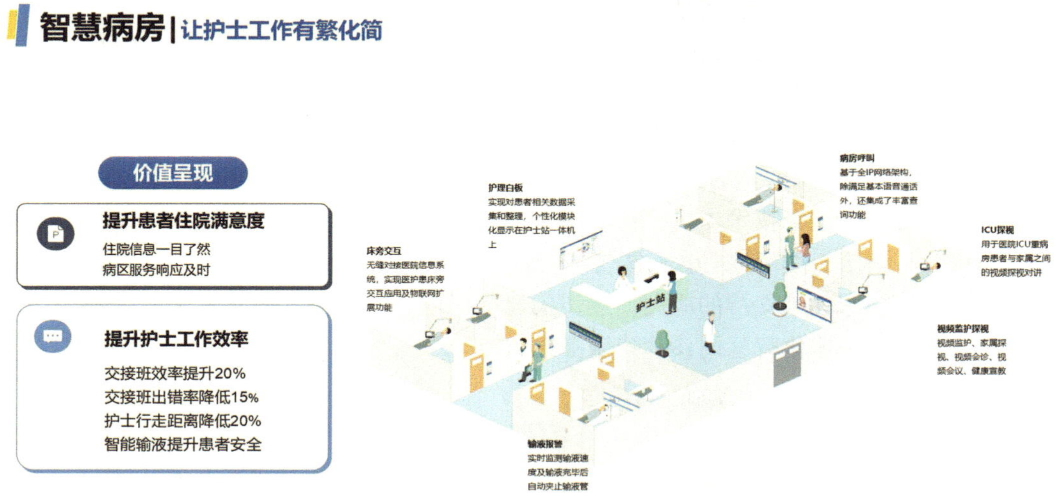

图 5　智慧病房场景功能

具体建设内容如下。

（1）1 个平台：智慧病区智慧物联平台。

通过智慧病区智慧物联平台的建设，推动区域范围内院间协作，让患者、医务人员、智能设备、医务管理人员紧密连接，如图 6 所示。

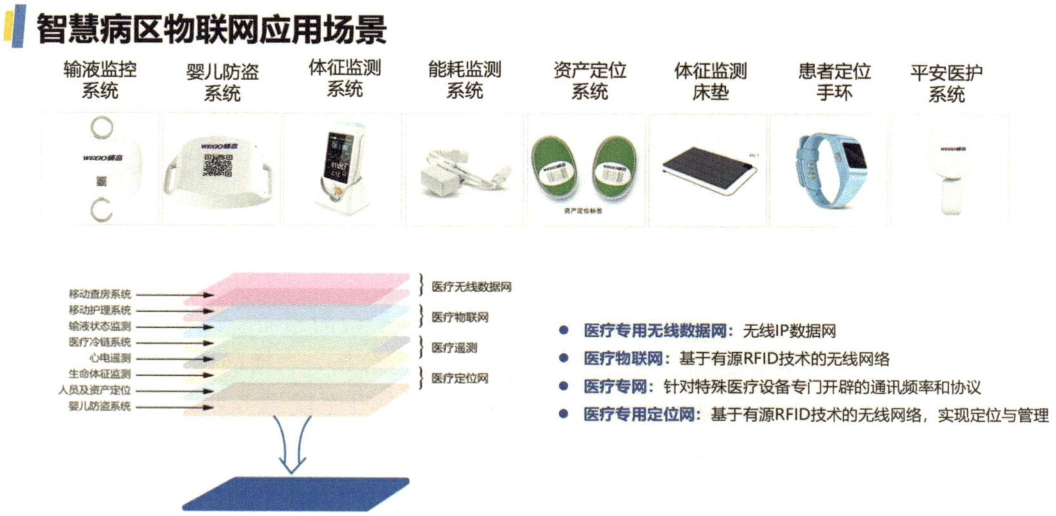

图 6　智慧病房物联网应用场景

（2）4 大应用：患者服务、信息可视、运营管理、移动物联。

①基于“互联网+物联网”技术，结合患者住院场景，利用智能设备为患者提供住院期间数字化服务。

②通过将医院各系统数据动态相连和信息可视化服务，帮助医护人员快速获取医疗数据，从而提高工作效率。

③全面记录了医疗过程的每一个环节，实现了过程管理的数字化。从住院业务信息中加工处理出相关分析决策数据，体现医院住院业务运行状况，为住院管理提供科学依据。

④通过智能物联设备，实时监测和自动采集患者的体温、血氧、心电、脉搏、血压等体征数据，从而减少护士重复工作，降低人为操作失误。

三、创新亮点

1. 基于 BIM 的智慧后勤管理平台

医院智慧运维平台是中建三局自主研发的一款基于 BIM+IoT 技术的集成化、可视化、智能化管理平台，其通过运用数字孪生技术将实体医院从物理空间“搬”到数字空间，全方位提升医院运营效率和管理质量。

针对医院各设备信息不互通老旧系统数据冗杂操作管理界面复杂等问题中建三局创新研发医院智慧运维平台通过打造“数字孪生”医院搭载视频监控、消防报警、变配电等 20 余个子系统实现了电子巡更、智能维修、资产管理能耗管理等 30 多项功能以信息化手段赋能打造绿色智慧医院。

目前，平台以医院运营需求为核心已搭建完成“1+3+7+N”系统架构即“1 个中心”、智慧医院运维运营决策中心“3 个中台”、BIM+数字孪生中台 IoT 中台、业务中台“7 大态势”（安防、运营、设备能源、服务、环境、资产）、“N 个场景”。

2. 通过数字总包服务，“投、建、运”一体，解决传统模式医院建设问题

传统模式下，智慧医院往往涉及近百个子系统、硬件设备厂商、多方接口的对接协调，往往因缺乏顶层设计、重参数轻应用，各个系统独立设计、实施、运维，背离前期规划，导致系统之间协作互通难度大、新旧系统不兼容、后期运维难度大等问题。

中建三局数字工程有限公司是中建三局直属大型建筑安装与数字化服务企业，定位为三局信息技术研究和智慧业务发展专业平台，基于业务实际需要，提供“投、规、建、运”一体化闭环服务，面对长效运营，机电、智能、智慧统筹实施，实现关联系统高效部署，综合服务快速上线，跨领域问题高效协同处理，提升运营效率和服务体验，如图 7 所示。

通过智慧医院建设实现医疗建筑智能化和医疗软件信息化的融通，通过“物联网+可视化+实时数据+决策分析”，让医院有生命、有灵魂、有亮点、人性化、易管理，如图 8 所示。

图 7　中建三局智慧医院运维平台

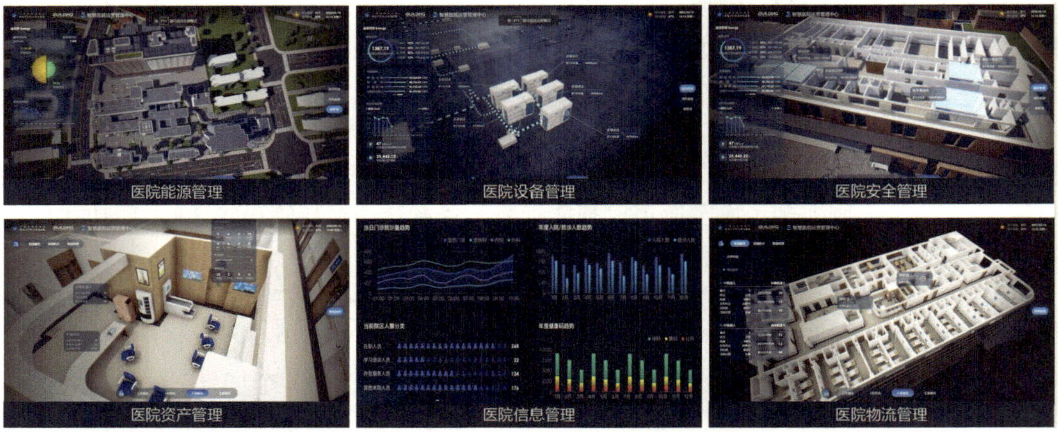

图 8　智慧医院运维平台应用场景

本项目建设中，将医疗业务与运营管理深度融合，强调一个结果为医院发展提供可靠数据支持，实现以医疗业务信息系统与医院综合运营管理系统之间的数据集成、应用集成的规划设计，如图 9 所示。

横向以医疗就诊业务为时间主线，贯穿医嘱执行所驱动的预约、看诊、检查/检验、药事服务、手术、护理、质控的医疗服务全过程；纵向以综合运营管理为主线，面向投资人、管理运营方、供应商、内部职工，以信息化手段保障各项人、财、物资源对于医疗、教学、科研任务的开展，如图 10 所示。

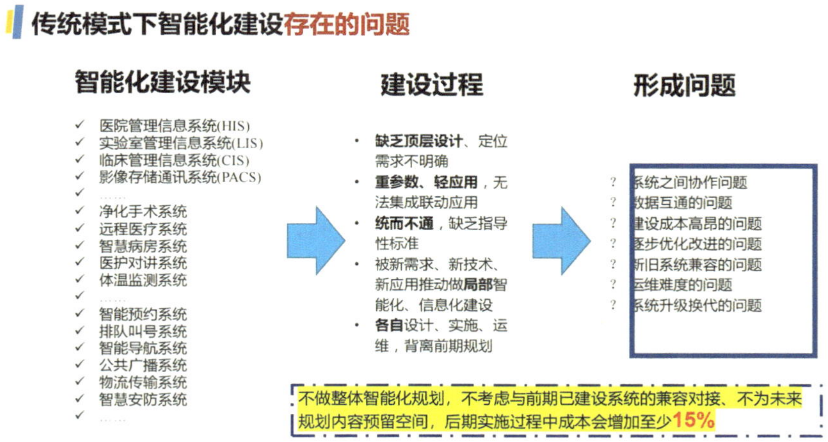

图 9　传统模式下智慧医院建设问题

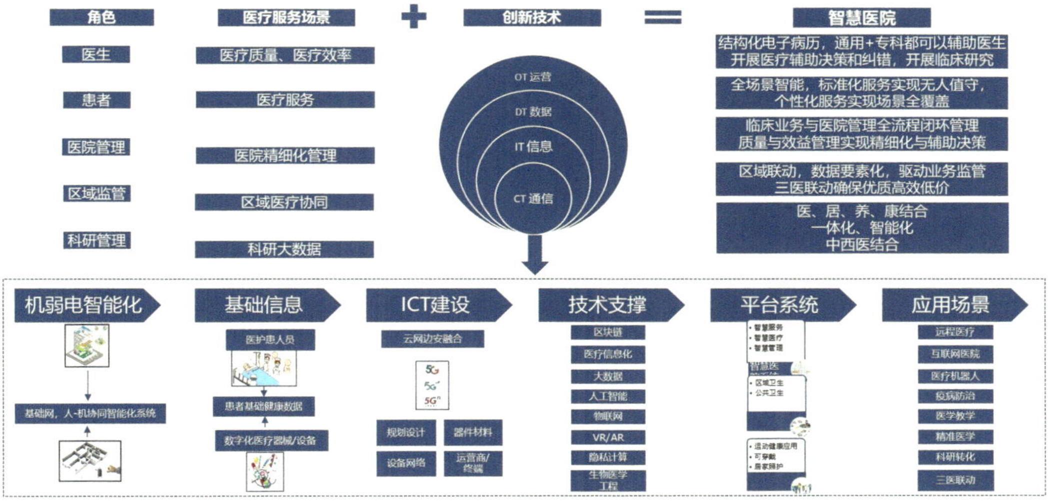

图 10　数字总包业务智慧医院建设模式

四、推广价值

本智慧医疗案例项目依托先进的信息化技术，全面提升医院的智慧管理、临床应用和患者服务水平，并在互联互通、电子病历、互联网医院等方面达到行业领先水平。该案例的推广可带来如下价值。

1. 社会价值

项目积极响应国家政策，推动公立医院高质量发展，通过“三位一体”的智慧医院建设，提升医疗服务质量与效率。项目采用 5G、IoT、AI 等新技术，实现远程医疗、智能诊断与辅助决策，显著提高诊疗质量与效率，增强患者就医体验。

进一步，医院已联动中建壹品地产在中建星光城试点上线包含社区“健康小屋”、居民体检报告、社区卫生服务站远程门诊的多项服务，未来将继续探索与优质医疗资源、地产商、保险商合作，探索新型业务模式如社区康养驿站、居家慢病管理、线上养老顾问、智能手环等为老年人提供全域化、便捷化、智能化的养老服务，统筹抓好底线民生、基本民生和质量民生，提升老年人的生活品质，建立老龄化社会治理新范式。

2. 环境效益

项目通过基于 BIM 的智慧后勤管理平台，实现了医院运营的绿色化与智能化。平台通过数字孪生技术，将实体医院映射到数字空间，实现了设备信息的互通与数据的集中管理，减少了能源消耗与资源浪费。智慧运维平台的部署，提升了医院运营效率，降低了能耗，推动了绿色智慧医院的建设，符合国家节能减排的政策导向，具有显著的环境效益。

3. 运营价值

通过数字总包服务，项目基于一体化的顶层规划，实现了医院业务流程的全面集成与闭环管理，解决了传统模式下系统协作互通难度大、新旧系统不兼容等问题，提升了医院运营效率与服务体验。智慧医院全面解决方案以病人为中心，优化了工作流程，提高了医疗质量与病人满意度，实现了医院在医疗和运营两个层面的高效协同与科学决策，具有显著的运营价值。

综上所述，基于数字总包服务的中建三局武汉中心智慧医院项目在社会价值、环境效益和运营价值三个维度均具有显著的推广价值，不仅提升了医疗服务质量与效率，还推动了绿色智慧医院的建设，实现了医院运营的高效协同与科学决策，为医院的高质量发展提供了有力的支撑。

太原市城市排水生命线安全运行监测项目

王海滨　温乃栋　史航　孟贵锋　熊鹏

太原市城乡管理局
太原市市政公共设施建设管理中心
深圳市图元科技有限公司

一、建设背景

为深入贯彻落实习近平总书记关于“一泓清水入黄河”战略部署，沿黄省份都在大力推进雨污分流改造，确保雨水入河，污水入厂。山西省太原市制定了《太原市“一泓清水入黄河”攻坚行动方案》，全面推动排水工程改造，通过实施错混接点整改、老旧小区实施雨污分流改造、更新改造污水管网、排水管网专业化运维等一系列工程手段，全方位整改排水系统问题。同时按照《住房和城乡建设部关于进一步加强城市基础设施安全运行监测的通知》（建督〔2021〕71号）、《住房和城乡建设部关于推进城市基础设施生命线安全工程的指导意见》（建督〔2023〕63号）、《山西省住房和城乡建设厅关于全面推动城市基础设施生命线安全工程建设的通知》（晋建城函〔2024〕340号）等文件精神，落实生命线工程随新建、改造工程同步设计、同步施工、同步验收、同步使用的“四同步”要求，在新建、改造城市排水管网时同步建设城市生命线安全工程，建立了太原市城市排水生命线安全运行监测项目。项目以排水物联感知监测体系为基础，全方位智能化采集排水管网实时运行状态，建立起立体感知监测-数据对比分析-管网问题诊断-常态巡检养护-工程提升改造的排水闭环管理体系，通过平台验证雨污分流成效、精准诊断管网病害、构建科学防汛指挥体系、推动水环境达标。

二、建设内容

太原市城市排水生命线安全运行监测项目通过整合城区雨污水管网、泵站、污水厂、河道排口、重点排水户、低洼积水点等相关数据，接入泵站运行数据、污水厂运行数据、排污量、低洼积水点液位、泵站视频、水雨情、气象等信息，实现对全市雨污管网、泵站、污水厂及其他相关附属设施的智能监测管控，建成一个集信息共享、综合运行监控、应急处置、辅助决策分析于一体的多功能综合管理平台，为排水业务管理、防涝指挥等提供支持，构建“源网站厂河”一体化管理的新模式，形成具备实时感知、业务联动、预警预报、辅助决策和应急调度功能的排水综合管理体系。系统运行如图 1 所示。

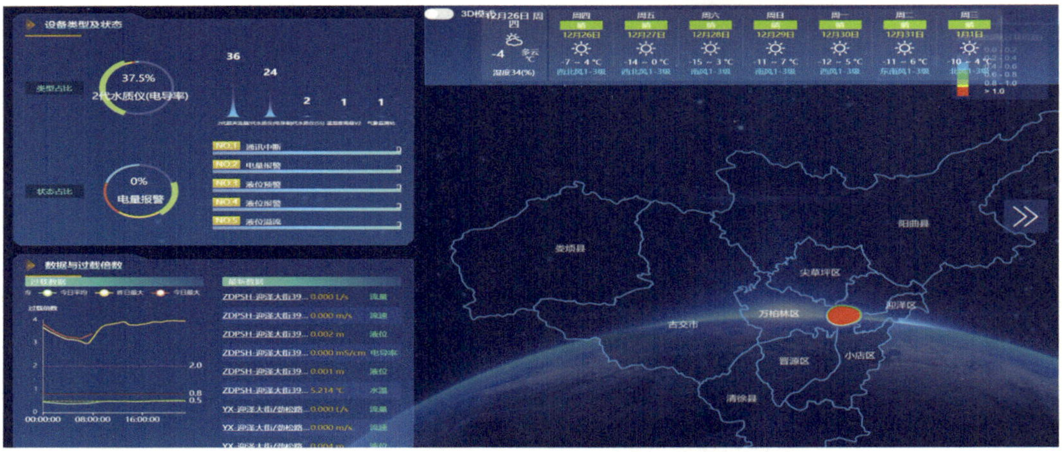

图 1　系统运行

1. 摸清家底，构建“管网一张图”

通过排水设施数据调查，构建太原市管网、泵闸、排口等排水设施汇聚一张图，助力查明地下排水管网种类、规模、空间分布、功能属性、结构形式与产权归属等信息，实现地下排水管网全覆盖、无盲区。针对城市排水关系进行拓扑分析，对管网隐患进行排查，全面掌握城市每一根“毛细血管”的健康状态。

2. 构建厂-站-网-源全流程智能感知体系

充分利用排水生命线运维管理基础数据，对城市排水生命线运行情况、面临的主要风险、水文地质条件及周边环境等方面进行风险评估。太原市城乡管理局委托太原市市政工程设计研究院对太原市排水体系进行梳理，明确排水管网重点监测点位、监测指标和监测方法，制定了城市排水生命线安全工程监测体系建设专项方案。

结合太原市现状雨水系统分区污水系统分区、受纳水体地形地势现状，对太原市 47 个雨水系统关键排口、区域泵站、核心管网汇聚点、典型排水户进行监测。通过物联监测体系为管网隐患溯源、防涝联合调度提供完善的数据支撑。

1）排水管网监测

排水管网监测方面重点梳理雨天溢流节点、不明外水入侵节点、主干汇水节点、污水管网高水位运行节点等作为重点监测对象，首批选取点位近 156 处。基于排水管网重要节点的水位、流量、水质，提供城市排水系统运行的智能监测、分析和仿真预测，提升城市排水系统运行效率、管网隐患诊断和污水偷排判定能力，保障排水管网稳定运行及排水流畅。排水管网监测布点如图 2 所示。

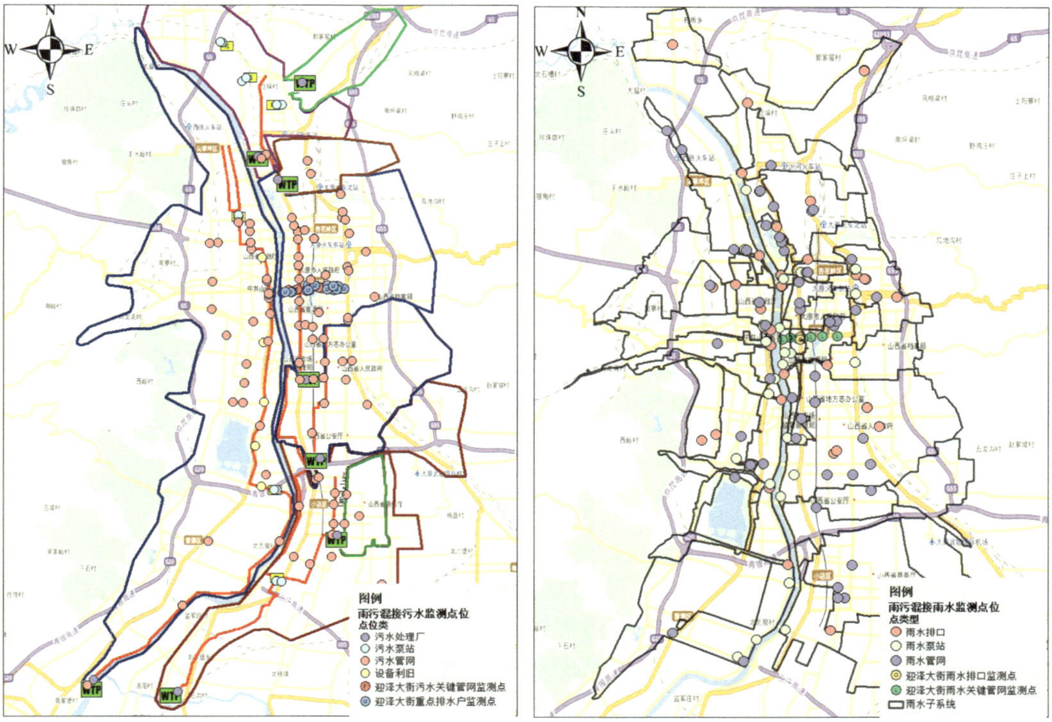

图 2　排水管网监测布点

2）排河口监测

排口监测方面结合太原市雨水分区情况，梳理自流排水分区核心干管汇聚排口以及雨季潜在溢流风险排口，首批选取点位近 39 处。入河排口监测通过在雨水管网入河排口布设水位、流量、水质等智能监测设备，掌握排口水位、流量以及水质，实现雨水排口状态的监测预警，通过现场真实画面反馈排口运行情况。

3）泵站管控

泵站监测方面结合太原市雨水分区情况，梳理强排雨水分区区域泵站以及大型泵站，首批选取点位近 37 处。实时监测提升泵站水位、流量以及水质，掌握泵站节点排水运行情况，旱季分析排水规律，为溯源管网隐患提供数据支撑，雨季为防洪排涝提供数据支撑。

4）城区内涝监测

联动接入太原市城市内涝监测数据，太原市在下穿隧道、低洼易涝区等布设监测点位 800 多处，掌握内涝风险点积水水位、视频监控等动态监测数据，提供城市内涝风险区域积水水位实时在线监测预警和内涝灾害程度分析，保证有险情及时报警并高效处置。

5）井盖监测

井盖监测方面实时监测易涝区域周边重点路段的各井盖开闭状态、异动状态和健康状态（包括井盖松动、异响等），保障行人安全，避免交通事故发生。

6）雨量监测

结合太原市内涝风险点的分布，在区域内布设雨量监测设备，实时监控区域内的降雨量变化，为排水防涝提供数据支撑。通过建立一体化的城市排水系统，全域全过程感知运行态势，满足日常管理、运行调度、灾情预判、预警预报、防汛调度、应急抢险等功能需要。

太原市城市排水生命线安全运行监测项目还构建了排水管网物联监测设备轮换体系，按照先片区、再局部、再溯源的思路，第一阶段基于监测数据诊断发现排口及主干管网隐患问题，按隐患严重程度进行分阶段轮换精细监测，将感知设备集中在几个分区，诊断出分区隐患后再轮换至其他分区，形成隐患诊断报告。

三、建设成效

基于排水体系河–厂–站–网–源监测数据构建形成完善的太原市排水运行诊断评估体系。从“河”–河道排口调查和雨污混流调查、“厂”–污水处理厂水质水量分析、“站”–泵站水质水量分析、“网”–市政管网检测监测、“源”——排水户水质分析，五个方面进行诊断工作。

通过污水处理厂水质、水量分析数据实时掌握污水处理厂运行情况，通过分析厂区服务范围内用水数据和污水处理厂收水数据，判断外水入侵情况；在排水管网诊断方面，通过关键节点水质、水量监测并结合现场清淤检测、管网缺陷及雨污混接调查的方式，查明污水管、合流管线问题，明确混接具体位置；在河道排口调查方面，通过查清排污口的排水属性，溯源排口上游管网拓扑关系，调查旱天、雨天排放和溢流情况，评估雨水排口的倒灌风险和雨水混接入污风险，通过对河道周围管网的检测诊断分析，分析雨污混流程度；在排水户水质分析方面，通过对项目范围内典型排水户出口的水质监测，评估其排水户污水收集管网对污水处理厂进水水质的影响。排水运行分析诊断如图3所示。

具体成效分为以下几个方面。

1）精准诊断管网病害

项目运行以来持续诊断太原市排水管网隐患问题，通过在监测布点的管道中，识别高水位、低流速运行的管道，评估溢流、淤积等运行风险分布，为太原市排水管网日常巡查养护提供科学的数据支撑。基于排水管网旱天流量监测数据及水质化验分析数据，对太原市各片区进行旱天外来水入流入渗分析，雨季根据降雨和管网流量数据，分析对比旱季流量运行规律以及雨天流量规律，分析不同降雨情况下的排水管网入流入渗的情况，同时根据分析结果通过轮换监测的方式进一步对问题片区布点监测，进一步缩小问题区域，精准定位入流入渗、混接错接节点，为太原市雨污分流改造提供科学的数据支撑。

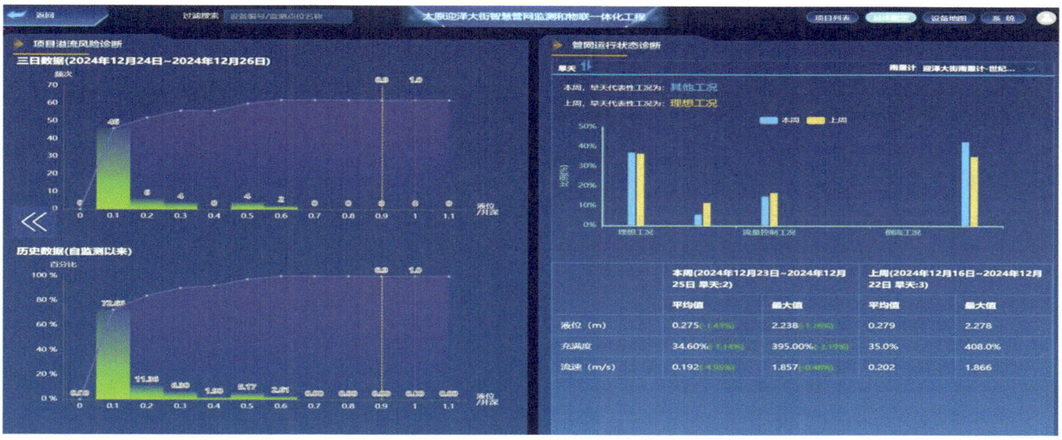

图 3　排水运行分析诊断

2）验证雨污分流成效

2023 年 6 月至 2024 年 4 月，太原市城乡管理局集中开展雨污分流改造，改造完成 3040 个混接节点，其中市政管网混接点 1919 个，源头混接点 1121 个，改造完成合流制管网道路 70. 90 千米、203 条。太原市城市排水生命线安全运行监测项目建立了对排水管网智能诊断算法，对比分析太原市雨污分流改造前后管网水质、流量数据，验证工程改造成效，通过系统验证太原市雨污分流改造成效显著，改造后的雨水管网基本消除雨季污水溢流情况、污水入渗的情况，污水管网基本消除雨季雨水入侵、旱季高水位运行的情况。数据对比诊断如图 4 所示。

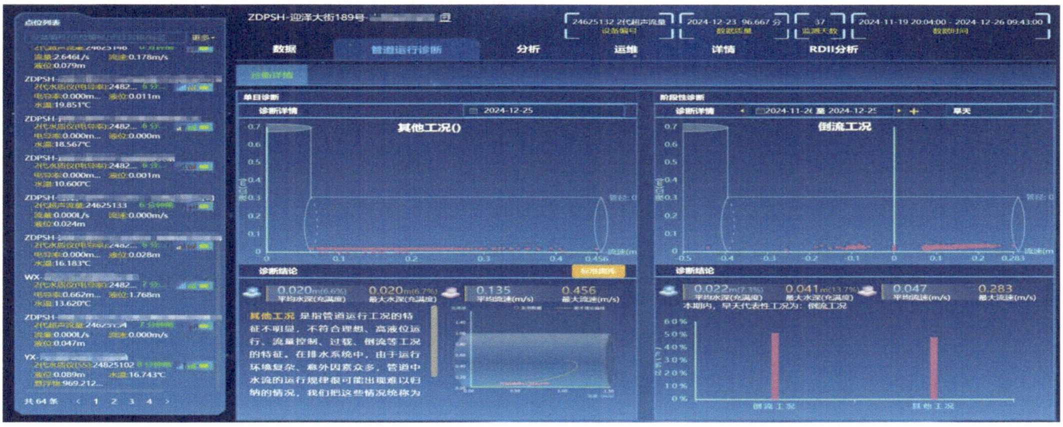

图 4　数据对比诊断

2024 年，太原市城乡管理局对迎泽大街混接及合流管网进行全面改造，通过在迎泽大街沿线排水管网部署监测设备 63 套，对改造后的迎泽大街排水管网进行全面监测分析，通过监测数据对比，改造后的迎泽大街排水管网均稳定运行，无异常指标，已全面消除排水管网混接、合流、淤堵等隐患问题。迎泽大街管网排水运行监测如图 5 所示。

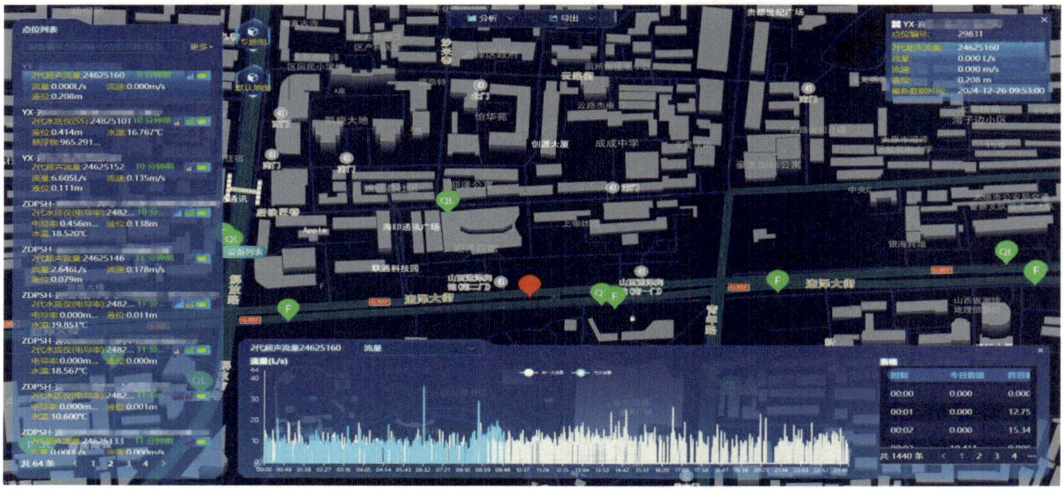

图 5　迎泽大街管网排水运行监测

3）科学排水防涝指挥联动

太原市城市排水生命线安全运行监测项目构建排水生命线安全主动预防监测体系，并充分结合“城市运行管理服务平台”建设要求，整合、对接已建成的太原市城市内涝预警监测平台，推动构建地上地下一体的防涝指挥联动方案，利用泵站排水能力、上下游关系、结构特点以及水位、水量变化趋势来综合判断排水系统的运行负荷并进行多层级泵站之间的水量分配，通过分析排水负荷、掌握排水流向、模拟排水场景，制定合理联合调度方案。

太原市北张退水渠雨季存在高水位运行退水不及时，导致周边路面积水、雨水倒灌地下室等问题，为缓解雨季北张渠退水压力，太原市城乡管理局在真武路开展雨污分流改造，构建雨水干管系统，通过控制雨水流径、流量，将路面 279 公顷汇水面积的雨水引流纳入大村雨水泵站系统，由大村雨水泵站调度分配。通过工程改造与排水调度相结合极大减小了太原市北张退水渠高位水运行、倒灌、溢流等风险，提高内涝积水区域雨水入网效率，最大限度利用有效调蓄空间，减缓了周边区域内涝问题。

4）科学处置风险实现管理闭环

太原市城市排水生命线安全运行监测项目下一步将与太原市城市运行管理服务平台、太原市市政综合监管平台的对接，建立健全行业主管及相关部门、运营管理单位之间信息互通、协调联动、快速响应、高效处置的工作机制，推动实现整个排水体系从监测、分析、预警、派单到处置的闭环管理。

太原市城市排水生命线安全运行监测项目形成太原市排水体系立体感知监测-数据对比分析-管网问题诊断-工程提升改造-改造成效验证的闭环管理体系。通过监测数据分析识别排水系统的问题，基于问题形成日常养护及工程改造计划，太原市市政公共设施建设管理中心通过日常运维及城市更新工程开展挤外水、治混接、收污水、减溢流工程，逐步消除排水系统隐患问题，通过平台分析对比工程改造前后排水管网的运行数据，验证工程改造成效，从而推动太原市排水体系的健康发展。

四、创新应用

（1）分区实现排水管网精细监测。建立监测设备轮换使用模式，一方面大大减少项目投资，另一方面提高设备使用效率，通过设备轮换逐步推动各排水分区的精细监测，为管网诊断提供更精确的数据。

（2）分级实现排水管网精准诊断。对于整体工程目标应开展分级分区诊断工作，根据拓扑关系进行一级、二级分区，不同层级采取相应的监测检测方案。做到以问题为导向，有的放矢，避免按照绝对路线盲目开展工作，提高工作效率。

（3）地上地下联动科学排水防涝。地上内涝监测、地下管网监测，分析每个内涝风险点积水成因，比如收水能力不足、抽排能力不足、泵站未抽排、管道堵塞等，通过分析排水负荷、掌握排水流向、模拟排水场景，制定合理排水防涝联合调度方案。

五、推广价值

太原市城市排水生命线安全运行监测项目通过对排水设施运行监测数据和管网运行数据进行多维度分析，实现排水设施运行异常情况实时预警和主动发现，改变以往工作中，需要在人员巡查或等问题暴露时才发现的被动局面。在太原市城市排水生命线安全运行监测系统的支持下实现排水设施养护工作的升级，改变以往的设施问题被动发现的局面。

通过项目的建设，排水管网隐患定位工作由原来消耗大量人力进行管网大范围排查的工作模式，转变为通过系统分析可能的隐患点，再进行有针对性的排查，实现隐患排查工作模式从“广撒网”到“精确打击”的转变，极大提高了排水管网隐患排查的工作质量与效率，为整个太原市排水体系的巡查、管养、改造提供可靠的数据支撑。同时项目将防涝应急所需的管网运行情况、泵闸站工作情况等多种地下运行数据与地面数据进行整合，并实现在地图上“一键调度”，改变以往工作中，调度中心难掌握地下运行情况导致调度难的业务痛点。

蠡湖未来城数字孪生城市建设工程监管平台

高王磊　刘恪

无锡市蠡湖未来城建设发展中心
无锡市蠡湖未来城科创投资有限公司

一、建设背景

无锡蠡湖未来城坐落于蠡湖湖畔，核心区面积约3.6平方千米，北至太湖大道，东至蠡溪路，南、西与蠡湖相接，坐拥无锡市最优质的景观资源、最优越的区位条件，是无锡太湖湾科创带“一城十元”中的核心“一城”，是太湖湾科技创新带实现高强度要素集聚、高效率组织运作、高标准协同联动等的关键核心。

蠡湖未来城在开发建设过程中，面临诸多挑战：一是工程项目多、类型复杂、协同监管难度大；二是参建主体杂、信息量大、数据共享不及时；三是监管资源稀缺、手段较传统、工程管理能力有待提升；四是项目规模大、管理周期长、全过程协同难度大。

针对这些工程多样化、管理多头化、现场多变化等问题，蠡湖未来城以CIM基础平台为依托，集成智慧工地、AI智能分析等技术，搭建“多项目协同监管平台”，通过全周期数据贯通与业务协同，实现从立项到竣工的“项目横向到边”全覆盖管理，以及从工程管理部到总承包单位的“纵向到底”穿透式管控，全面突破传统监管瓶颈，显著提升工程管理的信息化、智慧化水平，为蠡湖未来城的高质量建设提供核心支撑。

二、建设内容

1. 总体架构

以CIM基础平台为核心底座，构建建设监管一张网，打造“业务系统（PC端）+移动监管App（移动端）+管理驾驶舱（决策端）”三端协同架构，覆盖项目全生命周期（前期-建设-竣工），实现以下能力。

（1）数据全贯通：打通前期、设计、进度、投资等数据壁垒，业务数据互通率达100%。

（2）业务全在线：从项目开工到竣工验收，关键业务线 100%上线。

（3）监管全闭环：通过智能预警与指令闭环，形成“问题发现–派单–整改–验收”全链条管控机制。

具体建设内容如图 1 所示。

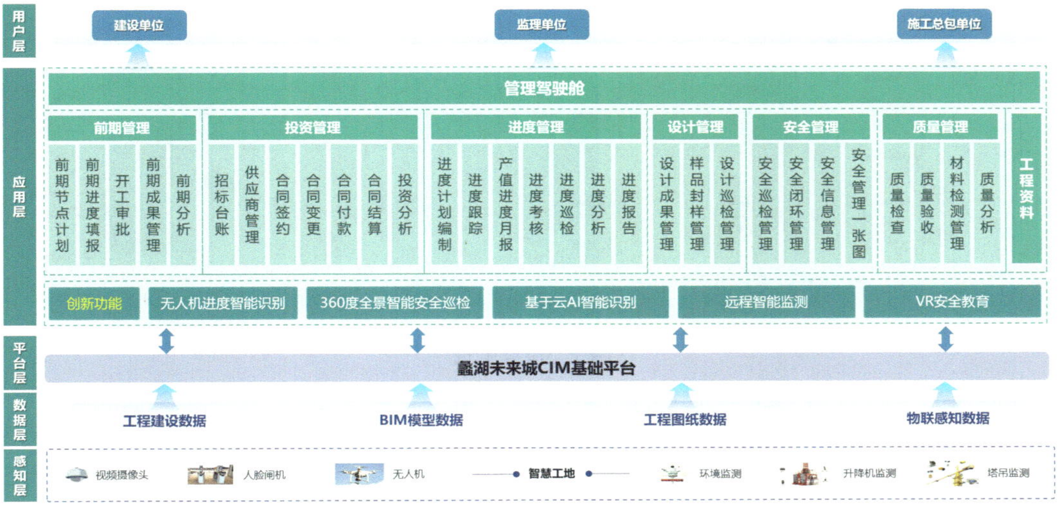

图 1　总体架构

2. 6 大核心能力，精准破解管理难题

1）前期管理智能化

针对前期报建节点多、流程复杂、易滞后的问题，系统智能生成标准化报建清单，通过节点跟踪与“红黄灯”分级预警机制，自动触发短信督办并直达责任人，缩短前期流程周期，减少开工延误风险，促进项目早开工。

2）设计管理协同化

针对设计协同效率低、版本管理难的问题，依托 CIM 基础平台能力，实现图纸、BIM 模型在线查看，支持多端轻量化协同浏览与在线批注，消除专业软件依赖，提升设计协同效率，降低企业成本，推动跨团队无缝协作。

3）进度管理精准化

针对计划编制文件格式多、进度管理协同难、计划偏差分析依赖人工经验的问题，通过 AI 自动解析多格式进度文件，智能生成结构化计划与作战看板，实时诊断进度偏差并联动跨部门协同优化，有效提升进度管控精准度，确保项目按计划稳步推进。进度分析如图 2 所示。

4）投资管理精细化

针对合同文档类型多、存档满、本动态跟踪难、超概风险不可控的问题，提供全流程文档数字化管理功能，基于 AI 预判超概风险并提前预警，构建招标采购–合同履约–

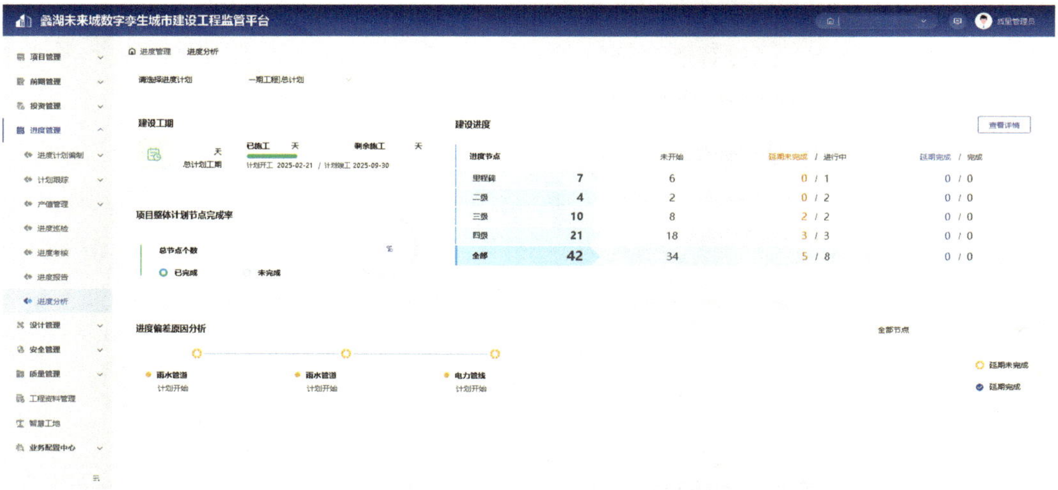

图 2　进度管理

资金支付的数据链条，强化投资风险防控能力，为决策提供可靠依据。投资分析如图 3 所示。

图 3　投资管理

5）质安管理标准化

针对日常巡检问题难跟踪、质量验收留痕工作量大、安全风险管控粗放的问题，系统提供智能化巡检闭环管理体系，实现问题的快上报、快处置、快闭环；构建质量验收数字化闭环流程，覆盖材料检测至隐蔽工程验收全节点；同时基于“红橙黄蓝”4 色风险模型，智能分级推送安全指令至责任人，全面保障工程品质与施工安全。质量管理如图 4 所示，安全管理如图 5 所示。

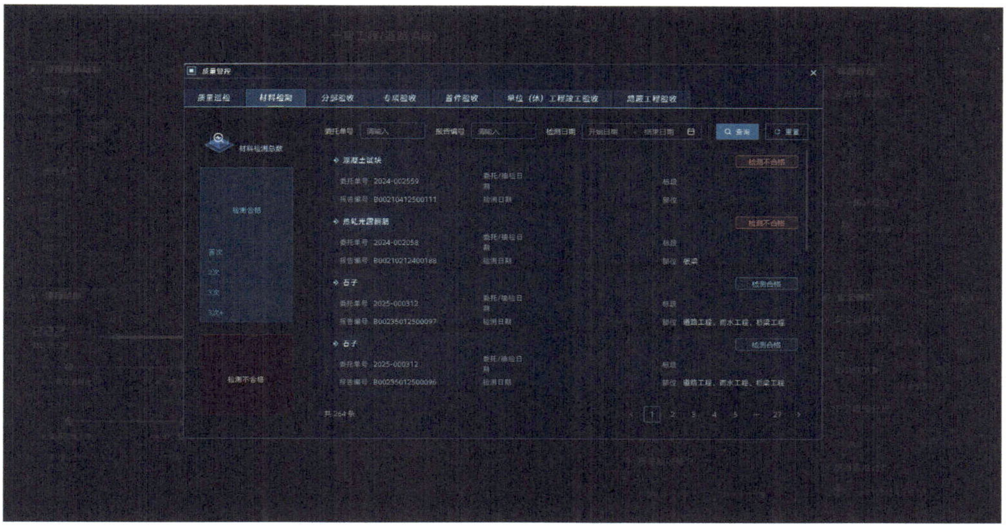

图 4　质量管理

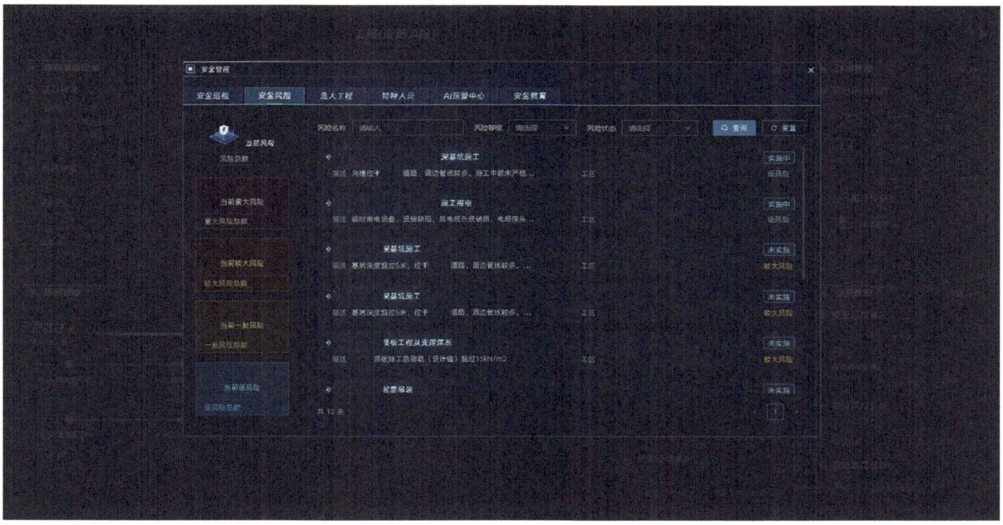

图 5　安全管理

6）资料管理高效化

针对资料归档混乱、调取耗时、协同安全性差的问题，系统通过 OCR 智能识别技术，实现成果快速存档，构建云端多源数据池并支持权限化多端共享，提升资料调取与协同效率，确保项目资料全生命周期可溯可控。

3. 两级穿透式监管驾驶舱，全域动态可控

1）片区级：全域透视，一图统管

依托 CIM 基础平台，实现全域项目全要素可视化监管，动态呈现进度、投资、质

量、安全核心数据，实现片区进度风险实时知晓、投资风险有效把控、质安隐患及时呈现，为管理部门提供决策支持与指挥调度能力。片区管理驾驶舱如图 6 所示。

图 6　片区管理驾驶舱

2）项目级：单点穿透，全程可溯

建立一项一档，深度融合 BIM 引擎，打造项目级数字看板，实现项目动态监测和风险 AI 智能预警，如图 7 所示。

图 7　项目管理驾驶舱

三、创新亮点

1. 技术亮点：三大核心技术驱动智慧升级

1）全域数字孪生底座

针对设计成果格式多、跨平台协作成本高等问题，基于 CIM 基础平台并深度融合 BIM 引擎，创新兼容 BIM、CAD 等 50+主流设计成果格式，实现多源设计成果统一入库，消除数据壁垒，实现全过程设计协同，为数字新城与实体新城同步孪生提供数据支撑。

2）AI 深度赋能业务流程

现场巡查智能化：针对传统巡查记录效率低、信息录入滞后的问题，通过拍照建档与 AI 语音识别技术，实现问题实时转写与秒级上报，结合智能分类与闭环追踪，使巡查问题处置效率提升 90%，流程闭环时间从小时级压缩至分钟级，大幅提升现场管理响应速度与系统易用性。

招标管理高效化：针对招标数据人工采集录入耗时长、易错漏的痛点，部署 URL 智能解析引擎，自动抓取招标公告、中标公示等关键字段，基础数据填报效率从小时级提升至秒级，错误率趋近于零，助力资源精准匹配与合规管控。

资料管理精准化：针对人工归档耗时长、易出错的难题，采用 OCR+AI 技术自动识别证件、图片等非结构化数据，并转化为标准化格式，文档归档效率从周级压缩至分钟级，大幅度减少人工参与，实现资料全生命周期可溯可控。

决策支持智慧化：针对工程管理规范复杂、决策依赖经验的短板，通过本地化部署 DeepSeek 大模型，集成工程建设标准与历史数据，自动生成项目风险预判报告，问题响应速度从小时级提升至秒级，推动管理决策从经验驱动转向数据智能驱动。

3）打造施工现场的“智能鹰眼”

针对施工现场依赖人工巡查导致安全违规、环境问题及作业不规范等风险难以及时识别、管理被动滞后的问题，通过部署边缘算法盒子，构建覆盖安全防护、环境监测、作业规范的多场景智能识别体系，基于智能视频分析技术实现风险实时监测与秒级预警，推动安全管理从人工巡检、事后处置转向智能预警、事前预防，全面提升施工管理的主动性与规范性。

2. 应用亮点：构建建设监管一张网

针对跨部门数据孤岛、协同低效与决策滞后难题，基于 CIM 基础平台，打造智慧建造的系统性数字孪生，构建建设监管一张网，打通参建单位的数据壁垒，实现业务管理、监控指令的在线传达与反馈，数据留痕可追溯，用数据驱动项目高效监管与科学决策，推动工程监管从被动处置向主动防控升级。

3. 管理亮点："双贯通"模式革新管理模式

针对工程管理中存在的管理脱节、现场执行效率低下的问题。创新两个贯通，一是建设全周期贯通，覆盖项目前期立项、设计、施工、竣工交付全生命周期，推动工程管理从碎片化向全周期一体化转型。二是数据全链条贯通，实现与片区内各项目智慧工地的联通，实时掌握现场态势。提升项目执行效率和监管力度，确保工程建设全周期的透明可视、精准预判、智能管控。

四、推广价值

1. 经济效益

该平台通过智能化管理手段，显著提升多项目协同效率与成本管控能力。针对管理层，实现从单项目到多项目的全景式监管，智能汇聚进度、成本等核心数据并实时预警，辅助领导一屏掌控项目难点与堵点，快速统筹调度资源，降低决策滞后风险；针对执行层，规范前期报建流程与设计成果版本管理，减少纠纷扯皮，强化进度与成本风险预判，缩短开工周期，避免无效成本支出，为企业降本增效提供坚实保障。

2. 社会效益

推动蠡湖未来城建设多方主体高效协同与透明化管理。通过打通建设方、总包、监理等参与方数据链路，实现信息实时共享与指令精准触达，减少沟通误解与协作摩擦，确保项目高质量推进；同时，依托动态可视化的进度、质量、安全等核心数据，助力新城建设精细化管控，提升城市功能品质与居民生活安全感，为构建智慧、宜居、可持续的新城发展模式注入新动力。

3. 推广价值

作为CIM+工程监管的创新实践，该平台具备高度普适性与行业引领价值。其横向覆盖规划、建设、运维全周期，纵向穿透多层级管理的架构设计，可快速适配新区开发、城市更新等不同规模项目；通过输出标准化管理模式与技术集成方案，为行业提供可复制的智慧监管范式，推动BIM、物联网、AI等技术规模化应用，加速传统工程管理向数字化、系统化转型，赋能城市建设高质量发展与行业生态升级。

串联全域动态感知，赋能基层社会治理
——宁波市海曙区“地、房、人、用、管”数智治理应用

严立　杨健　姚铭枢

宁波市测绘和遥感技术研究院

一、建设背景

针对数字赋能基层治理中数据底数不清晰、数据来源混杂、数据时空基准不统一、数据共享机制和数字设施不完善等问题，宁波市自然资源和规划局联合海曙区数据局、宁波市自然资源和规划局海曙分局，围绕人、企、地、物、事等核心实体对象，接入各业务部门重大专题系统及业务数据，构建海曙数字孪生时空资源底座，旨在把分散孤立的政务数据、物联网感知信息、地理空间服务整合起来，构建海曙区全量覆盖、全面融合、全景孪生并持续更新的区级时空公共数据资源平台，激活时空要素潜能，推进社会治理数智高效、公共服务数智便捷、产业发展数智创新。

二、建设内容

平台以海曙时空地图资源一张图为底图，融合资规、数据局、公安、民政等部门条线业务应用数据，统筹全区构建“一图四库”（时空地图、人口综合库、法人综合库、视频监控库和AI事件库），形成数据共享规范，实现全区一张时空底图、一套“政、物、空”数据链、一个统一业务门户入口，推动海曙“141”基层治理体系创新发展。海曙区时空公共数据资源平台门户如图1所示。

1. 时空地图

以实景三维数据为空间底板，基于时空关联技术打通地理实体数据与政务数据、物联感知数据壁垒，打造了区级时空公共数据平台，包括时空底座、政务服务、视频监控、物联感知、专题治理5个中心。时空地图一张图首页如图2所示。

时空底座作为全区唯一空间底座，实现空间数据的全量覆盖及其他部门的专题业务数据沉淀集成；精度优于20厘米的地形级实景三维全区覆盖，宏观展示全市山、水、

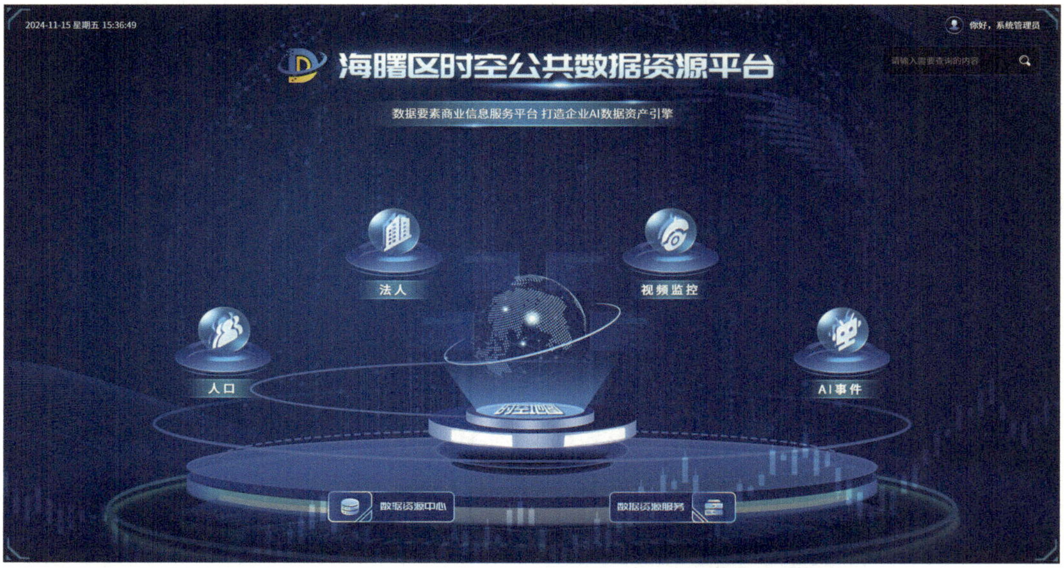

图 1　海曙时空公共数据资源平台门户

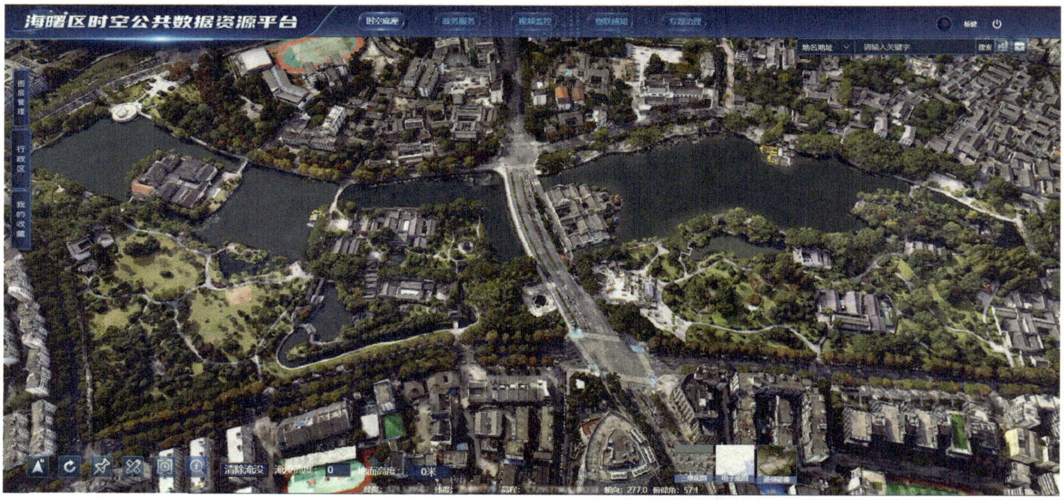

图 2　时空地图一张图首页

城整体地形地貌；同时联合住建、应急等部门普查全区建筑实体数据，每幢建筑的建设年代、层数、高度等属性齐全，为数字城市提供权威空间底座。

政务服务主要实现人口、法人空间化、精细化管理查询，平台以三维楼盘表为空间载体，实现规划、现状、确权登记信息关联融合，建立自然人、企业法人、经济信息等时空连接，刻画楼宇人口全息画像，如图 3、图 4 所示，形成空间精准、功能明晰、精细到户的“地-楼-房-人”空间图谱。同时为保证数据的鲜活性，基层人员针对业务数据采用“打标签”和问题数据“记备注”，部门反馈核实修正，平台二次更新推送。

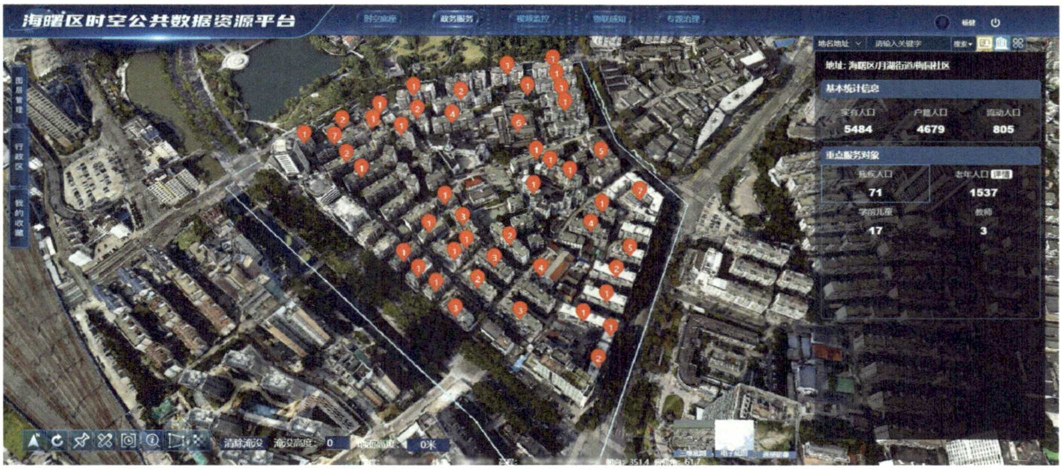

图 3　人口全息画像（人口落幢）

图 4　人口全息画像（三维楼盘表）

视频监控对每个点位按照行政区划、行业应用进行分类，在地图上展示监控视频点位分布情况，有效呈现实时实景数字孪生，如图 5 所示。

物联感知接入全区感知数据，并通过空间信息形成感知“一张图”。

专题治理集成各个应用场景，包括罗城复兴规划、数智气象、慧眼森林等，实现其他部门业务场景统一入口进入。

2. 人口综合库

以第七次人口普查数据为底数，身份证号为唯一标识字段，关联海曙“两人一事件”数据，同时对接国家政务数字平台、浙江省一体化数字资源系统，回流残疾人、学前儿童等数据，围绕人口数据治理的需求，扩充数据本体的同时以数据标签（重点人群）形式，从小到大实现人口数据的精准治理。通过构建人口血脉图谱，实现人口详细

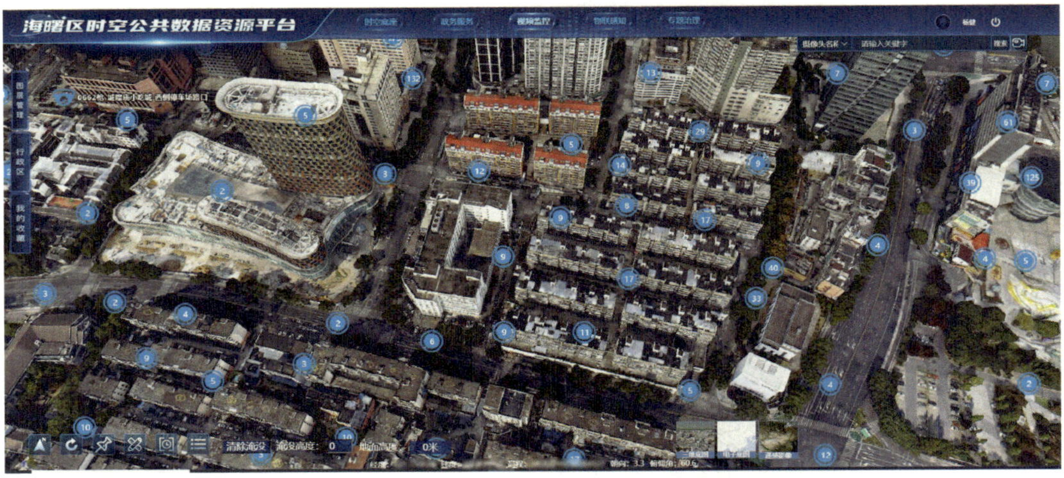

图 5　视频监控数据分布

信息、人口亲缘关系在平台一目了然。人口综合库首页如图 6 所示。

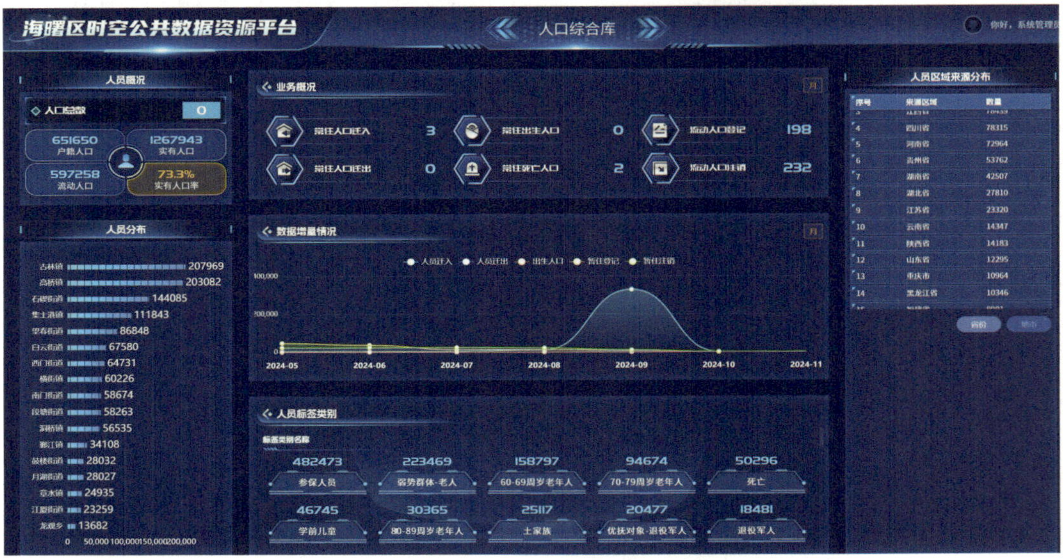

图 6　人口综合库首页

3. 法人综合库

以海曙统计局第五次经济普查的数据为底数，统一社会信用代码为唯一标识字段，关联海曙“两人一事件”数据，对接浙江省一体化数字资源系统，回流企业状态等数据，围绕法人数据治理的需求，扩充数据本体的同时以数据标签（规上企业等）形式，实现法人数据的精准治理。通过打造企业三维数字地图，每家企业的工商、知识产权、司法信息等详情均可以在平台一览无余。法人综合库首页如图 7 所示。

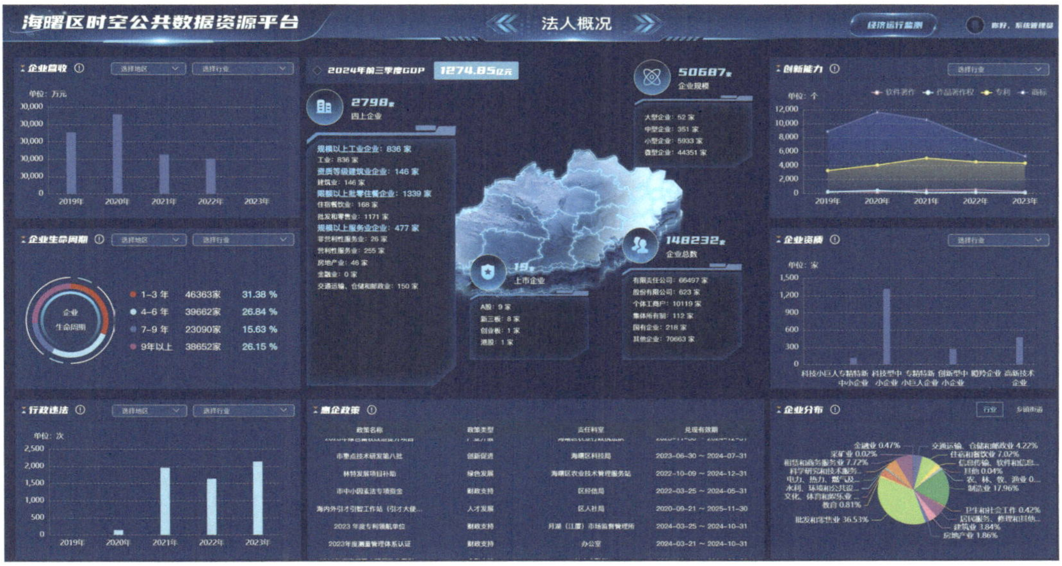

图 7　法人综合库首页

4. 视频监控库

全量接入海曙区公安视频监控数据，对视频监控设备进行分类统计，实时展示各类资源统计数据、运行状态、空间分布，同时管理视频监控共享、调用等资源请求情况。视频监控库如图 8 所示。

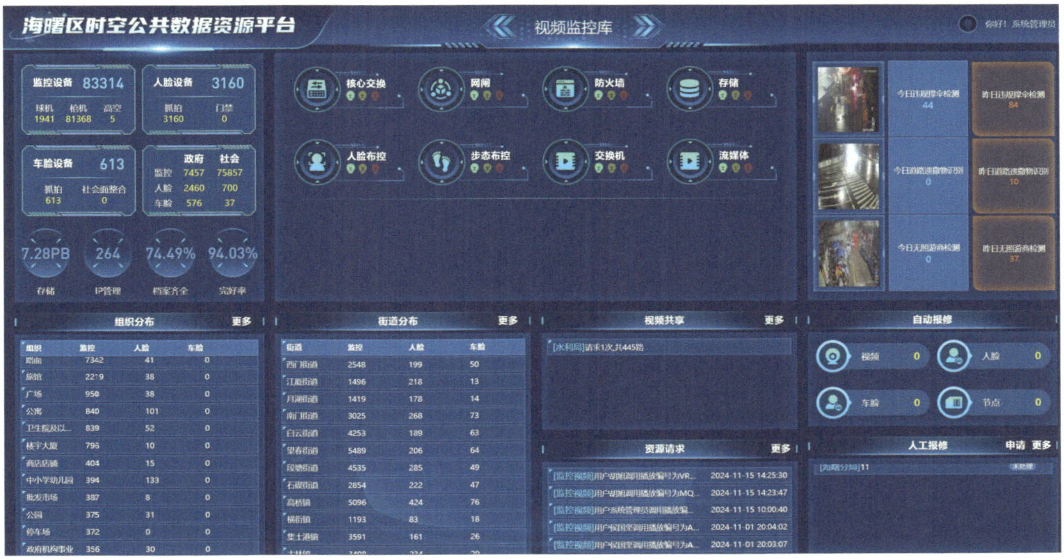

图 8　视频监控库首页

5. AI 事件库

AI 事件中心绑定视频监控数据，运用 AI 技术智能识别，对违规停车、占道经营、垃圾乱倒等 14 种城市管理常见事件进行实时感知、精准定位、动态处置，推送至相关部门责任人责令整改，后续可跟踪整改结果。同时支持每日预警事件分析统计。AI 事件库如图 9 所示。

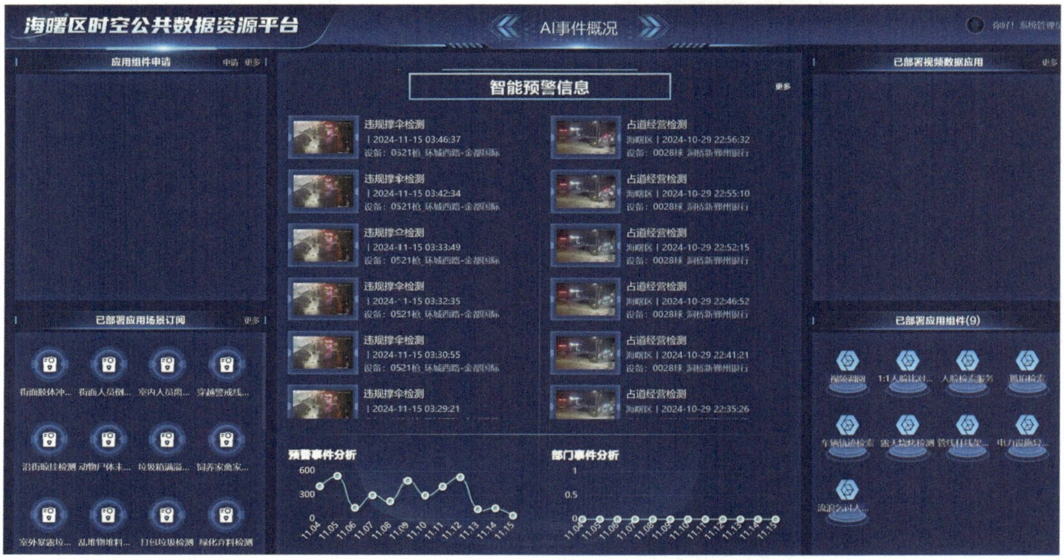

图 9　AI 事件库首页

三、创新亮点

1. 夯实数据基础，打造基层治理数字孪生底座

平台以海曙实景三维为底板，汇聚 28 万幢建筑实体、4.5 万 POI、22 万标准地址、121 万自然人、14 万企业与 7 万路视频监控数据，构建“一图四库”。接入 6 个政务部门重大专题系统及 70 余类专题业务数据，对接国家、省、市政务数据共享平台，回流人口全生命周期数据及纳税、经营等企业信息，刻画人、企精细数字画像，扩充政务数据本体。

2. 基于时空连接，构建“政、物、空”数据融通体系

平台围绕人、企、物、地、事等基层治理核心实体对象，开展“一数一源一标准”治理，依据统一的时空基准，以实景三维为基础、地理实体为核心、空间编码为纽带，引入 BERT 大模型对地址语义进行建模学习，实现人、企、物等非空间数据的精准上图。建立“省市回流-区级治理-反哺反馈”数据循环体系，实现跨领域、跨维度数据融通更新。

3. 建立三维楼盘表，实现基层事务“孪生上楼”

平台以建筑实体为底座，基于空间关联，建立人房关联，基于人员地址信息自动生成二维楼盘表，同时通过实景三维坐标和立体化标签技术，自动构建三维实景楼盘表，穿透“区、街道（镇、乡）、社区、网格、幢、户”6个管理层级，实现空间快速查询统计，以三维化、实体化空间信息服务满足基层精细化管理需求。

4. 强化数据安全，实现数据全生命周期、全流程闭环管理

平台采用“全流程闭环监管、全生命周期管控”模式，确保数据安全“五不”目标，即“进不来、看不懂、拿不走、改不了、走不脱”。采用具体措施包括数据分级分类管理；用户权限分级授权，建立审批机制；通过数据日志记录和审计机制，全流程跟踪数据访问使用情况；通过数据“加密、水印、审计、动态脱敏”技术，保证非授权用户无法理解内容。

四、应用成效

作为宁波首个区级时空公共数据资源平台，采用“共建共享、以用促建”“一数多用、降本增效”原则，全区共用“一图四库”，避免重复建设，目前已统一推广贯穿应用于海曙区应急、公安、水利、气象等12个政府部门和6个乡镇、街道，支撑区级数字政务和基层治理、数智气象等8个应用场景，累计用户500余人，三维地图建设费用节省约60%。

1. “立起来”支撑城市管理

基于三维化、空间化、精准化的人口标签模式，重点关注及服务“一老一小”、残疾人、困难人员等人群。2023年辅助区供销社完成补助发放自动核验，及时发现不符合标准情况；支撑区发改委前期办项目拆迁评估、轨道路线规划、重大项目规划方案比选等，实现基层服务“孪生上楼”。

2. “用起来”服务经济发展

多源融合提升经济运行监测水平，对接国家、省、市政务数据平台，定期回流人口全生命周期数据及纳税、经营等企业信息，打造企业三维数字地图。平台提供统一空间定位和分析框架基础，实现企业一屏统览。在第五次全国经济普查中，普查人员足不出户实现企业基础信息快速采集，极大地提升普查效率。

3. “动起来”支撑防灾减灾

基于平台时空底座，搭建海曙区“森林慧眼”，通过精准的三维空间分析，将高位监控摄像头由初设的86个，精减为64个，直接节约项目成本400万元。同时，采用视频AI解析技术，实现火情自动识别和定位，可直观地掌握火点位置、过火面积等信息。自启用以来，已累计自动识别林区和林缘用火6000余条，及时化解疑似火情23起。

4. “联起来”实现气象信息精准推送

平台将全区 59 个气象站接入到实景三维底图上，形成海曙气象数图，直观展示气象基础要素的立体空间分布，并在新气象站点选址时，运用实景三维底图帮助分析站点周围环境遮挡情况、视野范围以及潜在干扰因素，做到云上选址。通过获取气象站点实时感知数据，实时计算气象 6 要素在三维场景内覆盖范围，并结合气象预警模型、实景三维和人企画像，识别极端天气潜在影响的农业大户、重点企业、重要路段，并精准推送预警消息，实现气象预报精准化、个性化、智能化服务。

目前，该案例已入选自然资源部、国家数据局联合发布的 2024 年实景三维数据赋能高质量发展创新应用典型案例，将“宁波经验”“海曙样板”上升至全省、全国范围推广。

汾湖高新区“源-网-站-厂-河”智慧排水数智平台

姜彧波　陈超伦　汤可锋　王伟伟

苏州汾湖水务发展有限公司　苏州城方信息技术有限公司

一、建设背景

苏州市汾湖高新区作为长三角一体化发展的重要示范区，积极响应国家政策号召，深入探索数字化转型，推动智慧排水建设。长期以来，汾湖的排水系统面临污水厂进水水质偏低、雨污混接、设施老化、极端天气应对能力不足等难题，导致排水系统提质增效困难。加之汾湖区域降雨频繁、河流水系密布，内涝风险较高，传统排水管理模式难以满足快速城市化发展带来的新需求，迫切需要通过新兴技术手段实现排水管理升级和突破。为此，汾湖高新区以数字化改革为契机，全面启动了“智慧排水一体化管理系统”的建设。率先构建起覆盖全域、全链条的智慧排水一体化管理系统。推动了排水系统的数字化、精细化、智能化转型，构建了“源头管控到位、厂网衔接配套，管网养护精细，污水处理安全”的城市排水管理新格局，为其他城市树立了可复制、可推广的标杆。

二、建设内容

1. 整体架构

汾湖高新区智慧排水系统以“1+2+N”为总体架构，构建了全方位、多层次的智慧排水管理体系。1套排水数字底板构建了覆盖“源-网-站-厂-河”全链条、全生命周期的一体化排水数据管理体系，打破信息孤岛，汇聚内、外部多源数据，实现对排水管网的全场景数字化管控与实时动态管控。2大核心平台驱动构建起从数据治理到生产运营的全流程支撑体系。其中，排水系统中枢管理平台实现了设备的统一运维、数据的集中调度与智能分析，确保排水网络的高效协同运作。智慧生产管理平台聚焦生产运维，实现质检入库、远程维护与设备健康管理。围绕排水实际业务需求，深入展开N个应用场景落地，应用体系贯通从排水户到污水处理厂的每一个环节，实现设施和资源的全方位精细化管控。整体架构以“数据+智能”为核心，构建起从管网感知、辅助决策到运营管理的闭环管理体系，通过深度融合业务场景和技术手段，大幅提升了排水系统的智能化水平，实现了排水管理的精细化、系统化（图 1）。

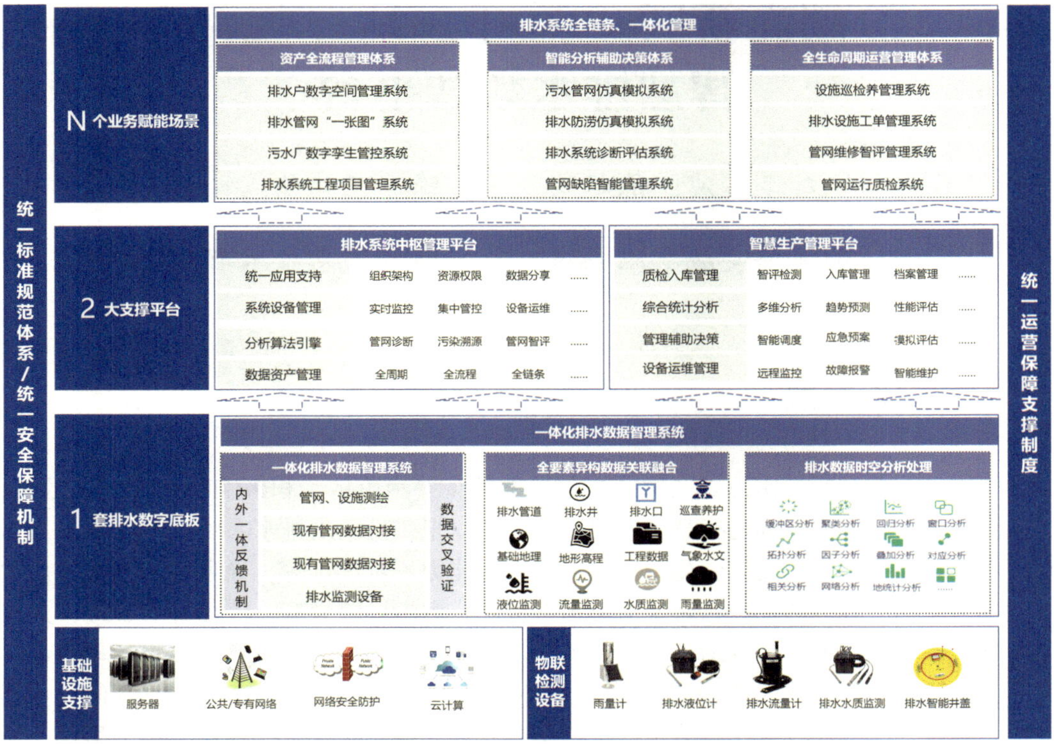

图 1　整体架构

业务架构设计遵循“横纵互联、系统治理”的思路，以“源-网-站-厂-河”系统化管理体系为核心，构建了全流程协同与多层次管理相结合的智慧排水业务架构，确保系统在运营中的高效性与可扩展性（图 2）。

横向一体化（业务环节链）与纵向一体化（管理需求链）相辅相成，共同支撑排水系统的智慧化运作。横向一体化（业务环节链）围绕“源-网-站-厂-河”5 个关键环节展开，涵盖从源头管控、管网管理、泵站调度、污水处理厂运营到河流水质监测的全流程管理。纵向一体化（管理需求链）设计了多层级、角色化的管理模块，满足从操作层到战略层的各类管理需求。针对一线运维和调度人员，系统提供实时数据监控、设备管理、任务派发等支持；针对运营管理人员，提供数据分析、全局监控与调度优化功能，提升系统运营的整体把控力；针对决策管理层，系统提供历史数据分析与预测模型支持，形成战略层面的分析依据，为“源-网-站-厂-河”体系的长期优化提供决策支撑。

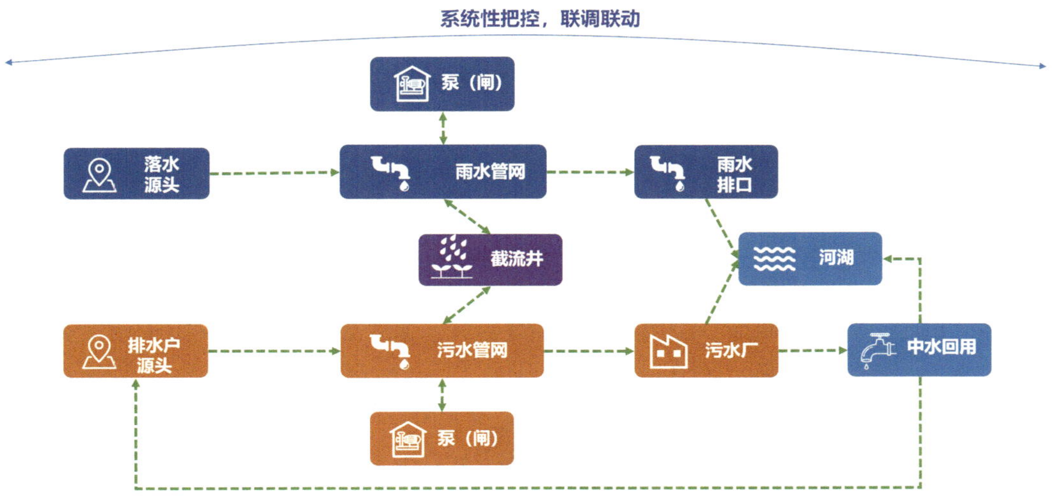

图 2　业务架构

2. 排水大数据中心

通过对“源–网–站–厂–河”全流程的多源数据整合和深度关联，排水大数据中心构建了涵盖采集、处理、分析到应用的全链条数据管理体系，奠定了排水数据全生命周期管理的基础。依托排水专业机理模型，中心将“源–网–站–厂–河”各环节关键指标进行关联分析，为业务管理提供实时查询与可视化展示，并为专业模型的计算分析提供了有力支撑。实现了数据的“可查、可看、可算”，为排水系统的精细化管控奠定了坚实的数据基础。

3. 排水智能中枢平台

中枢平台通过全链条的数据集成和智能分析，构建了对排水系统的动态分析与精细化管控能力，实现了数据资产的全生命周期管理。在此基础上，平台集成了排水模型和算法库，承载大数据分析任务，可智能识别混接、淤堵、渗漏等异常情况，并预判溢流和内涝风险，提供针对性应对方案。此外，平台具备应用统一支撑能力，为用户体系、权限管控、安全访问及信息分发提供标准化支持，推动排水业务从被动响应到主动管理、从单一操作到多维协作的全面升级。

4. “源网站厂”业务应用系统

业务应用系统围绕“源头管控、厂网衔接，管网养护，污水处理”等关键环节，建立了精细化的智能管理体系，实现全流程数据联动与智能化管控，构建了从源头到处理的全链条闭环管理。有效打通各环节业务链，为“源–网–站–厂–河”一体化管理提供全面支撑，为汾湖排水系统的高效性、可靠性和可持续发展提供了坚实保障。

三、典型应用场景

1. 排水户管控

依托物联网感知和智能引擎驱动，系统可自动录入和更新排水户档案，实时跟踪排水量与水质，精准识别异常排放。结合在线审核、自动预警及整改通知，系统能快速发现并处理违规行为，确保排水行为合规、合法。同时，排水户可在线查看排水状态、提交反馈，以提升管理透明度。应用系统大幅度提升了监管效率，减少人工干预，实现了排水“源头可控”的目标（图 3）。

图 3　排水户管控场景

2. 排水管网管理

系统实现了对排水管网的全生命周期管理，覆盖从实时监测、智能诊断到预测性维护的完整业务链条，有效地提升了城市排水系统的运营效率与应急处理能力，为排水管网精细化、智能化管理提供了有力保障（图 4）。

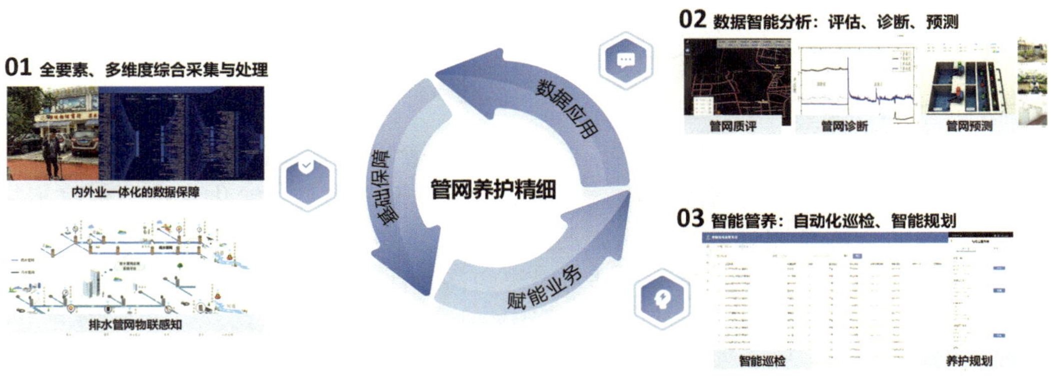

图 4　排水管网管理场景

3. 管网质评养护

通过结构性性能评估与水力性能评估相结合，系统构建了全面、科学的管网质量评价体系，并为管网的日常养护提供优先排序和精准决策支持，实现管网的全生命周期管理和精细化维护（图 5）。

图 5　管网质评养护场景

4. 工单管理

通过智能分析、自动化工单下发和闭环管理，系统全面提升了排水系统故障处理和日常维护的效率。应用系统基于实时监测数据，智能分析管网运行中的异常问题，自动生成工单并派发至相关维护人员，实现从问题发现到处理反馈的全流程闭环管理（图 6）。

图 6　工单管理场景

四、创新应用

1. 系统化、一体化管理，解决排水系统的深层次问题

整个智慧排水系统管理以系统性与一体化为核心，避免了传统的“头痛医头，脚痛医脚”式的被动管理模式。通过全局性、系统化的管理视角，系统不仅能够解决当前的排水问题，还通过数据驱动的分析与评估，实现“治本优先”的管理效果，提升整体排水系统的运行效率与管理水平，推动城市排水设施的长效、健康发展。

2. 内外业一体化数据采集与管理，实现数据质量动态闭环管控

引入内外业一体化的数据采集与管理体系，形成了从数据获取到质量检测的动态闭环管理。不仅能够实时更新与校准数据，确保数据的时效性与准确性，同时通过全面的质量检测管理，减少了数据片面性与误差的发生，保障了排水系统数据的真实性与可靠性。

3. 全要素数据汇聚融合，构建排水系统综合分析支撑

系统汇聚了涵盖排水设施、业务管理、地理空间、周边环境等在内的全要素数据，打破了传统信息孤岛，形成了高效的数据资源池，能够为排水现状的精准分析提供全面的数据支撑，支撑精细化管理和决策。

4. 数据赋能业务，智能评估诊断排水资产

基于数据驱动的智能分析引擎，系统能够对排水现状进行综合评估，快速识别排水网络中的缺陷与不配套问题。同时，系统还能对现状中的混接、入流入渗、淤堵等常见问题进行自动化诊断，提供精准的解决方案。此外，系统具备排水资产的预测分析功能，通过对管网老化、损坏情况的预测，提前制定维护策略，提升排水资产的运营效率与使用寿命。实现了数据赋能业务的目标，充分挖掘数据的最大价值。

五、推广价值

1. 灵活可复制的智慧排水新模式，赋能多类型城市场景应用

本项目围绕数据、平台、场景应用和持续运营分析 4 大方面，打造了灵活可复制的智慧排水管理新模式。通过系统化视角的排水管理，显著提升了城市排水的安全性与精细化，实现了从数据感知、分析到智能决策的闭环管理，为城市治理现代化和“一网统管”提供了有力支撑。该模式可推广至不同类型的城市场景，助力智慧城市建设，助力新质生产力的发展。

2. 数据驱动的精细化管理，提升城市管理决策科学性

数据方面，通过内外一体化的数据采集与动态质量检测体系，确保了数据的全面性和精准性，提供了可信赖的决策依据。应用方面，通过系统化的数据赋能，能够精准掌

握排水网络中的薄弱环节，实现问题的提前预判和科学治理。本项目表明这一数据驱动的管理方式，将显著提升排水系统的精细化管理水平，增强城市应对极端天气与排水突发事件的能力。

3. 智能化诊断与预测，推动基础设施运营升级

本项目通过智能诊断、预测性维护和自动工单处理，实现了排水系统的高效运营。利用这一智能化应用，可以快速发现排水问题，提升故障处理效率，优化排水设施的运行状态，并降低运营成本。这一创新的管理模式，不仅提升了排水系统的日常运行效率，更在长效治理和资源优化配置方面具备显著优势。

4. 全生命周期管理，提升排水资产价值

本项目通过全生命周期管理，实现了排水设施的动态监测、健康评估和精准维护，极大地延长了设施的使用寿命并降低了运维成本。其他城市可通过推广这一创新模式，优化排水资产的管理流程，确保资源的高效利用，全面提升、延长城市排水资产的运营价值，助力绿色发展与可持续管理。

数据赋能雄安商务服务中心运营数智化转型项目

孙鹏辉　李娟平　梁燕

太极计算机股份有限公司

一、建设背景

设立河北雄安新区，是以习近平同志为核心的党中央作出的一项重大历史性战略选择，是千年大计、国家大事。雄安商务服务中心（以下简称“商服中心”）是雄安新区承接北京非首都核心功能疏解的标志性项目，商服中心作为雄安新区首个标志性城市建筑群，同时也是国际领先、具中国特色的智慧生态示范园区。

智慧园区建设已经进入以“智能化+数字化+生态化”为核心的4.0阶段，正面临着亟须通过转型来寻找新的发展动力的关键时期，而数据能力的赋能成为这一转型过程中的核心要素。

数据赋能雄安商务服务中心运营数智化转型项目，主要依托“全场景数字智能”的理念，通过“IB+IT+OT”（“建筑智能化+服务信息化+运营智慧化”）的规建管用一体化新模式，构筑商服中心园区可持续发展生态圈，围绕着以人为本、数字孪生、高效管理、运营增值、绿色低碳、标准可复制等核心建设理念，汇聚商服中心规划、建设、运营全量数据，实现园区数据要素价值，服务园区中人、事、物的全方位多场景智慧应用，通过数据要素乘数效应赋能园区运营数智化转型。

二、建设内容

1. 项目建设内容

本项目有软硬件两部分：硬件是运管中心、机房的智能化基础设施；软件部分有32个系统，包括物联网、大数据、时空、视频、集成5个数字平台，以及物业、安消防、能源、照明、运营管理、对客服务等27个业务应用。如图1所示。

本项目包括多种业态及应用场景，融合IoT、块数据、视频监控、融合通信、BIM、GIS等多种技术。目标是要实现“全面感知，开放共治，互通互联，智能示范”，打通“三纵”的业务应用，避免业务系统烟囱效应，支撑资源融合、数据融合、业务融合等，

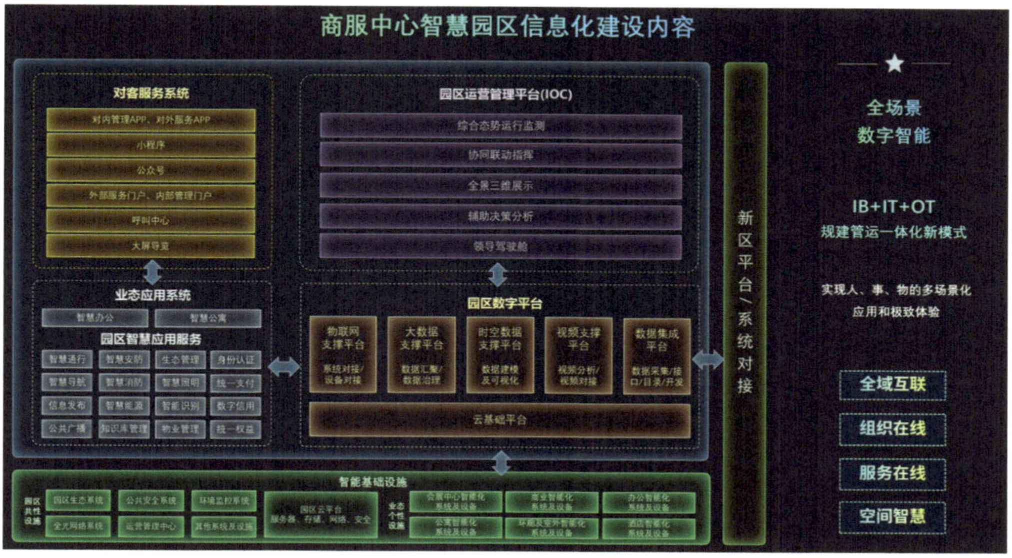

图 1　建设内容

实现商服园区全局性应用；系统支持多种形式接口及协议，与新区城市级平台无缝对接。

2. 商服项目数据利用情况

商务中心项目在 IB 部分汇聚了全光网络系统、安防系统、楼控系统、变配电系统等 26 类 331 个智能化系统，接入了环境监控传感器、小型气象站等 17 万+智能感知设备，以及上百个 API 开放接口服务，在 IT 和 OT 部分对接了酒店管理系统、房屋租赁系统、银联系统、充电桩管理系统等 15 个信息化系统，实现了商服中心园区全域数字化。

在数据要素层面，构建了基础信息库、主题数据库等 20 类数据库，形成了 PB 级数据存储量，并保持年 35%的数据增长率；在数据共享交换方面日千万次数据交互频率，促进园区业务运行效率提高了 20%；在数据开放利用方面，以数据服务形式对外提供数据服务，目前已公开 15 个数据集，开放率为 20%。如图 2 所示。

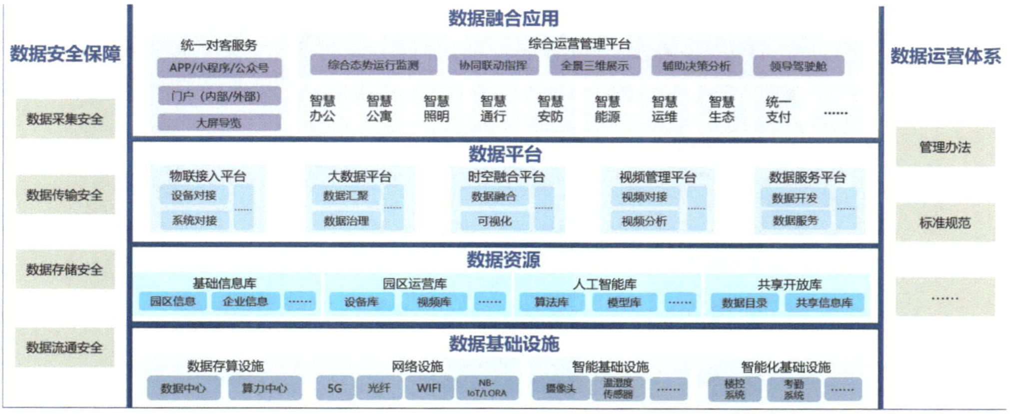

图 2　总体架构

三、创新亮点

1. 理论创新

商服中心项目采用N方体理论，改变传统智能化系统一批、信息化平台一批的面向单一业务领域的设计方法。就是把设计思维建立在从运营管理用户、商业服务用户、入驻企业和公众用户的智慧体验入手，反向指导智慧园区建设的设计方法论。我们把智能化及信息化的硬件单品和软件平台统统定义为应用，对外提供各类业务服务能力。在此设计理论里智能化信息化地位平等，N方体理论就是基于业务场景，整合各类服务能力，将点（应用）连成线（联动），将线组合成面（场景），将面拼接成体（体验），不断构建形态各异多面体的过程就是N方体理论的价值，就是以用户的感知体验为核心，从这个核心点出发去引导商服智慧园区智能化、信息化的建设。N方体是商服智慧园区价值不断进化提升的形态展现，依托通用数字平台的扩展能力和开放能力，使越来越多的智慧场景被业务驱动探索发现，通过不断扩展智慧场景、增强用户体验的过程，通过敏捷式不断迭代开发构建商服智慧园区的特色功能。如图3所示。

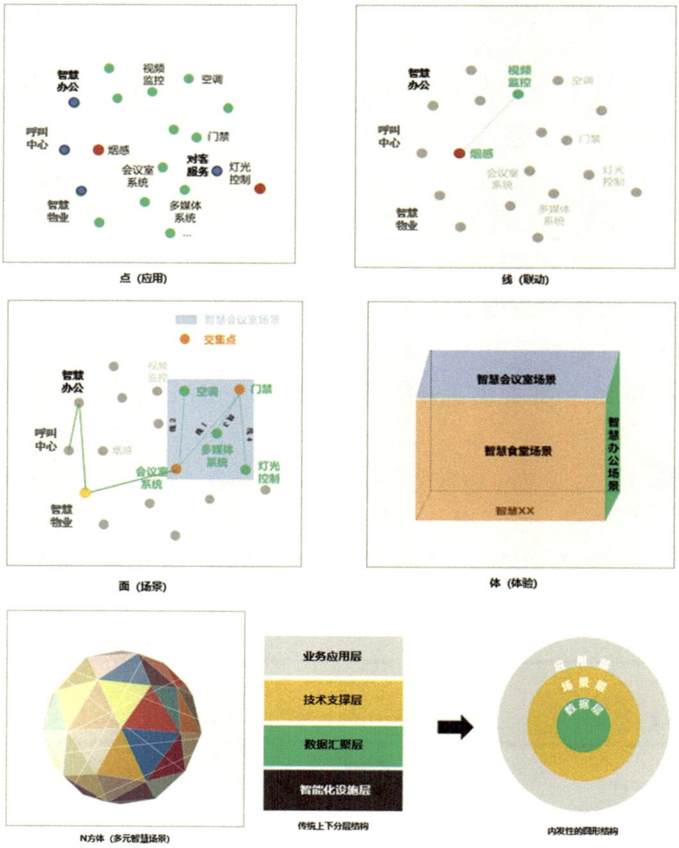

图3　N方体理论

2. 技术应用创新

本项目按照安全韧性城市理念进行设计，使商服中心在“设计-建设-运行”全过程具备安全韧性的特征。从突发事件、承灾载体、应急管理、协同联动等维度出发，结合商服中心现状和发展规划，基于公共安全关键技术和大数据、人工智能等新兴技术，提出商服中心园区安全韧性水平提升策略与建议，具体应用如下。

基于物理机制的商服中心复杂灾场以及次生灾场模型（包括大风、暴雨、地震、火灾、群体事件等）；以商服中心基础设施多系统耦合模型为基础的园区风险评估、功能损失预测、灾后恢复优化算法；以基于风险的商服中心运营指标体系为基础，构建了 35 大类 105 个小类的指标项，为依据的园区安全风险全面辨识以及园区韧性；园区智能化、信息化系统与新区社会、经济、政府等系统间在灾害响应与恢复过程中的交互影响机制，提升决策规划；以大数据、云计算、物联网、深度学习、城市信息模型等以技术为支撑的园区技术基础设施系统、建筑群落的智慧运维和科学防灾的可视化管理。如图 4 所示。

图 4　综合运行态势监测

3. 模式创新

构建了以数据为核心，“IB+IT+OT”（“建筑智能化+服务信息化+运营智慧化”）的规建管用一体化新模式。本项目以“数字平台为支撑”（支持 PB 级全域全量数据采集、支持 10 万多个设备点接入、满足 90 多万平方米建筑 LOD500 高精度仿真、视频数据支持 6000 多路监控画面），构筑商服中心园区可持续发展生态圈，围绕着以人为本、数字孪生、高效管理、运营增值、绿色低碳、标准可复制核心建设理念，实现对园区中人、事、物进行全方位的多场景化应用和极致体验。如图 5 所示。

四、推广价值

1. 推广模式

按照雄安新区规划，新区每 10 平方千米建设一个园区。通过本项目产品研发和在

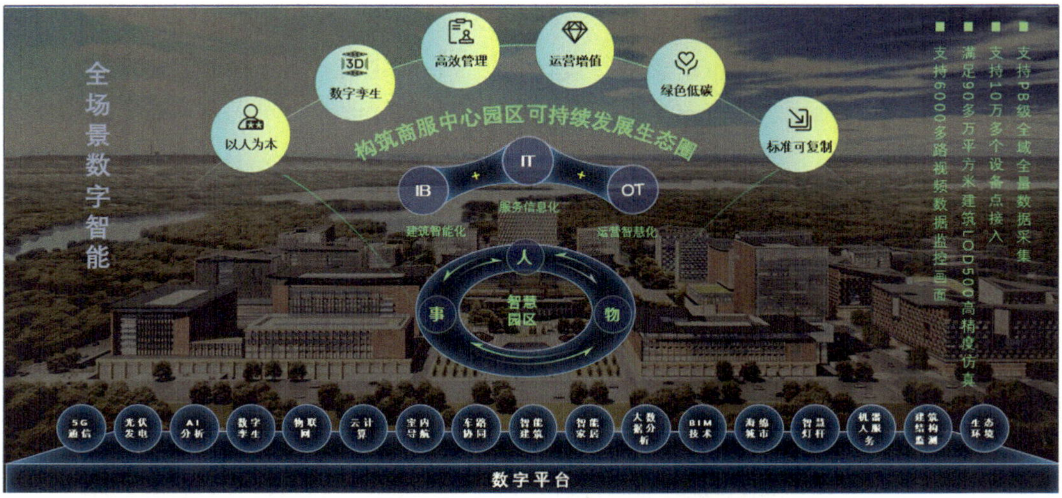

图 5　创新模式

雄安商服园区的落地实践，将树立雄安智慧园区建设标杆，后续将陆续推广到其他新建园区。

基于本项目形成的解决方案市场策略聚焦于智慧园区数据要素的高效利用与商业化转化。首先，数据来源方面，共包含三个方面：一是内部数据，整合园区现有的各类数据资源，包括运营数据、客户数据、交易数据等；二是外部数据，通过合作或购买方式，获取与商务服务相关的外部数据，如市场趋势数据、行业数据、客户行为数据等；三是公共数据，利用政府开放数据平台，获取与项目相关的公共数据资源。

在园区数据要素利用模式上，采用先进的大数据分析与 AI 算法，对海量数据进行深度挖掘与价值提炼，通过数据服务的方式，为园区管理运营者和其他客户提供产品服务、技术服务或数据服务。

在产品价格上，我们采取分层定价策略：基础服务（如园区安防、环境监测）以低价或免费形式吸引用户，增值服务（如数据分析报告、智能优化建议）则根据服务深度与定制化程度定价。通过精准的成本控制，包括技术研发投入的摊销、运维成本的优化及合作伙伴成本分摊，确保项目盈利。

推广渠道包含线上、线下和合作伙伴 3 种。线上渠道主要利用社交媒体、搜索引擎、行业网站等线上平台，进行项目宣传和推广；线下渠道主要通过参加行业展会、举办研讨会、开展客户拜访等方式，拓展线下市场；合作伙伴主要与雄安新区内的政府机构、企业、行业协会等建立合作关系，共同推广项目。

2. 社会效应

数据赋能雄安商务服务中心运营数智化转型所带来的社会效应是深远且多方面的，以下是社会效应的详细分析。

1）优化营商环境

雄安商务服务中心数智化转型将极大地优化营商环境。通过提供高效、便捷、安全的数智化服务，可以降低企业的运营成本和时间成本，提高企业的运营效率和市场竞争力。同时，数智化转型还可以提升政府服务的透明度和效率，增强企业的获得感和满意度，从而吸引更多优质企业入驻园区。

2）促进产业转型升级

数据赋能的雄安商务服务中心将成为产业转型升级的重要推动力量。通过引入数智化技术，可以推动园区内企业的技术创新和产业升级，提高产业附加值和市场竞争力。同时，数智化转型还可以促进产业链上下游企业的协同发展和资源共享，形成更加完善的产业生态体系。

3）提升城市治理效能

雄安商务服务中心作为雄安新区的重要商业综合体，其数智化转型将显著提升城市治理效能。通过数据分析和挖掘，可以实时监测和分析园区的运营状况，及时发现问题并采取措施，从而确保园区的安全、有序和高效运行。同时，数智化转型还可以推动城市管理的智能化和精细化，提高政府决策的科学性和准确性。

4）推动智慧城市发展

作为雄安新区智慧城市建设的重要组成部分，雄安商务服务中心数智化转型将推动整个城市的智慧化发展。通过数据共享和互联互通，可以实现城市各领域的智能化管理和服务，提高城市的整体运行效率和居民的生活质量。同时，数智化转型还可以推动城市治理模式的创新和变革，为城市的可持续发展提供有力支撑。

5）提升园区生态效益

通过本项目的建设和运行，运用大数据、人工智能等新型基础设施技术，最优化园区水电气热等能耗，也依据园区空气、水质、土壤等环境的动态变化最优化园区灌溉、空气品质等设施的运行调度，打造绿色、低碳园区。以单体建筑能耗优化为例，通过运用人工智能分析技术，结合园区人员、环境等现状数据，建立能耗优化调度模型，并基于预测结果优化园区空调、照明等基础设施运行，最多可降低园区能耗成本的30%。

鹤壁市城市出行应用场景

刘建　王凯宁　葛孝煊

鹤壁市行政审批和政务信息管理局　华为技术有限公司

一、建设背景

鹤壁市位于河南省北部，面积2182平方千米，人口160万人，辖2县3区。其中，主城区（淇滨区）总面积335平方千米，人口近50万人，人口密度较大（约1500人/平方千米）。近年来，随着机动车保有量快速增长（近20万辆），因淇滨区交通干线较少（东西2条、南北2条）、红绿灯路口较多（共336个）、路口红绿灯配时固定和路口信息化设备老旧（已超过10年）等原因，导致城市道路通行效率持续下降，群众出行体验不佳。具体问题表现在以下两个方面。

1. 主干道路拥堵严重

兴鹤大街、淇滨大道和黄河路等连接新城与老城的主干道路潮汐现象明显，早或晚高峰期拥堵严重。兴鹤大街、华山路等南北向部分路段早晚高峰缓行交通系统相对脆弱，承载能力有限，导致鹤壁市市区车流通行效率较低。同时，由于上下班跨行交通需求和组团之间的交通出行需求旺盛，加上道路承载力的不足，致使道路交通时空资源调配不均衡、关键道路及关键节点拥堵已成常态。

此外，由于信号放行方案比较单一，没有进行线路协调控制，导致车辆频繁停车、启动，造成了大量的停车延误。

2. 交通安全隐患增大

随着路口和路段的交通拥堵情况加剧，再加上前端感知设备老旧，存在设备掉线、黑屏、软件算法版本落后等问题，导致路口和路段出现感知盲区，无法很好地对机动车行驶规范性进行管理，存在较大的道路安全隐患。

二、建设内容

基于以上两个主要问题，鹤壁市建设城市出行应用场景，以“缓堵保畅”为总体业务需求，采用实用、适用、点线结合、重点突出的建设思路，基于“升级和新建结合、一般感知和精准感知结合”的原则，在充分利用现有城市道路上建设的电子警察、反向卡口、边缘机房和城市全光网的基础上，升级或新建前端感知设备、基础网络、算力平台、AI算法和分析平台等，对每一条路、每一条车道、每一个路口的交通对象及周边基础设施进行实时精准的数字化感知，生成以“实时、精准、精细、全面”的交通数据为基础的路网全息档案，构建层次清晰、覆盖全面、感知精准的城市交通数字化路网感知体系，科学评价路网的通行能力和健康度，看护道路的实时健康状况，实现路网的堵点、黑点、乱点的优化和治理，解决交通拥堵问题。

1. 应用场景简介

城市出行应用场景主要是通过高清摄像机、毫米波雷达和雷视一体机等前端设备，对路口、路段的机动车、非机动车和行人进行实时的感知和采集，利用雷视拟合技术在智能微边缘设备中进行流量和轨迹计算，分析整体路网（路口和路段）的详细交通状况，结合采集制作的高精度路网地图进行交通实况数字孪生，支撑红绿灯智能配时、绿波通行、道路组织优化、道路隐患治理和交通引导，提升道路通行效率和道路安全。第一，在红绿灯智能配时方面，通过将智能边缘设备计算的流量和拥堵数据与信号控制平台相结合，对路口红绿灯时长进行智能配置，解决因信号配时不合理引起的通行效率低下问题，实现从“车看灯”到“灯看车”的智慧化转变；第二，在绿波通行方面，通过绿波屏实时发布城市出行管理平台计算的绿波通行速度，减少机动车在行驶过程中的停车次数和延误时间，让市民充分感受“绿波”道路带来的通行便利；第三，在道路组织优化方面，通过对车道级的交通流量、拥堵长度和延误时间等指标的计算，发现道路组织架构存在的问题，并对道路组织方式提供优化方案；第四，在道路隐患治理方面，通过雷视拟合计算得出的交通对象轨迹，识别机动车和非机动车的逆行、超速、急加速、闯红灯和不按车道行驶等行为，评估路网安全隐患，为交通治理提供数据支撑；第五，在交通引导方面，通过交通引导屏实时发布城市出行管理平台分析得出的交通态势信息，引导车辆避开拥堵路段，辅助缓解交通拥堵。

2. 场景建设范围

该场景建设范围为鹤壁市淇滨区全区，现已完成“启动区”范围内“六横三纵”相关道路的建设（北至淇滨大道、南至湘江路、东至嵩山路、西至兴鹤大街范围内道路），城区其他道路正在建设中（北至淇河路、东至泰山路、南至南海路、西至华山路）。具体范围如图1所示。

3. 场景技术方案

1）总体建设方案

城市出行场景通过行业最新的传感器技术、高精度地图技术、AI算法、大算力芯片和边缘计算技术来构建路网的“智慧+”感知能力。首先，利用路口、路段部署的雷达和摄像机组合或雷视一体机等传感器进行实时的交通态势感知和数据采集，摄像机负责采集视频流数据，雷达负责交通目标速度、位置、航向角等信息的采集；其次，通过

图 1　鹤壁市城市出行建设范围

智能边缘设备进行雷达和摄像机数据的拟合，计算多方向的每辆机动车、非机动车和行人的五维元数据（位置、速度、车牌、姿态、属性），实现道路进出口、进口方向和车道的三层认知，实时掌握车辆轨迹、车道流量、车道饱和度、延误停车次数、排队长度等重要交通管理数据，结合采集制作的高精地图数据进行路网的分米级数字孪生。场景架构如图 2 所示。

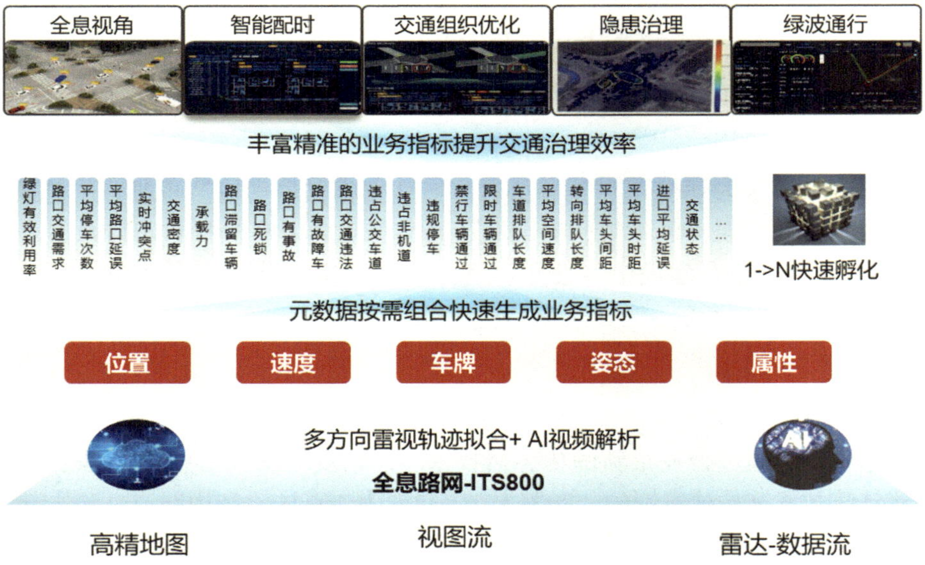

图 2　鹤壁市城市出行方案架构

2）前端感知设备建设

在前端感知设备的部署方面，鹤壁市城市出行场景根据鹤壁市十字路口、T 字路口、Y 字路口和圆形路口的特点，以及立杆、树木等实际情况，基于基本组网方案，有针对性地进行设计和设备挂载，以达到最佳的感知效果。组网方案如图 3 所示。

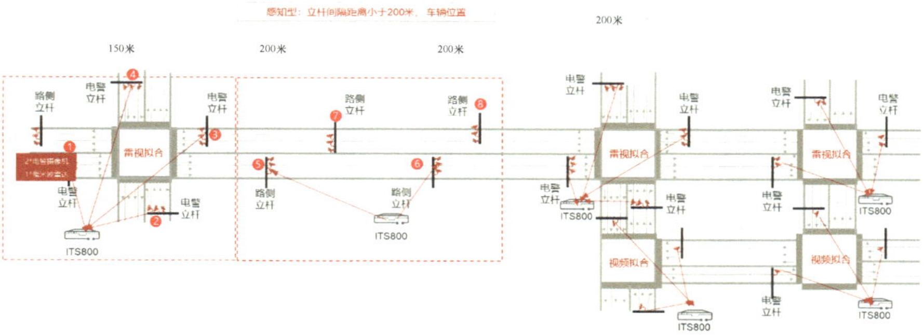

图 3　鹤壁市城市出行前端感知设备组网方案

2）后端应用平台建设

在城市出行场景后端平台建设方面，采用中屏与大屏相结合的方式，对整个路网的交通情况进行计算和分析。

首先，通过中屏 PC 端业务平台（鹤壁市城市出行管理平台）对路网中的路口和路段的车辆位置、车辆轨迹、车速、平均车速、车流量、车道占有率、车辆排队长度、行人信息、非机动车信息、交通事件信息等指标进行计算，结合路网地图和 AI 算法对道路实时数据、拥堵情况、延误时间、停车次数、路口冲突点、交通事件、交通流量、交通组织等进行分析，将分析结果与信号控制系统相结合进行路口红绿灯智能配时，并通过路测挂载的绿波屏实时发布动态绿波速度，优化道路时空资源配置，提升道路通行效率。业务平台如图 4 所示。

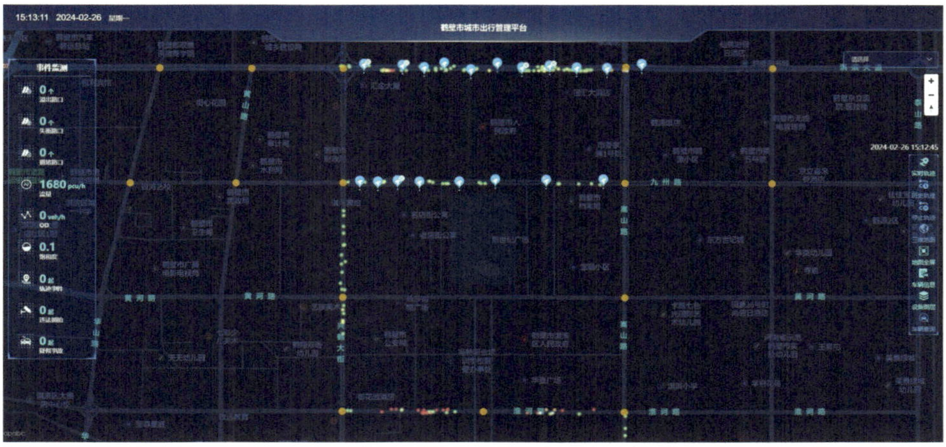

图 4　鹤壁市城市出行管理平台

其次，在鹤壁城市运行中心的大屏中，以鹤壁市 CIM 数据为基础进行高精三维建模，接入业务平台相关数据，利用可视化平台进行整个路网的数字孪生，对感知的道路安全事件实时告警，并基于事件进行道路交通安全态势分析，支撑事件的快速处置和交通安全隐患治理。大屏端如图 5 所示。

图 5　鹤壁市交通数字孪生

三、创新应用

鹤壁市城市出行场景采用先进的雷视拟合技术，通过使用毫米波雷达和摄像机传感器构成元搭配，以获得维度全面、时间空间连续的交通状态，从而对交通目标和事件进行精准感知。为了提升检测准确率，鹤壁市城市出行场景通过算法逐帧对雷达和摄像机传感器的数据进行分析，并选择最优数据进行全域、全时的逐帧融合，以此解决对低速、静止交通目标检测不准确、目标分裂多检等问题。

该场景所使用的雷视拟合技术主要实现以下两方面的能力。（1）基于雷视拟合的车辆状态监测。雷达和视频都可实现行驶车辆的识别和精准定位，视觉、雷达在图像抓拍、轨迹跟踪等各有优势，从而实现对车辆行为的监测，包括车辆的图像记录、车牌识别、车身颜色识别等，以及对车辆轨迹的监测，包括实时运行轨迹的跟踪、速度测定、超速记录及历史运行数据等。（2）基于雷视拟合的交通状态监测。交通状态监测包括交通流监测及交通事件监测：首先，在交通流量监测方面，凭借雷视拟合技术对车辆目标、特征和状态的精准感知，实现车道交通量、车辆平均速度、车道时间占有率等的数据采集和计算，达到对交通流状态实时监测的目的；其次，在交通事件监测方面，通过雷视拟合技术对车辆、机动车、非机动车及行人等交通参与方的目标、特征、状态和轨迹的连续感知、分析和识别，实现对道路上突发的动态交通异常事件进行实时监测和发现的目标。

四、推广价值

面对复杂的城市交通，实现红绿灯智能配时、动态绿波和道路组织优化来更加有效的提升道路通行效率是一个难度较高的系统工程，需要考虑颇多因素，如本地交通规则、市民行车习惯、车流量等。鹤壁市通过“启动区”的城市出行场景建设，长期、深入地分析各方因素，摸索出一套行之有效的、可复制的提升城市道路通行效率的方案。

城市出行场景的建设主要依靠前端感知和后端孪生的技术，对于前端感知，以利旧电子警察和反向卡口为基础，对不满足要求的设备进行适当地更替和增补，并增加雷达设备。在后端孪生方面，通过接入雷视拟合技术计算出来的分析结果数据，结合本地CIM、BIM、CAD、三维模型等数据，在可视化平台进行数字孪生。

“云智办”——打通基层服务“最后一公里”，推动全域数字化改革

张毅　王孟萍　邓四海　肖惠丹

云阳县行政服务中心　云阳县规划和自然资源局
云上营商（重庆）科技有限公司

一、建设背景

1. 总体概述

随着信息技术的发展和“互联网+政务服务”模式的推广，现有政务服务在数字化建设上取得了巨大进展，但仍旧存在着线下服务覆盖不均、线上服务不够智能、信息资源获取困难、办事效率低下以及服务人员不足等共性问题。特别是在偏远乡村地区办理一些基层高频事项的时候，如自建房申请等，居民往往需要长途跋涉到不同的部门跑动盖章，重复提交材料，造成办事效率低，群众花费的时间和精力成本也很高。对于政府部门而言，纸质材料的管理、信息的录入和数据的共享等都限制了政务服务的整体质量和科学决策。

针对上述种种难题，重庆市云阳县创新打造了特色应用“云智办”，利用AI赋能，打造一件事无差别智能化应用，结合基层高频办事场景，对事项线上审批流程进行流程再造，实现办事“秒申请、零填报、全流程”在线审批，不断推动数字化政务服务向基层延伸，打通基层服务“最后一公里”，极大地提升用户体验和办事效率，促进城乡公平，进一步推动全域的数字化改革。

2. 政策要求

2024年，国务院印发《关于进一步优化政务服务提升行政效能推动“高效办成一件事”的指导意见》，着重推动政务服务的优化和行政效能的提升，强调以“高效办成一件事”为核心，结合问题导向和目标导向，通过模式创新和数字赋能推动政务服务线上线下融合，实现服务流程优化和成本最小化。

同年，中央网信办、农业农村部等部门印发的《数字乡村建设指南2.0》强调在乡村地区提升公共服务的数字化和智能化，优先处理与农民生活紧密相关的服务事项，建立健全的乡村信息服务体系，以便利群众生产生活，激发经济社会发展的内生动力。

二、建设内容

1. 总体架构

1）设计理念

提升用户体验，实现线上智能服务：打造基层办事服务统一窗口，实现群众在家即可办理多项服务事项，打破时空限制，优化界面与操作流程，方便群众使用。

优化办理流程，提高办事效率与服务覆盖面：利用 AI 等技术整合政务服务流程，减少人工干预，降低办事门槛，让更多群体享受便捷服务，促进社会公平正义。

打破数据壁垒，推动政府精准施策：破除部门数据孤岛现象，持续汇集多源数据，为政府决策提供支持，推动政务服务向数字化、智能化转型。

2）产品架构

云智办通过综合利用包括图像识别、语义解析等在内的相关 AI 技术，从群众办事的申请端和工作人员的审批端分别对业务逻辑进行了解构，结合相关制度创新，实现了群众足不出户在家即可申请、材料免填写，同时，跨部门的工作人员也能通过云智办的后台，利用电子签章进行流转审批，最终大幅提升基层群众办事的服务效率，推动全域数字化改革，如图 1 所示。

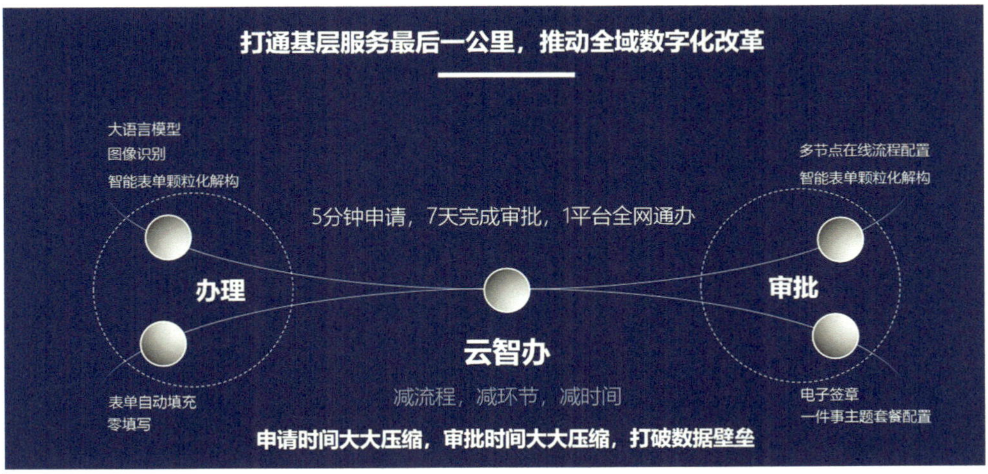

图 1　云智办整体框架

2. 系统功能介绍

1）一件事主题套餐及事项智能配置

云智办结合实际业务场景对现有群众办事流程进行线上流程再造，包括流程合并及流程并列配置等。通过云智办的一件事智能配置系统配置相应事项，可以将整个审批流程拆解成多个节点，并为每个节点配置相关的审核人员、审核部门及所需材料，实现灵活配置，优化整体审批效率。同时，云智办不仅支持拆解单个事项的审批流程，还能够将多个事项的审批流程在线组合配置并进行实时发布，使跨部门的审批事项能够实现灵活协同、在线审批，同时也通过“一件事实时配置，即时发布”的能力减少了大量应用重复建设的成本，如图 2 所示。

图 2　农村自建房改建申办流程配置

2）智能事项办理

通过综合利用图像识别、智能表单解析和大语言模型等技术，云智办将用户上传的证照材料进行提取并自动解析成结构化的字段，自动填充用户需要填写的表单中，如图 4 所示，无须再人工填写，实现精准减负群众申办端的压力，无差别赋能各类政务事项的快速申办，最终实现群众足不出户即可在家快速申请，极大地提升群众整体办事体验，如图 3、图 4 所示。

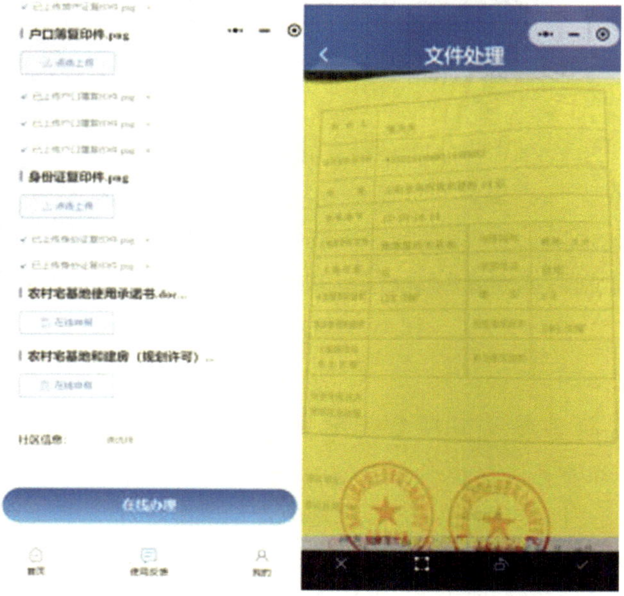

图 3　用户申请及上传材料

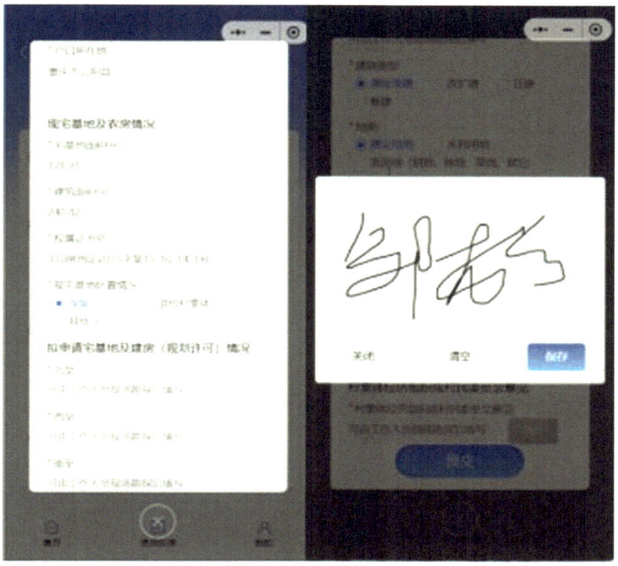

图 4　表单自动填充及用户签字上传

3）电子签章跨部门在线审批

利用智能表单解析能力，云智办将用户提交的自动填充的不同申请表单生成与线下申请一致的申请表。同时，工作人员更新的需要勘测后进行填写的字段可以实时更新到用户的申请表中，如图 5 所示。完成相关材料的查验和更新后，相关节点的审核人员就可以通过区块链技术赋能电子签章进行在线审批，如图 6 所示，当前节点审核通过后即可通过云智办流转至下一节点，直至最终审批完成。其中，审批过程中的每一个签章和决策都能追溯与留痕，确保了流程的透明度和审批合规性。除此之外，云智办的后台通过智能监控和预警功能，实时跟踪每个节点的处理时间，一旦超过预定的时间限制，系统会自动触发预警进行消息通知，督促工作人员及时完成任务，如图 7 所示。

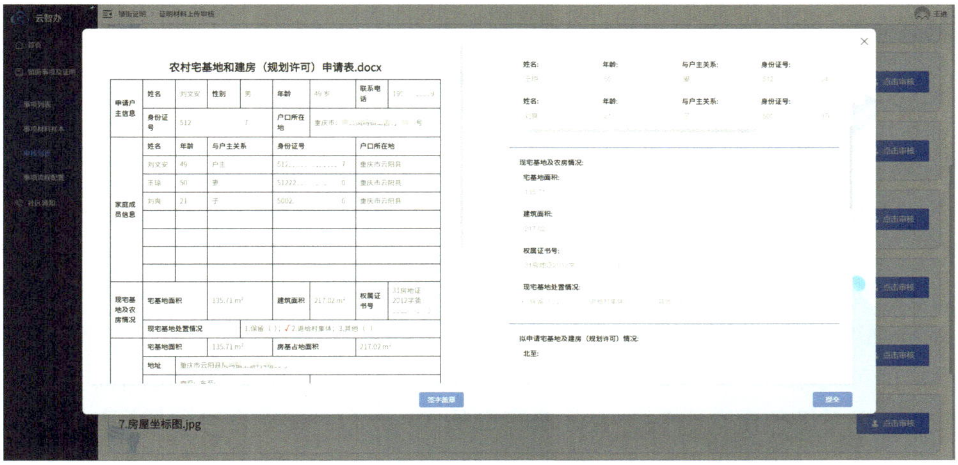

图 5　经办人表单审核及修改页

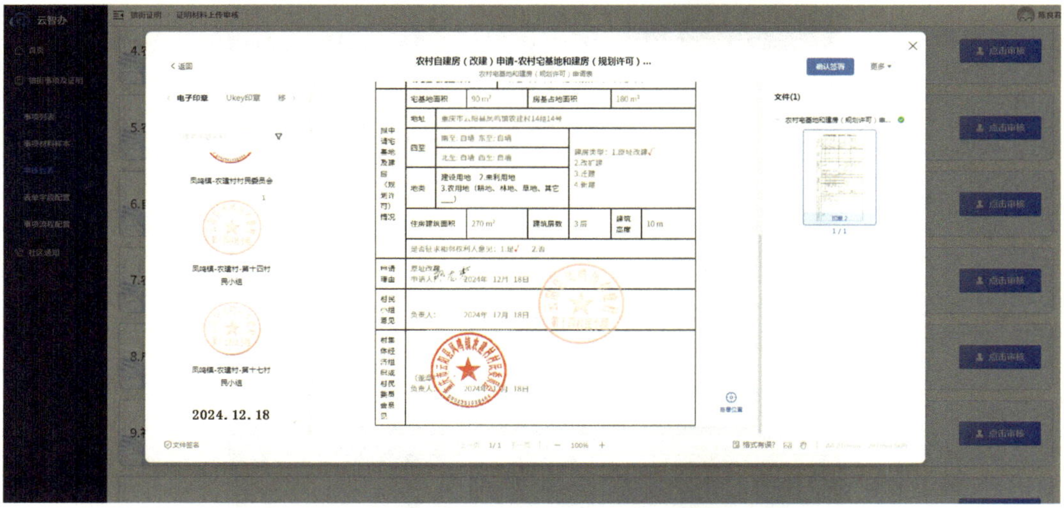

图 6　审批人审核盖章页

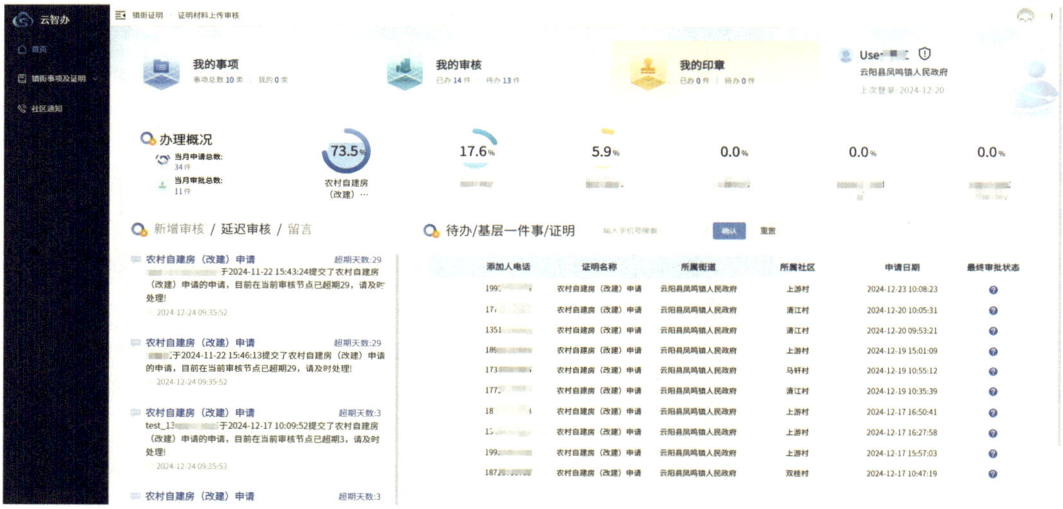

图 7　工作人员后台审批首页

3. 典型应用场景

传统的农房建设申请，村民往往需要填报多份材料，同时还需要把材料带到不同部门盖章，如村委会、规划自然资源所和街道办事处等，不仅在填报材料的时候不知道怎么填，还需要多次跑路，整个流程通常耗时长达 2 个月。云智办无差别赋能各类事项的快速申办，以农村自建房改建申请为例，用户仅需拍照上传身份证、户口簿和房产证，在线签字即可完成“一键申请”。其中，群众提交的材料从原来的 8 份精简为 3 份，申请耗时从 2 个月缩短至 5 分钟，表单填写也从 50 余个字段变为“零填写”，如图 8 所示，最终实现群众足不出户即可在家快速申请，极大地提升群众整体办事体验。

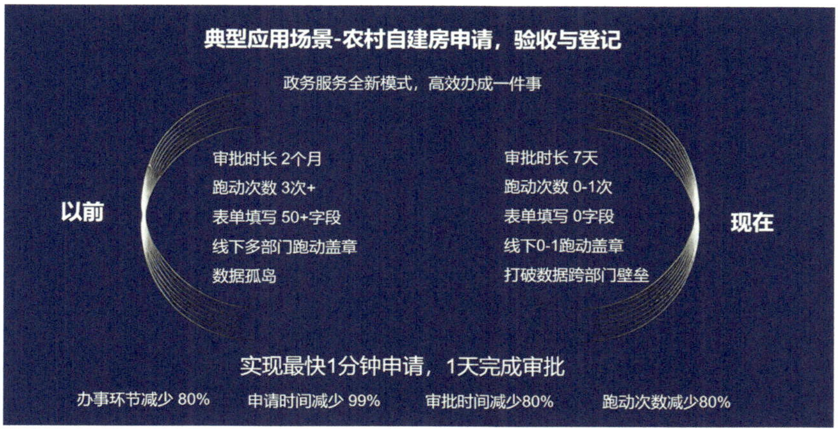

图 8　典型应用场景

三、创新亮点

1. 数字赋能，重塑群众办事体验

云智办综合利用智能表单解析、电子签章和图像识别等 AI 技术，极大提升群众整体办事体验，实现群众足不出户即可在家快速申办。通过一件事智能配置系统，将审核流程中的每一个节点所需要的审核部门、审核人以及审核材料都能通过节点配置实现审批的全流程线上流转。配置时基于智能表单解析的能力，将填写的申请表 Word 表格一键转化成用户填写的表单，配置完成，用户直接在表单上签名即可申办。同时，通过图像识别和大语言模型技术等技术，用户上传的证照材料能进行智能提取并解析成结构化的字段，自动填充到用户需要填写的表单中，用户直接在表单上签名即可申办。同时融合基于区块链的电子签章技术，实现线下多次跑动盖章变线上盖章。

2. 机制创新，优化行政审批流程

行政审批流程的机制创新主要体现在以下几个方面：首先，把事项相关的需要用户填写的表单进行颗粒化解构，进行字段赋权，筛选出哪些字段是可以通过证照数据直接填充的，哪些是工作人员需要去填的，最终实现通过后台配置后，用户只需进行必要的在线签字即可一键提交。其次，在梳理流程的时候进行了相关节点的并行调整及流程合并，直接在后台的多节点流程配置模块里进行审批环节的删减、并行配置，配置完成后即可发布，通过优化整个审批流程大大减少审批时间。最后，对于流程节点的角色分配进行了优化，明确区分了经办人和审批人的职责。这样不仅便于对业务数据进行核查，还增强了对经办人的监督和审批盖章的权限分离，有效避免了单一人员同时承担经办与审批的情况，增强了流程的透明度和公正性。

3. 部门协同，推动全域数字化改革

整个产品的研发与落地通过相关业务部门牵头，研发团队提供技术支持，以及基层

工作人员的具体执行，形成了一个高效的协作模式。在推广和执行过程中，镇街领导、村干部以及规自所均扮演了重要角色，确保了新技术和服务能在群众中得到有效推广和应用，从而解决政府面向群众办事的“最后一公里”，让村民和城镇居民能够享受到同样智能化、便捷化、高效化的办事体验，从而促进城乡公平，推动全域数字化改革。

四、推广价值

1. 实用性及可复制推广性

云智办设计初衷是为了适应从城镇到基层居民跨地域、跨部门的多样化需求，提供了一个全面智能化的在线平台和小程序应用，使得无论在人口稠密的城镇还是资源有限的偏远乡村地带，居民都能便捷地接入并利用这些服务。

同时云智办可高度定制及灵活运营，适应不同地区，同时也支持地方根据具体需求进行定制化调整。这种灵活性确保了系统不仅能够满足标准化服务需求，也能针对特定政策或地区特色进行优化。

2. 经济效益

云智办的实施预计将带来显著的经济效益。首先，在成本节约方面，通过统一的配置平台，避免了重复建设单独的应用系统，这样不仅节省了各部门在信息化建设上的费用，还减少了相关的人力成本和运营成本。其次，云智办将发挥其作为“AI+基层服务”智能中枢的角色，持续扩充其人工智能模型仓库，包括文字识别、图像识别、自然语言处理等先进技术。通过加强算法模型的管理和优化调度，云智办将打造一个高效、集约、规范且开放的智能服务生态并向第三方提供模型调用服务收取费用，为平台创造新的收入来源。如果这些服务被广泛采用，其经济回报将是可观的。总体而言，云智办不仅优化了服务效率，还为地方政府带来了重大的成本节约和潜在的收益增长。

关于自然灾害普查数据的应用与回流

余永崇　赵浩志　王文兵　解欢　吴广海

鄂尔多斯市住房和城乡建设局

一、建设背景

中国作为自然灾害多发国家，为了提升防灾减灾能力，国务院于2020年启动了第一次全国自然灾害综合风险普查。这项工作不仅全面获取了各类灾害致灾要素数据，还涉及承灾体数据和综合减灾能力数据，为灾害风险评估与区划工作打下了坚实基础。

2023年，住房城乡建设部安排将标准数据向各地回流，优先支撑“平急两用”公共基础设施建设、城中村改造、规划建设保障房“三大工程”相关信息系统和农房安全管理系统建设等工作，进一步推动了自然灾害普查数据（以下简称“灾普数据”）在具体领域的应用，体现了政策层面对普查数据回流与应用的持续关注和支持。

鄂尔多斯市住房和城乡建设局在获取灾普数据的基础上，充分挖掘灾普数据的价值，以建筑区普查数据为基础构建了CIM基础平台的基础建筑底图，通过对灾普数据的整合、分析与处理，将各类与建筑物相关的信息进行了系统梳理，为平台提供了全面且准确的基础数据支持。

二、建设内容

1. 建筑白模建设

鄂尔多斯市利用最新的楼房数据、DOM影像、DEM高程，完成建筑物基底面核准、地形高获取、楼高计算等工作，统一数据的时空基准，完成数据格式转换，通过批量规则建模，生成全市体块白模（图1）。

2. 分层分户建模工具开发

鄂尔多斯市CIM平台项目依托AutoCAD自主开发了楼宇分层分户三维建模系统，基于房产测绘CAD图纸自动解析与三维自动化建模技术，对CAD图纸进行自动审查、分幅、配准、映射等数字化治理，根据提取到的关键数据进行标准化建模，形成精细化

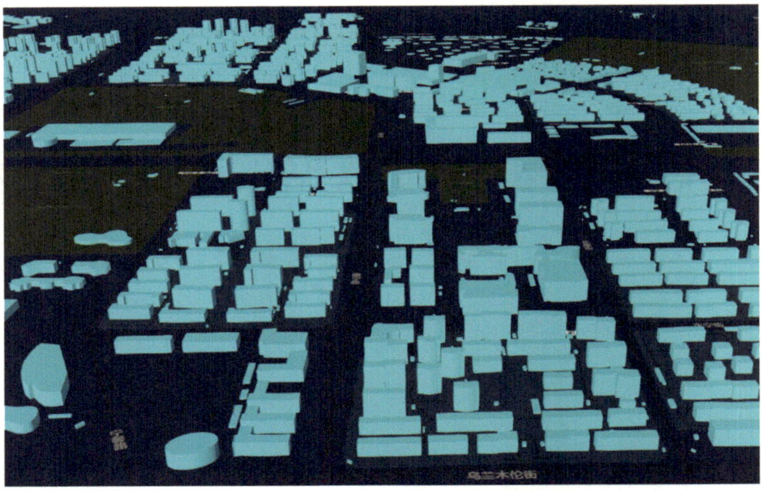

图 1　建筑白模建模效果

的分层分户三维模型，并将模型成果轻量化处理后发布到 CIM 平台，叠加城市空间数字底图开展内各类智慧城市业务的数据融合与运营管控（图 2）。

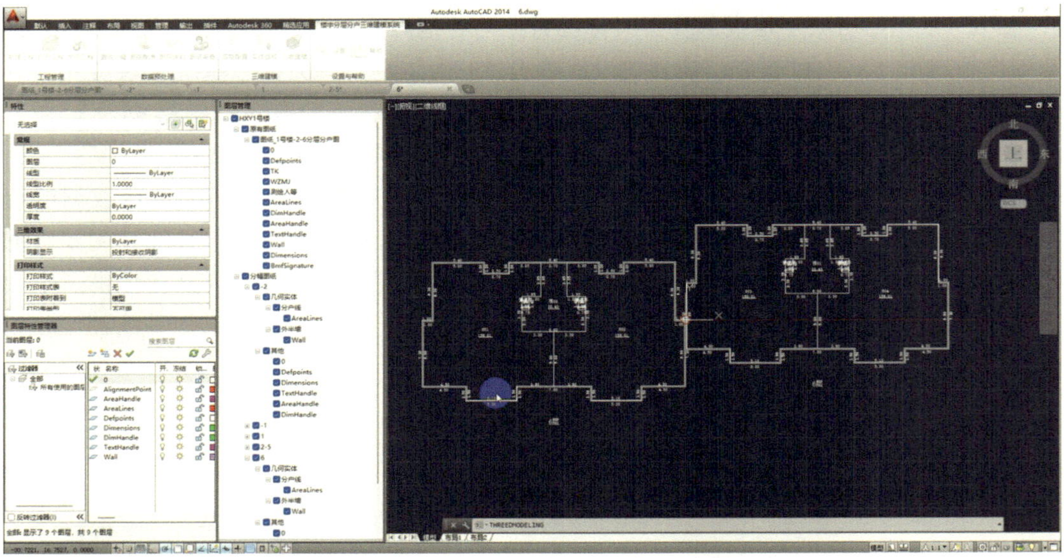

图 2　分层分户工具

3. 分层分户三维模型建设

鄂尔多斯市 CIM 平台项目利用分层分户工具实现了 38 个小区的分层分户三维模型建设（图 3）。

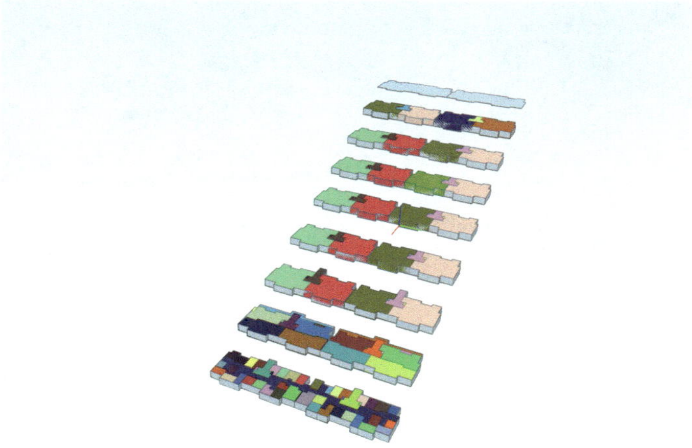

图 3　分层分户模型建设

4. 多领域应用展示

1）房地产市场监管领域的应用

在房地产领域防风险方面，鄂尔多斯市推行商品房预售资金监管模式。将模型与房地产市场监管服务平台和预售资金监管系统对接，可直观、实时地展现预售房屋销售备案、资金监管信息，实现全流程房屋交易的精细化管理（图 4）。

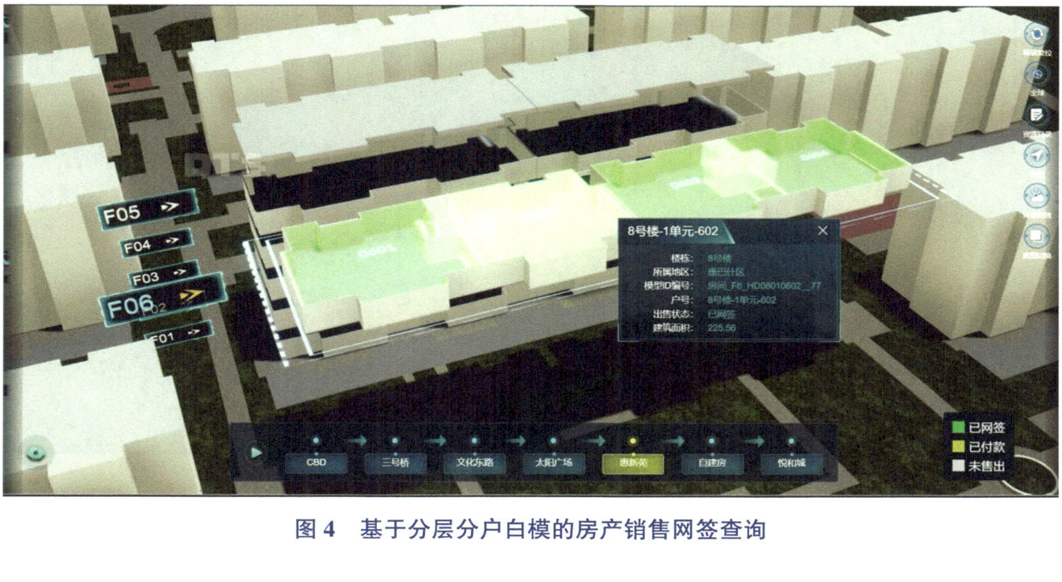

图 4　基于分层分户白模的房产销售网签查询

在预售资金监管流程中，当房地产企业按照工程进度提交资金拨付申请后，监管部门核实楼栋的施工进度，经监理单位等部门三方确认后，资金将点对点划转至项目下游单位，用于支付项目建设的款项。审批流程不超过 3 个工作日（图 5）。

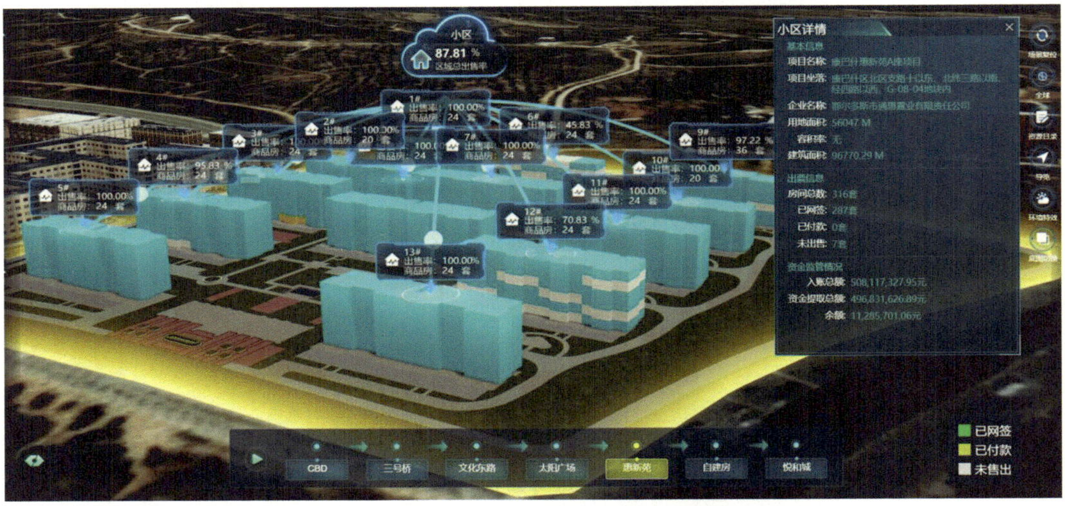

图 5　基于分层分户白模的预售资金监管信息查询

2）建筑能耗监测领域的应用

通过布设物联网数据采集设备，鄂尔多斯市已实现多栋建筑的水、电能耗监测，并结合 GIS 地图和所监测建筑的模型及空间落位，形成能耗监测一张图（图 6）。

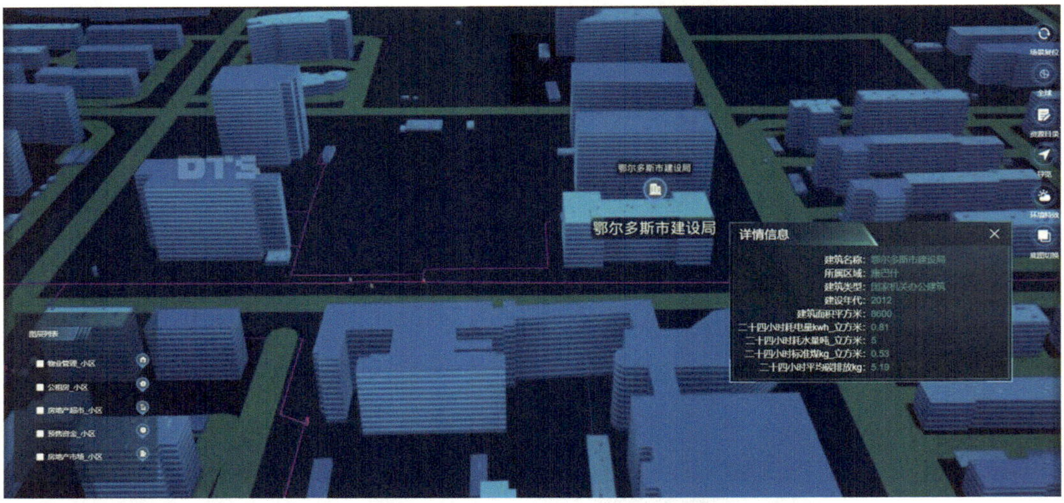

图 6　基于分层分户白模的能耗监测

3）保障性住房管理领域的应用

将公共租赁住房管理系统和保障性住房分层分户的建筑白模进行对接，全方位呈现房源管理信息，针对交付使用的保障性住房，提供“小区–楼栋–房屋”的链条式关联展示，能够逐级下钻查看小区、楼栋、房屋的基本信息与相关核心业务指标的统计情况（图 7）。

图 7　基于分层分户白模的保障性住房管理

5. 建筑物普查数据回流

1）业务系统对接及数据融合处理

鄂尔多斯市住建局的 CIM+测绘应用系统实现了房建类项目的房地产测绘业务：项目初测、项目终测的流程化管理。系统在业务流转过程中会产生城镇住宅类项目的建筑空间矢量数据及建筑的相关属性信息。

目前，鄂尔多斯市 CIM 基础平台已经完成了与 CIM+测绘应用系统的对接，可以及时获取 CIM+测绘应用系统中城镇住宅的竣工图纸文件及文档资料（包含建筑矢量基底、楼栋号、地上地下层数、建筑面积）。该竣工图纸是 CAD 格式，CIM 基础平台运维人员可以下载该 CAD 文件，经过人工处理，形成建筑物基底的 SHP 数据，并从 CIM+测绘应用系统、工程建设项目审批和智慧监管系统、建设工程（人防工程）智慧工地监督平台、不动产登记系统（自然资源局系统）中获取建筑的相关信息，进行城镇住宅属性信息的填充，形成新建城镇住宅的更新文件。

2）数据回流对接

鄂尔多斯市 CIM 基础平台将上述城镇类房屋建筑的更新文件按照约定的频率将数据推送到内蒙古自治区的前置库，并同步更新前置库中的最新汇交状态内容。

内蒙古自治区住建厅的行业基础数据库根据前置库中的最新汇交状态内容，提取已推送到前置库中对应的更新数据，并进行数据质量校验。校验通过的数据写入相应行业基础数据库中的成果库，并更新前置库中的最新提取状态内容（图 8）。

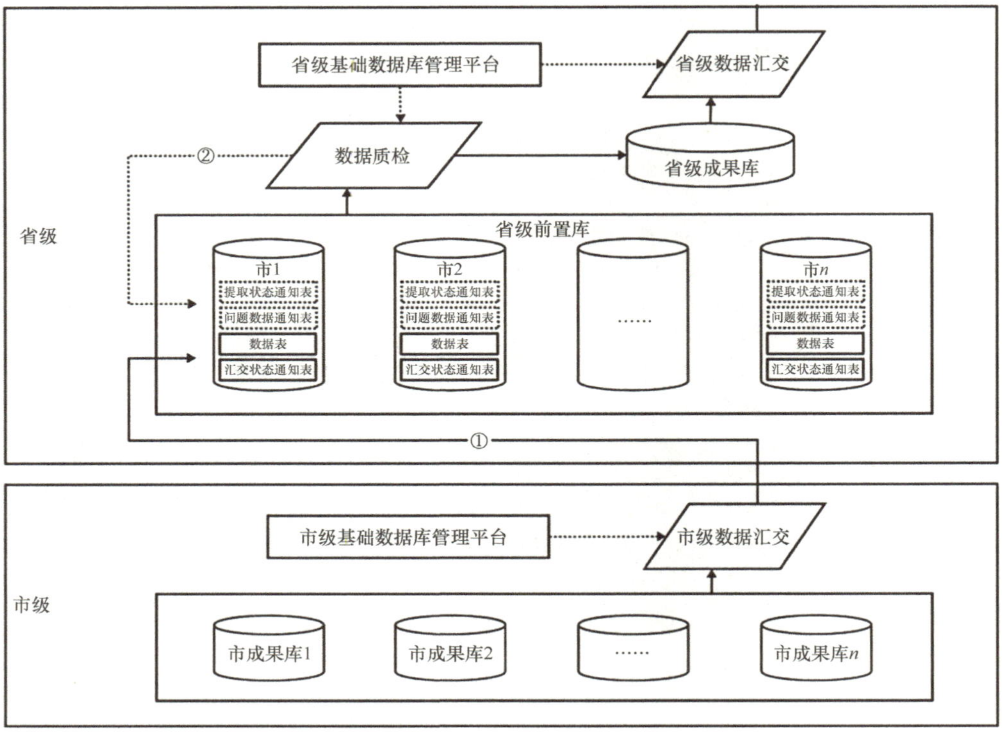

图 8　数据回流对接流程

三、创新点

1. 数据可视化与三维化展示

通过数据可视化技术，将复杂的普查数据以直观的地图、三维模型等形式展示出来，使决策者和公众能够更直观地了解自然灾害风险分布和变化情况（图 9）。

图 9　灾普数据安全等级直观展示

2. 多领域融合应用

将普查数据应用于房地产市场监管、预售资金监管、建筑能耗监测、保障性住房管理等多个领域，为各领域的决策提供科学依据，实现自然灾害防治与经济社会发展的有机结合。

3. 建立数据回流通道

明确数据回流的责任主体、流程和标准，确保普查数据能够从业务系统汇集到鄂尔多斯住建局，并及时准确地回流到上级部门，为灾普数据的更新提供准确的数据来源（图 10）。

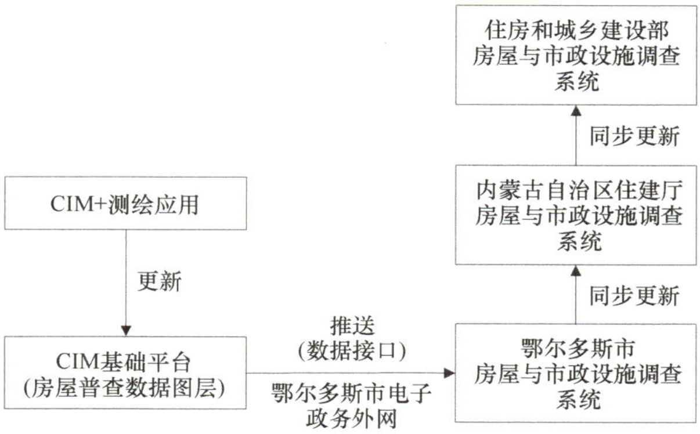

图 10　灾普数据回流更新流程

4. 建立数据动态更新机制

制定数据动态更新的计划和方法，定期或不定期对普查数据进行更新；确保数据的时效性和准确性，以适应自然灾害风险变化的需要。

四、推广价值

1. 提升灾害防治水平

1）精准风险评估与预警

通过对普查数据的深入分析和挖掘，能够更精准地识别不同地区、不同承灾体所面临的自然灾害风险，从而建立更为精确的风险预警模型。

2）高效隐患排查与治理

帮助相关部门全面、准确地掌握自然灾害隐患的分布与特征，为开展隐患排查和治理工作指明方向、明确重点。

2. 增强决策科学性

1）制定政策与规划

为政府部门制定防灾减灾政策、规划以及相关行业标准规范提供数据支持，使政策和规划更加贴合实际情况，具有更强的针对性和可操作性。

2）项目选址与评估

在重大工程建设、项目选址等方面，充分考虑自然灾害风险因素，降低项目面临的灾害风险，提高项目的安全性和可持续性。

3. 推动数据共享与协同合作

1）打破数据壁垒

促进不同部门之间的数据共享和流通，打破以往数据分散、孤立的局面，形成统一的自然灾害数据资源体系，提高数据的利用效率和价值。

2）加强部门协同

通过数据的回流与应用，加强了住建、自然资源等多部门之间的协同合作，形成工作合力，共同推进自然灾害防治工作。